KB111625

슬로푸드 건강법

천연 발효식품

세계편

슬로푸드 건강법

천연발효 식품

산도르 엘릭스카츠 지음 | 김소정 옮김

전나무숲

Wild Fermentation by Sandor Elix Katz, Sally Fallon

Original copyright©2003 Sandor Elix Katz, Sally Fallon
This original edition was published in English by Chelsea Green Publishing Company
Korean translation copyright©2007 Firforest
This Korean edition was arranged with Chelsea Green Publishing Company through
Best Literary & Rights Agency, Korea.

1956년에 태어나 1993년에 세상을 떠난
존 그린버그에게 이 책을 바칩니다.

이 멋진 액트 업*동지는 미생물은 투쟁해서 없애야 할 존재가 아니라
인류와 공존해야 하는 존재임을 내게 처음으로 알려주었습니다.
존과, 이 세상을 지배하고 있는 권위와 기존 지식에 과감히 도전장을 내민
친애하는 동료 비평가들, 반역자들, 인습 타파론자들에게 이 책을 바칩니다.

* 정부의 에이즈 대책 강화를 요구하는 미국 시민 단체

차 례

이 책에 실린 발효식품 목록

Chapter 05 _ 채소 발효식품

Chapter 06 _ 콩 발효식품

Chapter 07 _ 유제품 발효식품

Chapter 08 _ 빵과 팬케이크

Chapter 09 _ 발효시킨 곡물로 만든 죽과 음료

Chapter 10 _ 곡물을 넣지 않는 발효음료

Chapter 12 _ 곡물로 만드는 발효음료

Chapter 13 _ 식 초

추천사

문화는 배양되는 것, 발효되는 것이다

음식의 보존 기간을 늘리고, 소화하기 쉬운 형태로 바꾸며, 영양분을 훨씬 더 풍부하게 만드는 발효식품의 역사는 인류의 역사만큼이나 오래되었다. 음식을 부드럽고 달콤하게 만들기 위해 땅에 구멍을 파고 카사바를 던져 넣는 열대지방에서부터, 아이스크림처럼 흐물흐물한 상태가 될 때까지 생선을 묵혀서 먹는 북극지방에 이르기까지 발효식품은 몸을 건강하게 만들고, 까다로운 입맛을 사로잡는 훌륭한 음식으로 대접받아왔다.

그러나 불행하게도 오늘날 서양 사람들은 발효식품을 거의 먹지 않는데, 이는 건강뿐 아니라 경제적인 측면에서도 아주 커다란 손실임이 분명하다. 자연 상태에서 음식이 발효되려면 오랜 시간이 필요하다. 이런 이유로 자연스럽게 진행된 중앙 집중적이고 산업화된 식품 공급 방식은 발효식품의 소멸을 앞당겼을 뿐 아니라, 소규모 기업과 지방 경제마저 위태롭게 만들었다.

발효식품은 사실 쉽게 맛 들일 수 있는 식품이 아니다. 일본 사람들은 맛있게 먹는 음식일지라도, 벌레가 기어 다니는 일본 두부tofu를 기꺼이 먹을 수 있는 서양 사람은 거의 없을 것이다. 아프리카 사람들은 한 번에 10리터가 넘는 양을 벌컥벌컥 들이킬 정도지만, 아주 역겨운 냄새가 나는 거품이 잔뜩 낀 수수맥주를 마실 수 있는 서양 사람도 거의 없을 것이다. 마찬가지로 서양 사람들이 치즈라는 이름으로 즐겨 먹는 썩은 우유를 맛나게 먹을 수 있는 아프리카와 아시아 사람도 얼마 없을 것이다.

하지만 어려서부터 발효식품을 먹고 자란 사람들은 발효식품이 가장 맛있다고 생각한다. 또 발효식품 가운데는 오랜 시간 길을 들이지 않아도 쉽게 맛들일 수 있는 식품들이 적지 않다.

뛰어난 개혁가이자 예술가 자질이 있는 산도르 카츠는 진실로 음식에 목말라하고 참다운 인생을 살고 싶어 하는 사람들에게 이 걸작을 내놓기 위해 최선을 다했다. 발효식품은 먹기도 좋지만 준비하는 과정도 아주 만족스럽다. 자신의 손으로 콤부차kombucha를 만들고 자우어크라우트sauerkraut를 만드는 기쁨을 누리려면 반드시 미생물과 협력해야 한다. 식품 발효 과정을 지켜보고 있노라면, 눈에 보이지 않는 세균이 효소를 생산하고 소가 우유와 고기라는 신성한 재료를 제공하듯 다양한 생명체가 인류를 건강하게 해주고 있다는 사실에 놀라게 된다.

사실 발효 과학과 기술이 인류 문화의 터전을 다졌다고 해도 과언이 아니다. 문화는 배양되는 것, 다시 말해서 발효되는 것이다. 프랑스의 포도주와 치즈, 일본의 절인 음식과 된장처럼 전통 발효식품은 한 나라의 고유 문화로 인식된다. 문화는 오페라 하우스가 아니라 농가에서 시작되며, 한 민족을 그 땅 또는 그 땅의 장인들과 묶어주는 역할을 한다.

많은 사람들이 미국은 문화가 없는 나라라고 말한다. 사실 캔에 든 음식이나 살균·방부 처리한 음식만 먹는데 어떻게 문화가 형성되겠는가? 이처럼 세균 박멸 기술을 발전시키기 위해 혈안이 된 사회에서, 오히려 세균이나 곰팡이와 손잡고 눈에 보이지 않는 마술사들이 준비한 음식으로 식탁을 꾸며 문화를 키운다는 발상 자체가 조금은 아이러니하다는 생각도 든다.

『천연 발효식품』은 망각의 강 저편으로 건너가 있는 이 귀중한 요리법들을 되살려 내고, 좀 더 나은 세상, 보다 건강한 세상, 경제적으로 안정된 세상으로 나아가는 길잡이 역할을 해줄 것이다. 무엇보다도 발효라는 마술에 심취해 더러 사회 부적격자 소리까지 듣는 인습 타파론자들과 자유 사상가들이 인정받는 세계로 나아가는 이정표 역할을 말이다.

샐리 팔론

감사의 글

발효에 대한 열정이 식지 않기를 기대하며

1999년부터 2000년까지 아주 절박한 상황에 처해 있던 나에게 이 책은 살아갈 의미와 무엇엔가 집중할 수 있는 과제를 안겨주었습니다. 에이즈라는 거대한 심연에 빠져 바로 눈앞에 죽음이 다가와 있을지도 모르는 상황에서, 불확실한 미래에 매달려 시간을 낭비하기보다는 바로 지금 이 순간순간에 최선을 다해 살아야 한다는 생각을 갖게 해주었습니다. 살아 있다는 것, 그것도 건강하게 살아 있다는 사실만큼 고마운 일은 없습니다. 이 책을 쓰는 동안 나는 다시 미래를 꿈꾸게 되었고, 무한한 가능성을 느끼게 되었습니다.

지난 10년 동안 내 안에 발효에 대한 열정이 식지 않도록 도와준 모든 분들께 감사의 인사를 전하고 싶습니다. 파란만장한 인생을 살아오는 동안 하나하나 언급할 수 없을 만큼 많은 분들에게 신세를 졌지만, 그중에서도 내 부엌으로 들어와 실험적인 음식들을 만들도록 도와주고 거품이 가득한 음식들을 묵묵히 참으면서 기꺼이 먹어준 분들께 특히 고마움을 전합니다. 내가 살고 있는 쇼트 마운틴 공동체 Short Mountain의 모든 분들과 자매 공동체인 IDA,

펌프킨 할로우의 모든 분들, 앞만 보고 달려가는 나를 관대하게 감싸주고 사랑과 격려를 아끼지 않고 지켜봐 준 여러 이웃 공동체들에게도 감사의 마음을 전합니다. 좋은 재료를 많이 제공해준 농부들과 젖소와 염소들과 식물들에게도 감사의 인사를 전합니다.

문셰도우에 있는 세콰치 밸리 연구소 친구들과 해마다 한 번씩 열리는 생명의 음식Food for Life 행사 때마다 발효식품을 알릴 수 있도록 초대해 준 애슐리와 패트릭 아이언우드에게도 고맙다는 말을 하고 싶습니다. 열정으로 충만한 사람들에게 간단하게 만들 수 있는 발효식품을 소개할 수 있는 정말 멋진 자리였습니다. 이 책의 전신이자 자비로 출판했던 32쪽짜리 작은 책자를 보완해 『천연 발효식품』을 써야겠다는 생각을 한 곳이 바로 2001년 생명의 음식 행사장이었습니다.

나는 메인 주에 있는 집을 떠나 오랫동안 제2의 집에 머물면서 이 책을 썼습니다. 내 항아리들과 나에게 기꺼이 자신의 집을 내준 에드워드와 차이티, 로만 쿠란 가족에게 감사의 말을 전하고 싶습니다. 내 책을 제일 먼저 읽어주고 책을 집필할 수 있도록 격려해준 에드워드는 발효식품 예찬론자가 되었습니다. 여러 만성 질환에 시달리던 에드워드는 크라우트와 케피어, 피클, 일본 된장, 요구르트 같은 다양한 발효식품으로 식단을 짠 덕에 지금은 놀랄 만큼 많이 회복되었습니다. 에드워드는 내가 반드시 해낼 수 있다는 믿음을 가지고 나를 도와주었습니다.

내 책을 출판하기로 결정한 첼시 그린 퍼블리싱 출판사 식구들에게도 감사를 전하고 싶습니다. 다 쓴 원고를 출판하기 위해 인터넷을 검색하다가 우연히 이 출판사를 알게 되었습니다. 처음부터 우리는 마음이 잘 맞았습니다. 직원들을 만나러 화이트 리버 정션에 갔을 때는 내가 직접 담가 간 김치를 손으로 먹으며 계약서를 작성했습니다. 그날 나는 내가 제대로 찾아왔다는 사실을 알았습니다.

음식에 대한 사랑은 물론이고 여러 가지 배려를 아끼지 않은 가족에게도 고맙다는 말을 전합니다. 우리 가족은 모일 때마다 함께 식사를 합니다. 할머니이신 베티 엘릭스 여사는 여러 가지 전통음식들을 정성껏 마련해주셨습니다. 어머니이신 리타 엘릭스 여사는 요리에 필요한 기본 지식을 가르쳐주셨고, 음식에 대한 열정을 심어주셨습니다. 아버지이신 조 카츠는 평생을 농부이자 요리사로 사셨습니다. 밭을 가꾸는 아버지와 새어머니 패티 이애킨 여사는 나에게 창의적인 사고력을 길러주셨습니다. 언제나 나를 사랑해준 형제들 리즈 카츠와 조니 카츠에게도 고맙다는 말을 하고 싶습니다.

발효식품에 대해 알려주고 함께 탐구에 나선 분들에게도 감사의 말을 전합니다. 크레이지 아울 박사, 제임스 크레이, 메릴 해리스, 헥터 블랙, 패트릭 아이언우드, 애슐리 아이언우드, 실반 터커, 톰 풀러리, 데이비드 J. 핀커톤, 저스틴 불라드, 네틀 모두 발효 비법을 알려주었습니다.

더 나은 책을 위해 원고를 읽어주고 여러 가지 의견을 제시해준 에코, 네틀, 레오파드, 스코티 헤론, 래피스 럭서리, 오키드, 맥스진, 웨인스타인, 스파크, 비피 아가아시, 조엘 기몬스, 라벨 웨버, 북 마크, 엣지, 디디, 다냐 이인호른에게 감사의 말을 전합니다. 참고 자료와 책을 소개해준 에코, 스파크, 위더, 루이스, 카샤, 조니 그린웰, 조앤 스코트, 라우라 해링턴에게도 고맙다는 말을 전합니다.

나를 바다로 데려가 해초를 따게 해준 매트와 라비오, 존넨블루멘케른브로트의 독일어판 요리법을 찾아준 토드 바이어와 영어로 번역해준 크리스토프 길렌에게도 감사의 말을 전합니다. 감옥에서 만든 발효식품 이야기를 해준 론 캠벨과 그를 소개해준 마이크, 나를 위해 월트 휘트먼의 시를 낭송해준 데이비드 포드, 컴퓨터에 관한 도움을 준 존 월, 자신이 간직한 여러 배양균을 보내주고 오가노렙틱organoleptic의 뜻이 '감각 기관이 느낄 수 있는' 임을 알려준 G.E.M. 컬처스의 베티 슈테크메이어, 유대의 전통에 대해 알려준 알리샤 스비갈스, 사진을 찍어준 자이 셰론다, 그림 자료를 제공해준 제이 블로처, 기꺼이 여러 정보를 제공해준 발레리 보차드, 교정을 봐준 B. 와이팅에게도 감사의 말을 전합니다.

테네시 주 우드베리에 있는 애덤스 기념도서관, 머프리스보로 중부에 있는 테네시주립대학, 내슈빌에 있는 반더빌트대학, 메인 주 브런즈윅의 보든대학, 벌링턴에 있는 버몬트대학 사서들에게도 감사의 말을 전합니다. 도서관은 정말 멋진 곳입니다. 이 책을 쓰면서 15년 동안이나 잊고 지내던 도서관에 대한 사랑이 다시 살아났습니다.

마지막으로 이 책을 선택해준 여러분에게 고맙다는 말을 하고 싶습니다.

슬로푸드 건강법 천연 발효식품

들어가기 전에

내가 발효 맹신주의자가 된 이유

이 책은 발효식품에 대한 내 개인적인 찬양과 헌신을 담은 노래라고 할 수 있다. 나에게 발효식품은 건강을 지켜주는 식이요법이자 맛있는 음식에 대한 욕구를 충족시켜 주는 예술인 동시에 다양한 문화를 체험하게 해주는 여행이다. 적극적인 실천가로 살아가게 해주는 방편이며, 이 모든 것을 하나로 통합해 영혼의 길로 들어서게 해주는 안내자이다. 나의 일상생활은 이 변화 과정의 주기에 따라 좌우된다고 해도 과언이 아니다.

거품이 부글부글 일어나고 있는 여러 가지 발효식품을 맛보는 동안에는 발효에 미친 과학자가 된 것 같은 착각에 빠지기도 하고, "1번 항아리에 있는 걸 맛볼래요, 아니면 2번 항아리에 있는 걸 맛볼래요?"라고 말할 때는 마치 쇼핑호스트가 된 느낌이 들기도 한다. 심지어 천연 발효식품의 치료 효과를 전 세계로 전파하는 광신적인 복음주의자가 된 것 같은 기분이 들 때도 있다. 내가 만든 발효식품을 맛보라고 권할 때마다 친구들은 외골수라며 놀려대기도 한다. 내 친구 네틀은 발효식품에 대한 나의 강박관념을 이런 노래로 표현했다.

이리 오게 친구들, 와서 내 말 좀 들어보게
포도주와 맥주의 관계를, 효모와 요구르트,
된장과 크라우트의 관계를 설명해 주겠네
그 속에는 모두 같은 것들이 들어 있다네
바로 미생물들이라네
바로 미생물들이라네

발효는 전 세계 어느 곳에서나 일상적으로 일어나는 현상이다. 발효는 매일같이 일어나는 기적으로, 이를 멈출 수 있는 방법은 거의 없다. 효모나 사상균처럼 현미경을 통해서나 볼 수 있는 세균과 곰팡이들은 우리가 숨 쉴 때나 음식을 먹을 때나 끊임없이 몸속으로 들어온다. 많은 사람들이 항균 비누나 연고 따위의 곰팡이 제거제 또는 항생제 등을 이용해 이런 미생물들을 없애려고 노력하지만 이들을 완전히 없앨 수 있는 방법은 없다. 도처에 존재하는 이런 미생물들은 유기체를 썩게 해 한 생명체를 전혀 다른 모습으로 바꾸어버리는 경이로운 매개체들이다.

생명체가 살아가는 데 꼭 필요한 소화나 면역 과정도 미생물이 없으면 진행되지 않는다. 인류 역사가 시작될 때부터 인간은 이 작은 단세포 생물들과 공생 관계를 맺으며 살아왔다. 미생물군microflora으로 부르기도 하는 이 작은 생명체들은 우리가 먹는 음식물을 소화하기 쉬운 영양분으로 바꿔주고, 우리 몸에 해를 끼치는 유기체들을 막아주며, 면역계가 제대로 작동할 수 있도록 방법을 가르쳐준다. 우리는 미생물에 의지해 살아가는 미생물의 자손이다. 지구 생명체의 조상이 세균이라는 화석 연구 결과만 보더라도 이러한 사실은 명백하다. 결국 미생물은 우리의 조상이자 동업자인 셈이다. 미생물은 토양을 살찌게 만들고 생명이 순환시켜 준다. 미생물이 없다면 생명체도 있을 수 없다.

요리를 할 때 반드시 들어가야 하는 미생물도 있다. 눈에 보이지 않는 조그만 미생물들은 입맛을 돋우는 다양한 맛을 만들어낸다. 빵이나 치즈 같은 기본적인 주식은 말할 것도 없고 초콜릿, 커피, 포도주, 맥주 같은 기호식품도 미생물이 들어가야 만들 수 있다. 전 세계 수많은 사람들이 수많은 발효식품을 먹고 있다. 발효 과정을 거친 음식은 소화하기도 쉽고 영양분의 질도 높다. 살균 과정을 거치지 않은 살아 있는 발효식품들은 유익한 세균들을 소화기관으로 직접 운반한다. 그곳에서 유익한 세균들은 인간과 공생하며 음식물을 분해하고 소화를 돕는다.

『천연 발효식품』에서 나는 간단하게 만들 수 있는 발효식품과 음료를 소개하려고 한다. 지난 10년 동안 해온 여러 가지 발효식품에 관한 조사와 다양한 음식을 만들어본 경험을 다른 사람들과 공유하고 싶기 때문이다. 나는 전문가는 아니다. 따라서 전문가들이 보면 내 방법이 너무 단순하다고 할지도 모르겠다. 사실 이 책에 실려 있는 방법들은 정말 단순하다. 발효 자체가 아주 단순하기 때문이다. 발효식품은 간단한 도구만 있으면 언제 어디서나 만들 수 있다.

인류는 문자를 쓰고 토양을 가꾸기 전부터 발효식품을 만들어왔다. 발효식품은 전문적인 기술이 없어도, 멋진 실험실을 갖추지 않아도 충분히 만들 수 있다. 미생물과 미생물이 만들어가는 발효 과정을 알기 위해 과학자가 될 필요도 없고, 발효 환경과 정확한 온도를 맞추기 위해 최신 장비를 갖출 필요도 없다. 발효식품은 지금 당신의 부엌에서 손쉽게 만들 수 있기 때문이다.

이 책에서는 유기체들이 번성하고 증식해 나가는 동안에 자연적으로 일어나는 가장 기본적인 변형 과정을 다룰 것이다. 발효식품을 만들기 위해 복잡한 기술을 익힐 필요는 없다. 발효는 인류가 아주 오래전부터 이용해온 기술이기 때문이다. 발효를 통해 나는 자연과 가까워지고, 나아가 우리가 이 변화의 과정을 즐길 수 있도록 통찰력을 발휘해 준 조상들과 가까워짐을 느낀다.

발효라는 자연 현상에 심취하게 된 이유가 무엇인지 생각해보던 나는 그 이유가 내 미뢰에 있음을 알게 되었다. 나는 언제나 소금에 절인 피클과 자우어크라우트를 좋아했다. 더구나 내 조상들은 폴란드와 러시아, 리투아니아에서 이주해온 유대인들이다. 유대인들의 음식과 독특한 미각이 그 분들을 통해 내게 전해졌다. 유대인들은 신 채소인 조이어zoyer를 즐겨 먹는다. 많은 지역에서 그렇듯이 동유럽 사람들도 발효음식에서 나는 시큼한 맛을 좋아한다. 동유럽에 살던 유대인들은 자신들의 독특한 음식을 내가 나고 자란 뉴욕으로 가져왔다. 우리 가족은 뉴욕에서 가장 큰 식품 시장인 자바에서 두 블록 떨어진 맨해튼의 어퍼 웨스트사이드에서 살면서 조이어를 즐겨 먹었다. 최근에 알게 된 사실인데, 리투아니아 사람들은 전통적으로 절인 음식의 신인 로구스지스Roguszys를 경배한다고 한다. 동부 유럽을 떠나온 지 몇 대밖에 안 된 내 미뢰 역시 로구스지스 신전에 경배를 드리고 있다.

음식 평론가와 철학자, 발효식품을 열렬히 사랑하는 신봉자들과 함께 살아간다는 사실도 발효식품에 대한 모험을 계속할 수 있는 원동력이다. 나는 스스로를 요정이라 부르는 괴상한 사람들이 모여 보금자리를 튼 테네시의 쇼트마운틴이라는 작은 공동체에서 살고 있다. 한 집에서 스무 명 정도가 함께 살아가는 공동체에서는 함께 식사를 하고, 1주일에 두 번씩 여러 공동체 사람들과 한데 모여 직접 마련해 온 음식으로 만찬을 즐긴다.

이렇게 아름다운 숲 속에서 생활할 수 있다는 것은 참으로 행운이다. 이 땅은 나를 길러주고 풍요롭게 만들어주었으며 수많은 가르침을 주었다. 매일같이 땅 속 깊은 곳에서 솟아나는 신선한 지하수를 마시고, 자연에서 채취한 야생 식물과 집에서 직접 기른 유기농 채소와 과일을 먹고, 우리 부엌에서 정성껏 준비한 음료를 마신다. 우리는 미국인들 대부분이 누리는 사회 기반시설과 편의시설을 전혀 이용하지 않는다. 우리가 사는 숲 속에는 전신주가 없기 때문에 휴대용 컴퓨터로 이 책을 집필할 때도 태양 에너지를 끌어와 만든 전기를 이용했다.

자신의 일은 직접 하는 공동체의 전통과 만족할 줄 모르는 우리 공동체의 식욕은 10여 년 전부터 내게 직접 자우어크라우트를 만들어봐야겠다는 의욕을 불러일으켰다. 헛간에 묻혀 있는 항아리 한 개를 찾아낸 나는 우리 밭에서 키우는 양배추를 뽑아왔다. 양배추를 잘게 자르고 소금에 절인 다음 기다렸다. 그렇게 해서 만든 내 첫 작품은 정말 맛있고 영양도 풍부했다. 침샘을 강하게 자극하면서 나를 후끈 달아오르게 한 이 작품은 나를 발효식품의 세계로 흠뻑 빠져들게 했다. 그때부터 나는 자우어크라우트를 즐겨 만들었고, 그 덕분에 친구들로부터 산도르크라우트라는 별명을 얻었다.

크라우트 만들기에 성공한 뒤 우리가 기르는 몇 마리 안 되는 염소 젖을 가지고도 치즈와 요구르트를 만들 수 있다는 사실을 알아냈다. 효모를 넣은 빵과 맥주, 포도주, 된장 만드는 법도 배웠다. 언제부터인지는 모르지만 부글부글 거품이 이는 음식을 담은 항아리가 우리 부엌에서 가장 많이 보는 용기가 되었다. 발효식품은 종류에 따라 하룻밤을 묵혀야 하는 경우가 있는가 하면, 몇 시간 또는 오랜 기간이 지나야만 제 맛이 나는 경우도 있다. 하지만 항아리에 발효식품을 넣거나 그 속에 든 발효식품을 뒤섞을 때마다 우리를 살찌우는 작은 미생물들과의 공생 관계가 든든해진다는 사실만은 한결같다.

영양가 있는 음식을 먹는 일이 내게는 정말 중요하다. 나는 에이즈에 걸렸기 때문에 내 몸은 될 수 있으면 강해져야 하고 좀 더 회복되어야 한다. 발효식품이 내 몸에 풍부한 영양분을 공급한다고 느끼기 때문에 나는 건강 관리를 위해서도 자주 발효식품을 먹는다. 발효식품은 영양분이 풍부할 뿐 아니라 몸에 해로운 유기체들을 막아주고 면역력을 높여준다. 불행한 일이지만 사실 만병통치약이란 없는 법이어서 발효식품을 먹어도 에이즈가 진행되는 과정을 막지는 못했다. 소용돌이치면서 밑으로 추락하는 삶을 살고 있지만, 그래도 기적적으로 건강을 유지하고 있다는 사실만은 느낀다. 지금도 이 세상에서 살아가고 있다는 사실, 그것도 비교적 건강하게 살아 있다는 사실만으로도 내 몸의 회복력에 대해 새삼 감탄하게 된다. 물론 항 레트로바이러스 약품을 먹고는 있지만, 살아 있는 천연 발효식품과 여러 가지 다른 요인들이 내 몸을 강인하게 만들어 주고 활력을 주며, 위장에 무리가 가는 약에 견딜 수 있는 힘을 주고 있다고 나는 믿는다. 건강이 눈에 띄게 호전됐기 때문에 발효식품에 대한 내 사랑도 갈수록 강렬해지고 있다.

웹스터 사전에는 '페티시 fetish' 가 '강한 마력이 있다고 믿어 특별한 사랑을 바치는 대상' 으로 나와 있다. 발효식품 역시 강력한 마력과 신비를 가지고 있다. 나는 발효식품을 정말 사랑한다. 나는 이 시큼한 페티시에 푹 빠져 있으며, 앞으로도 그럴 것이다. 이 책은 그런 내 사랑의 결과물이다. 발효식품은 내게 참으로 크나큰 선물을 안겨주었다. 당신도 대규모로 쏟아져 나오는 가공 식품들의 고속도로에서 벗어나 수천 년 동안 우리 인류와 함께 해온 천연 발효식품의 세계로 여행을 떠나보지 않겠는가?

일러두기

1_ 오늘날 발효는 지구 곳곳 사람들의 생활 속에서 자연스럽게 일어나고 있다. 이 책은 현대 문명의 이기에서 벗어나 공동체 생활을 하며 세계 각국의 발효식품에 관심을 갖고 직접 배워 만들어 먹어본 경험을 정리한 것이다.

2_ 이 책의 1장부터 4장에서는 인류와 함께 해온 발효식품의 역사, 발효의 비밀을 풀기 위한 과학자들의 노력과 미생물학의 탄생과정 등을 이해하기 쉽게 정리했다. 또, 산업화와 대량생산으로 위기를 맞고 있는 음식문화에 대한 대안으로서 발효식품에 관한 저자의 견해를 밝히고 생활 속에서 발효식품을 직접 만들어 먹을 수 있도록 자신의 다양한 경험을 여과 없이 전하고 있다.

3_ 5장부터 12장까지는 대표적인 발효식품인 자우어크라우트, 김치, 피클을 비롯한 채소 발효식품은 물론 된장, 템페 등 콩 발효식품, 요쿠르트, 치즈 등 유제품 발효식품, 빵, 죽, 맥주, 와인, 식초 등 세계 각국의 다양한 발효식품을 소재별로 정리하고 누구나 손쉽게 직접 만들어 먹을 수 있도록 레시피와 함께 소개하고 있다.

4_ 참고문헌에서는 발효식품에 대한 이해를 돕기 위해 저자가 참고한 다양한 논문과 책 및 자료를 소개했으며 본문에 번호를 표시해 출전을 밝히고 독자들이 쉽게 찾아볼 수 있도록 했다. 상세한 자료를 원하는 독자는 참고문헌을 활용하면 좋을 것이다. 각 장별로 번호순으로 출판사와 연도를 병기해 정리해 두었으므로 목적에 맞게 활용할 수 있을 것이다.

5_ 각 장마다 내용의 이해를 돕기 위해 별도의 각주와 편집자 주를 달고, 도서의 경우는 『 』 안에 국문 제목과 영문을 병기했다. 잡지나 논문의 경우는 〈 〉 안에 국문과 영문을 병기하고, 인물이나 재료의 경우 ( ) 안에 역자 주를 달았다.

6_ 개인적으로 발효식품의 역사와 문화, 발달과정 및 의미에 관심이 있다면 1~4장을 먼저 읽고 각 장에 소개된 발효식품을 읽는 순으로 보면 좋고, 발효식품을 직접 만들어 먹거나 발효식품의 효능에 관심이 있다면 5장부터 12장에서 관심 있는 식품을 찾아 읽으면 된다.

Chapter 01

발효균 르네상스

맛과 영양이 살아 숨쉬는 생명의 세계

발효시킨 음식과 음료수는 맛과 영양이 풍부하게 살아 있다 ● 발효식품의 향기와 맛은 참으로 강하고 독특하다 ● 인류는 언제나 눈에 보이지 않는 세균들과 곰팡이들이 변화시킨 이런 독특한 발효식품의 향기와 맛을 사랑해왔다 ● 채소와 과일, 우유, 생선, 육류 등은 쉽게 상한다 ● 이 때문에 우리 조상들은 풍부한 제철 음식들을 나중까지 먹을 수 있도록 여러 가지 저장법을 개발해 냈다 ● 그 가운데 하나가 발효다 ● 발효는 음식을 오랫동안 보관할 수 있게 해줄 뿐 아니라 소화하기 쉬운 형태로 바꿔준다

맛과 영양이 살아 있는 자연 건강식품의 재발견

발효시킨 음식과 음료수는 맛과 영양이 풍부하게 살아 있다. 발효식품의 향기와 맛은 참으로 강하고 독특하다. 오래 묵힌 치즈, 톡 쏘는 자우어크라우트, 흙냄새가 물씬 나는 일본 된장, 우아하고 부드러운 포도주 등을 생각해보면 무슨 말인지 알 수 있을 것이다. 인류는 언제나 눈에 보이지 않는 세균들과 곰팡이들이 변화시킨 이런 독특한 발효식품의 향기와 맛을 사랑해왔다.

채소와 과일, 우유, 생선, 육류 등은 쉽게 상한다. 이 때문에 우리 조상들은 풍부한 제철 음식들을 나중까지 먹을 수 있도록 여러 가지 저장법을 개발해냈다. 그 가운데 하나가 발효다. 미생물이 음식을 발효시키는 동안 알코올이나 젖산, 아세트산 등이 만들어지는데 이런 물질들은 영양소의 파괴를 막고 음식물의 부패를 막는 천연 방부제 역할을 한다.

대영 제국의 영향력을 넓히는 데 이바지한 탐험가 제임스 쿡 선장은 항해하는 동안 선원들에게 충분한 양의 자우어크라우트를 먹게 했다. 그 결과 비타민 C가 모자랄 때 걸리기 쉬운 괴혈병을 막아냈고, 그 공로로 왕립협회가 주는 상을 받았다.[1] 1770년대는 긴 항해를 하다가 수많은 선원들이 괴혈병으로 죽어가던 시대다. 하지만 크라우트 60통을 싣고 27개월간 두 번이나 전 세계를 항해한 쿡 선장의 배에서 괴혈병으로 죽은 사람은 한 명도 없었다.[2]

쿡 선장이 발견해 영국 영토로 귀속시킨 땅 중에는 하와이 제도가 있다. 쿡 선장은 자신의 후원자 이름을 따 이 섬들을 샌드위치 제도로 불렀다. 재미있는 사실은, 쿡 선장보다 천 년이나 앞서 태평양을 건너 하와이 제도에 정착한 폴리네시아 인들도 발효식품의 힘으로 긴 항해를 견뎌냈다는 사실이다. 이들이 먹던 발효식품은 지금도 하와이 제도와 남태평양 전역에서 즐겨 먹는 타로토란 죽, 곧 녹말이 풍부한 포이poi다.[3]

발효는 음식을 오랫동안 보관할 수 있게 해줄 뿐 아니라 소화하기 쉬운 형태로 바꿔준다. 대두가 가장 좋은 예다. 단백질이 풍부한 이 멋진 식품은 발효 과정을 거치지 않으면 쉽게 흡수되지 않는다. 하지만 발효 과정을 거치면 단백질이 분해되어 쉽게 소화되는 아미노산으로 바뀐다. 아시아에서 즐겨 먹는 전통음식이자 현재 서양에서도 채소 요리에 많이 넣는 된장과 템페tempeh, 간장 같은 식품이 바로 대두 발효식품이다.

우유도 쉽게 소화되지 않는 식품이다. 유제품을 비롯한 여러 발효식품에는 유산균이 들어 있다. 이 세균은 사람이 소화하지 못하는 락토오스(유당)를 소화하기 쉬운 유신으로 바꿔준다. 밀도 발효 과정을 거쳐야 훨씬 더 소화하기 쉬운 형태로 바뀐다. 〈뉴트리셔널 헬스Nutritional Health〉지도 발효시킨 보리, 편두(까치콩), 밀크 파우더, 토마토 과육 혼합물과 발효시키지 않은 혼합물을 비교해본 결과 발효시킨 쪽의 소화율이 두 배 이상 높았다고 발표했다.[4] 발효식품을 전 세계 주요 식량 자원으로 보고 적극 권장하고 있는 유엔식량농업기구FAO는 발효식품이 식품 속에 들어 있는 무기질의 생물학적 이용도bioavailability를 높인다고 발표했다.[5] 『발효와 인류의 영양 섭취에 관한 퍼머컬처The Permaculture Book of Ferment and Human Nutrition■■』의 저자 빌 몰리슨은 음식을 발효시키는 과정을 '소화 준비 과정'으로 정의하였다.[6]

미생물들은 살아가면서 엽산이나 리보플라빈, 나이아신, 티아민, 비오틴 같은 비타민 B군을 만들어내고, 이들이 관여하는 발효 과정에서 음식에 새로운 영양소가 만들어진다. 이때 비타민 B12가 만들어지기도 하는데, 식물을 발효시킨 경우에는 그렇지 않다고 알려져 왔다. 하지만 분석 기술이 발전하면서 콩을 비롯한 몇몇 채소에서도 발효를 거치면서 비타민 B12가 만들어진다는 사실이 밝혀졌다. 그러나 식물이 만들어내는 비타민 B12는 활성을 띠지 않으며, 활성을 띠는 비타민 B12는 오로지 동물성 식품을 발효시킨 경우에만 발견된다고 한다. 이에 대해서는 아직 의견이 분분하다.[7]

발효식품 중에는 항산화작용을 하는 식품도 있다.[8] 세포를 공격해 암을 만드는 물질인 '활성산소free radical'를 몸 밖으로 배출하는 작용이 그것이다. 또 발효로 생성되는 유산균은 세포막의 기본 구성 성분이자 면역기능을 강화해주는 오메가3 지방산을 만든다.[9] 천연 발효식품을 판매하는 상인들은 천연

■■ 상황과 사람에 따라 다를 수 있지만 대체로 '자연의 섭리에 따르는 지속 가능한 인간의 생활환경 창조'로 정의할 수 있다. Permanent agriculture(영속 농업)에서 파생되었는데, 현재는 농업에 국한되지 않고 Permanent Culture(영속 문화) 등 모든 관점을 내포하는 세계적인 운동으로 자리 잡았다.

발효 과정을 거치면 슈퍼옥사이드 디스뮤타제superoxide dismutase나 GTF 크로미움chromium 같은 천연 물질들과 글루타티온glutathione, 포스폴리피드phospholipids, 소화 효소, 베타 1·3 글루칸 glucan 같은 물질들이 아주 많이 만들어진다고 자랑한다.[10] 사실 내 경우에는 이런 식의 영양학적인 설명을 들으면 정신이 몽롱해진다. 어떤 음식이 건강에 유익한지 알기 위해 굳이 그 속에 들어 있는 화학물질들을 모두 알 필요가 있을까? 그저 본능을 믿고 자신의 미각을 믿자. 이런 자료들이 알려주는 것은 한 가지다. 발효식품은 식품을 더 영양가 있게 만든다는 사실 말이다.

발효는 또한 식품에 들어 있는 독소를 제거해준다. 아메리카 대륙의 열대 지역이나 아프리카와 아시아 대륙 여러 곳에서 주식으로 먹는 천연 덩이줄기 카사바만 봐도 그 사실을 분명히 알 수 있다. 카사바 중에는 시안화물(청산칼리)이 많이 들어 있는 종류가 있는데 발효 과정을 거치면서 시안화물의 양이 줄어들 뿐 아니라 영양분이 풍부한 식품으로 변한다.

식물에는 다양한 독소가 들어 있다. 곡물에는 아연과 칼슘, 철, 마그네슘 같은 무기질이 흡수되지 못하도록 방해하는 피틴산Phytic acid이 들어 있다. 조리하기 전에 곡물을 발효시키면 피틴산이 중화되기 때문에 훨씬 더 풍부한 영양소를 섭취할 수 있다.[11] 아질산염, 시안화수소산, 옥살산, 니트로사민, 글루코시드 같은 독소 물질로 작용할 가능성이 있는 물질들도 발효 과정을 거치는 동안 그 양이 줄어들거나 완전히 사라진다.[12]

발효식품을 먹는 습관은 음식물을 분해하고 영양분을 흡수하는 과정에서 반드시 필요한 살아 있는 배양균을 직접 장으로 공급하는 건강한 생활 습관이다.

하지만 발효식품이라고 해서 배양균이 모두 살아 있는 것은 아니다. 음식의 특성상 살아 있는 배양균이 없는 경우도 있다. 빵의 경우 구워야만 먹을 수 있기 때문에 그 속에 들어 있는 미생물은 모두 죽을 수밖에 없다. 하지만 대부분의 발효식품에는 배양균이 살아 있어 직접 먹을 수 있다. 특히 유산균이 들어 있는 음식에서는 배양균이 대부분 살아서 몸속으로 들어간다. 이처럼 살아 있는 배양균을 먹는 방법이야말로 영양학적으로 가장 좋은 방법이다.

발효식품이라 하더라도 시중에서 파는 식품들은 대부분 미생물이 죽는 온도까지 가열하는 살균 처리 과정을 거친다. 따라서 식품에 붙어 있는 라벨을 꼼꼼히 살펴봐야 한다. 요구르트는 흔히 유산균 음료로 알려져 있지만, 시중에서 파는 대부분의 요구르트는 발효 과정에 참여한 유산균들을 죽이는 저온 살균 과정을 거친 제품들이다. 작은 글씨로 "살아 있는 유산균 포함"이라고 적힌 요구르트만이 정말 유산균이 살아 있는 제품들이다.

자우어크라우트도 유통 기간을 늘리기 위해서 살아 있는 세균을 죽이는 살균 처리를 한 다음 깡통에 담는다. 일본 된장인 미소도 완전히 말려 세균을 죽인 다음에 갈아서 판매한다. 일시적인 만족을 위해 안전한 식품만 먹으려는 강박 관념에 사로잡힌 현대 사회에서 배양균이 살아 있는 음식을 먹고 싶다면, 그런 식품을 찾기 위해 노력하거나 직접 만드는 수밖에 없다.

소화 기능을 강화해주는 살아 있는 발효식품들은 설사 같은 소화기관 장애를 막아주고, 배양균이 살아 있는 식품은 갓난아기의 생존율을 높여준다. 탄자니아에서는 젖을 갓 뗀 아기들에게 발효 유아식과 그렇지 않은 유아식을 먹이는 연구를 진행하였는데, 연구 결과 발효 유아식을 먹은 아기들보다 그렇지 않은 아기들이 설사를 할 확률이 2배 정도 높다는 사실이 밝혀졌다.[13] 유산균은 설사를 유발하는 이질균이나 살모넬라균, 대장균 같은 세균들의 활동을 억제한다.[14] 〈뉴트리션Nutrition〉지에도 유산균의 양이 늘어날수록 질병에 걸릴 확률이 줄어든다는 기사가 실린 적이 있다. "유산균이 장내 점액 세포 표면에 있는 수용체와 결합할 가능성이 있는 유해균과 경쟁하는… 환경면역영양법ecoimmunonutrition이라는 치료 전략을 구사하기 때문"이라는 것이다.[15]

나는 '환경면역영양법'이라는 이 긴 단어를 정말 사랑한다. 이 단어는 유기체의 면역기능은 여러 미생물들이 한데 모여 이룬 생태계 환경이 좌우한다는 것을 보여주는 동시에, 음식을 통해 그런 생태계를 만들고 발전시켜 나갈 수 있다는 사실을 보여준다. 에이즈와 함께 생활하는 나로서는 언제나 면역기능에 대해 생각하지 않을 수 없다. 그렇다고 발효식품이 에이즈를 치료할 수 있다고 주장하고 싶지는 않다. 배양균이 살아 있는 음식을 먹으면 암 같은 질환이 치료된다고 주장하는 것은 더더욱 아니다. 음식이 질병을 치료한다는 기적을 믿지는 않는다. 그러나 발효식품이 특정한 암의 발병을 막고, 여러 가지 질병을 막아준다는 사실을 밝힌 놀라운 의학 연구들이 나를 고무하는 것은 사실이다.

의학 잡지와 과학 잡지에 실려 있는 수백 건이 넘는 이 같은 연구들의 제목은 『인생의 다리 : 세균이 공급하는 영양분으로 장수하는 방법The Life Bridge : The Way to Longevity with Probiotic Nutrients』에 실려 있다. 이런 연구 논문들은 식품을 발효시키는 배양균들이 유기체 속에 살아 있는 또 다른 유기체로서 질병을 막아주는 역할을 한다는 사실을 다시 한 번 확인시켜 준다.

미생물과 인류는 공존 공생 관계

현대인들은 세균을 무서워하고, 청결해야 한다는 강박관념에 사로잡혀 있다. 병을 유발하는 바이러스와 세균 같은 미생물들에 대한 정보를 알면 알수록 현대인들은 미생물에 노출되는 삶을 극도로 두려워한다. 죽음을 부르는 무시무시한 미생물이 하나씩 발견될 때마다 무서워해야 하는 이유를 하나씩 추가한다. 이런 현상은 미국 전역에서 갑자기 항균 비누가 유행하게 된 사실만 봐도 알 수 있다. 20년 전만 해도 몇몇 제약 회사 관계자들을 빼고는 항균 비누 시장이 이처럼 커질 거라고 예상한 사람은 거의 없었다.

하지만 오늘날 항균 비누는 손 씻는 사람, 그러니까 모든 사람들의 필수품이 되었다. 그렇다고 과연 아픈 사람들이 줄어들었을까? 미국의학협회 과학위원회 회장 마이런 제넬 박사는 "그런 제품들이 효과가 있다는 증거는 아직 없다. 오히려 그런 제품들이 항생제 내성 세균을 만들어내는 원인일 가능성이 있다"고 말한다.[16] 항균 비누는 인류의 공포를 기반으로 개발하고 판매하는, 어쩌면 아주 위험할 수도 있는 제품 가운데 하나일 뿐이다.

대부분의 항균 비누에 들어 있는 트리클로산triclosan은 내성이 아주 강한 세균만 빼고 거의 모든 세균을 제거한다. 터프츠대학 적응유전학 및 약품내성센터 소장 스튜어트 레비 박사는 "세균을 비롯해 이전에는 그다지 세력 기반이 확고하지 못했던 이 강력한 미생물들이… 경쟁자들이 사라진 환경에서 훨씬 더 많이 번식할 수도 있다"고 했다.[17] 피부와 신체의 구멍들, 그리고 집 안 곳곳은 해로운 유기체들로부터 자신들은 물론 사람들까지 보호해주는 미생물들로 가득 덮여 있다. 따라서 우리들 표면과 안팎, 우리를 둘러싼 모든 곳에 있는 세균들을 공격하기 위해 항균물질을 남용하다가는 신체 방어력이 떨어져 심각한 질병에 걸릴 수도 있다.

미생물들은 해로운 유기체가 우리를 공격하지 못하도록 지켜줄 뿐 아니라 우리 면역계가 해야 할 일도 알려준다. 이스라엘에 있는 바이츠만과학연구소의 이룬 R. 코헨 박사는 "면역계도 뇌처럼 경험을 통해 스스로 해야 할 일을 습득해가는 기관"이라고 했다.[18] 토양과 살균 처리하지 않은 물에 사는 다양한 미생물에 노출되지 않을 경우, 천식 같은 알레르기 질환에 걸릴 가능성이 아주 높아진다는 '위생 가설the hygiene hypothesis'을 뒷받침하는 연구 결과들도 많이 나오고 있다. 뉴욕에 있는 알버트 아인슈타인 의과대학의 알레르기 및 면역과 과장 데이비드 로젠슈트라이크 박사도 "깨끗한 생활을 부르짖을수록… 천식 같은 알레르기 질환에 걸릴 가능성이 높아지는 것 같다"고 주장했다.[19]

세균에 대한 광기에 가까운 공포는 최근에 일어난 탄저균 테러와 생물학전에 대한 공포 때문에 한층 더 커졌다. 2001년 12월자 〈인터넷상의 가정과 개인 제품들 Household and Personal Products on the Internet〉이라는 뉴스레터에는 "질병에 대한 공포, 그 중에서도 탄저균에 대한 공포가 확산되면서 소비자들은 청결에 집착하게 됐다. … 항균 제품의 폭발적인 수요가 예상된다"는 기사가 실리기도 했다.[20]

물론 정확한 지식을 바탕으로 위생관리를 하는 것은 중요하다. 그러나 미생물을 완전히 제거할 수 있는 방법은 없다. 미생물은 어디에나 있다. 1970년대에는 면역 능력이 없어 세균이 없는 환경에서만 살아야 하는 소년의 이야기를 다룬 텔레비전 영화 '플라스틱 상자 속의 소년 The Boy in the Plastic Bubble'이 방영된 적도 있다. 훗날 대중 스타가 된 존 트라볼타가 열연한 영화 속 소년은 살균 처리한 밀폐 공간에 살면서 사람들을 만날 때도 방어벽을 사이에 두어야 했다. 가끔 자신의 방에서 나올 때면 우주복처럼 신기하게 생긴 옷을 입어야 했다. 언제나 살균 처리된 방에 갇혀 외롭게 생활하던 소년은 급기야 그 방을 떠나기로 결심하고, 눈에 보이지 않는 병원균이 생명을 앗아갈 때까지 짧은 생애 동안 평범한 삶을 살았다. 이 영화에는 살아남아야 한다는 이유로 한 생명체에게서 생물학적 위험 요소를 완전히 제거하려 한, 불가능하면서도 바람직하지 않은 대중문화가 반영되어 있다.

서방 세계에서는 대부분 병원균을 완전히 제거하는 것을 목표로 많은 화학약품을 생산하고 있다. 내가 먹는 에이즈 치료약도 '강력한 레트로바이러스 제거 전략'을 채택하고 있다. 첨단 기술을 자랑하는 제약회사들의 덕을 보고 있는 나로서는 그 전략에 반대할 입장이 아니다. 하지만 나는 이 생물학전이 그다지 바람직한 일은 아니라고 굳게 믿고 있다. 스티븐 해로드 버니어는 『잃어버린 식물의 언어The Lost Language of Plants』에서 "세균은 병의 근원이 아니라 지구에 살고 있는 모든 생명체를 싹트게 하는 존재이자 생명체를 구성하는 근원적 존재이다. 지구의 기본 구조를 이루고 있는 존재들에게 선전포고를 한다는 것은 눈에 보이는 모든 생명체들을 위협하는 일이다"라고 했다.[21] 이 말에 전적으로 동의한다.

인류가 건강과 항상성을 유지하려면 미생물과 공존해야 한다. 세균학자들은 사람의 몸속에 100조 개가 넘는 미생물이 살고 있으며, 다양한 미생물이 공존하지 않는다면 숙주와 그 안에 살고 있는 미생물과의 관계는 어떠한 의미도 없다고 말한다.[22] 인류를 비롯한 모든 생명체는 세균이 진화한 것이며, 지금도 여전히 세균이 없으면 살아갈 수 없다. 민속 식물학자 테렌스 매케나는 "자연은 유기체들이 성공적으로 번식하고 증식한다는 목표 아래 같은 생태계를 공유한 유기체들끼리 떼려야 뗄 수 없는 관계를 형성하도록 만든다. 다시 말해 최대한 서로 협력하면서 서로에게 영향을 미치도록 만든다"고 했다.[23]

공생 생물 발생설symbiogenesis의 관점에서 보면, 진화는 핵막이 없는 원핵생물prokaryotes에서 유래한 생명체들이 공생한 결과라 할 수 있다. 세균도 원핵생물이다. 세균의 유전 물질이 핵 속에 들어 있지 않고 세포질 속에 퍼져 있는 것만 봐도 알 수 있다. 생물학자인 린 마굴리스와 카렌 V. 슈바르츠는 "유동액 속에서 떠다니는 유전자는 물론 다른 세균들의 유전자, 바이러스의 유전자 같은 다양한 유전자가 세균 세포로 들어간다"고 했다.[24] 주변에 존재하는 유전자들을 받아들이는 특성 때문에 원핵생물은 모두 비슷한 유전 형질을 지니고 있다. 이들은 일단 핵막이 있는 진핵세포eukaryotes로 진화한 다음 우리 인류와 같은 복잡한 유기체로 진화해왔다. 하지만 원핵세포들은 결코 자손들의 곁을 떠나지 않았다. 이들은 언제나 우리와 함께 생활한다.

최근 캘리포니아대학에서 영양학 박사 학위를 받은 내 친구 조엘 키몬스는 "원핵생물은 우리를 복잡하게 만드는 수석 기술자"라는 말을 했다. 우리 몸 속에서, 그중에서도 장에서 가장 활발하게 움직이는 원핵생물들은 우리가 유기체로 살아갈 수 있도록 생리 기능을 결정하는 유전 정보를 흡수함으로써 우리 감각 세계의 일부가 된다. 우리가 그들을 먹음으로써 그 사실을 깨달을 수 있다고 조엘은 말한다. 인류는 다양한 미생물들과 도움을 주고받는 존재이기 때문에 미생물과 인류는 서로에게 반드시 필요한 존재들이다. 미생물과 우리 인간의 공생 관계는 너무나 복잡해서 우리 능력으로는 도저히 다 이해할 수 없을 정도다.

자연이 빚어낸 생명의 힘을 내 몸안에 담는다

배양균이 살아 있는 다양한 발효식품을 먹는다는 것은 몸 속에서 여러 가지 배양균이 자라게 한다는 뜻이다. 대규모 생태계가 유지되기 위해서는 반드시 다양한 생물들이 그 속에서 생활해야 한다. 지구와 지구상에 존재하는 모든 생명체들은 유일하면서도 균일한 생명의 장에서 서로에게 영향을 미치고, 서로 의지하면서 살아간다. 따라서 한 종의 멸종은 지구 전체의 종 다양성에 막대한 영향을 미친다.

미생물의 경우에도 종 다양성은 무척 중요하다. 미생물 차원의 종 다양성을 '미생물 종 다양성 microbiodiversity'이라고 한다. 인간의 몸은 여러 미생물들이 번성할 때만 효과적으로 기능을 유지할 수 있는 일종의 생태계다. 물론 특별히 엄선된, 소화를 도와주는 세균들이 들어 있는 영양 보조식품을 사 먹을 수도 있다. 그러나 어느 가정에나 있는 미생물을 이용해 직접 발효시킨 식품을 먹는다면 자신을 둘러싼 환경에서 함께 생활하는 생명체들과 더 많은 관계를 맺을 수 있다. 지구에서 함께 살아가고 있는 미생물들을 소화기관으로 더 많이 불러들일수록 우리는 환경과 하나가 될 수 있다.

천연 발효식품을 먹는다는 것은 몸 안으로 자연을 불러들이는 것이며 자연과 하나가 되는 것이다. 미생물 배양균이 들어 있는 천연 식품은 변해가는 환경에 우리 몸이 적응할 수 있도록 해주며, 질병에 내성을 길러주는 변치 않는 위대한 생명의 힘을 지니고 있다. 이런 미생물들은 어디에나 있으며, 이들을 이용해 발효식품을 만드는 방법은 간단하면서도 쉽다.

그렇다면 배양균이 살아 있는 발효식품을 먹으면 건강하게 오래 살 수 있을까? 수명이 긴 나라 사람들은 요구르트나 된장 같은 발효식품을 즐겨 먹는다. 발효식품이 수명 연장에 도움을 준다는 연구 결과를 발표하는 과학자들도 많다. 그중에서도 대표적인 사람이 러시아의 면역 학자이자 노벨상 수상자인 메치니코프 박사다. 20세기 초반 그는 발칸 반도에서 살면서 요구르트를 먹는 100세 이상 노인들을 대상으로 연구를 진행한 결과, 유산균이 노화 속도를 늦추고 건강을 지켜준다는 결론을 얻었다.[25]

개인적으로 나는 한 가지 제품이나 한 가지 습관이 건강을 지켜주거나 장수의 비밀을 풀어줄 열쇠라고는 생각하지 않는다. 인생은 여러 변수를 포함하고 있으며 모든 생명은 저마다 독특한 존재 가치가 있다. 그러나 한 가지 분명한 점은 발효식품이 인류의 수명과 건강에 영향을 준다는 사실이다. 지구 곳곳에서 인류는 수천 가지가 넘는 다양한 방법으로 식품을 발효시키고 있다. 이 책을 읽어나가는 동안 당신은 수천 년 동안 인류가 즐겨 먹었던, 건강을 지켜주는 영양소가 풍부한 천연 발효식품을 만드는 방법이 얼마나 간단한지 알게 될 것이다.

Chapter
02

배양 이론

발효의 비밀을 푸는 열쇠

발효식품의 발견은 인류를 자연인에서 문명인으로 성장시킨 징표이다 ● 인류가 처음 맛본 발효식품은 벌꿀 술이었지만 차츰 맥주, 포도주에 이어 곡물을 발효시키는 기술로 발전했다 ● 고대인들은 발효를 신이 내린 선물로 생각했다 ● 그들의 이러한 믿음은 로마시대는 물론 17세기까지 이어졌다 ● 18·19세기 화학의 발달로 발효를 과학적으로 연구하기 시작했고 마침내 루이 파스퇴르에 의해 발효의 신비가 벗겨지는 결과를 가져왔다

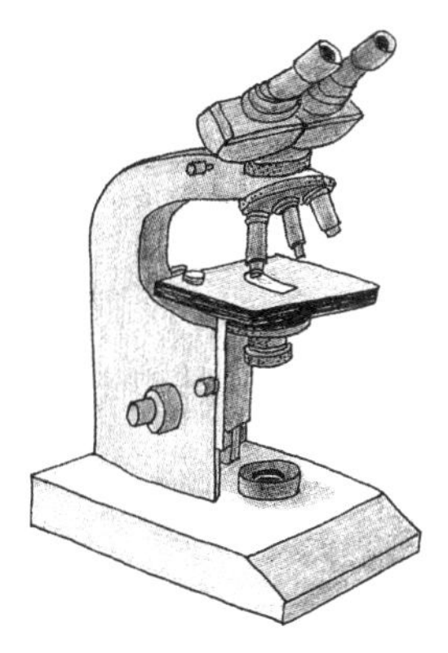

발효의 발견,
인류 문명의 위대한 시작

인류는 인류라 부를 수 있던 그 순간부터 발효의 힘과 마술을 알고 있었다. 고고학자들은 인류가 농사를 짓기 전부터 꿀을 채취했다고 믿는다. 고대인들이 제일 처음 맛보았던 맛난 발효식품은 흔히 벌꿀 술로 알려져 있다. 인도와 스페인, 남아프리카 대륙 같은 여러 지역에서 발견된 1만 2천 년도 더 된 구석기 동굴 벽화에는 꿀을 따는 사람들의 모습이 그려져 있다.

꿀을 채취하는 모습을 그린 석기 시대 동굴 벽화

발효는 우연히 꿀이 물에 섞이거나 의도적으로 꿀을 섞었을 때 일어났을 것이다. 먼지 입자에 섞여 공기 중에 떠돌아다니던 효모가 달콤하고 영양가 높은 꿀물에 떨어지면서 벌꿀 술의 역사는 시작되었을 것이다. 순수한 꿀은 미생물이 살 수 없도록 하는 천연 방부제다. 그러나 물에 녹아 희석되면 효모가 좋아하는 환경으로 바뀐다. 따라서 꿀물에 착륙한 효모는 기하급수적으로

수를 늘리면서 거품을 만들고 증식해 나갔을 것이다. 사람들 눈에 보이지 않는 이 작은 생명체는 당분을 알코올과 이산화탄소로 바꿔 짧은 시간에 꿀물을 벌꿀 술로 바꾸어 버렸음이 분명하다.

마구엘로네 투산트 사마트는 방대한 조사 결과를 묶은 『음식의 역사A History of Food』에서 "벌꿀의 아이이며 신의 음료인 벌꿀 술은 전 세계 사람들이 즐겨 마셔온 음료수다. 어쩌면 벌꿀 술이 모든 발효식품의 원조일지도 모른다"고 했다.[1] 수렵과 채집을 하던 우리 조상들의 경우 모두는 아니더라도 분명히 많은 선조들이 벌꿀 술을 마셨을 것이며, 불에 익힐 필요도 없어 불을 이용하기 전부터 인류와 함께 했을 것이다. 나무 구멍에서 발효된 꿀물을 생전 처음으로 맛보고 느꼈을 조상들의 야릇함과 놀라움을 한번 상상해 보라. 조상들은 거품이 가득 찬 꿀물을 보고 두려움을 느꼈을까? 아니면 그저 단순히 호기심만 느꼈을까? 일단 맛을 본 뒤에는 그 맛에 끌려 더 많이 마시게 됐을 것이다. 벌꿀 술을 마신 조상들은 왠지 모르게 달뜬 기분이었을 것이다. 그 후에는 그런 달콤한 기분을 느끼게 해준 벌꿀 술을 신성한 누군가가 자신들에게 보내준 선물쯤으로 여겼을 것이다.

인류학자이자 문명 이론가인 클라우드 레비스트로스는 벌꿀 술의 제조는 인류가 자연인에서 문명인으로 바뀌는 과정을 보여주는 징표라고 설명한다. 그는 이 변화 과정을 구멍 뚫린 나무를 사이에 둔 변화로 설명하면서 "나무 구멍, 다시 말해 꿀을 저장하는 용기인 나무 구멍에 신선하고 밀봉된 상태로 들어 있다면 자연이라고 할 수 있지만, 구멍 속에 머무는 대신 밖으로 나와 인공적으로 발효되었다면 이는 문명에 속한다고 할 수 있다"고 했다.[2] 알코올을 만들어 인류 문명의 독특한 특성 가운데 하나인 의식 변용 상태■■에 빠질 수 있게 된 것도 조그만 효모의 생활 주기를 이용하면서부터이다. 스티븐 해로드 버니어는 자신의 책 『신성한 약효가 있는 맥주들: 고대 발효의 비밀 Sacred and Herbal Healing Beer』에서 "고대인들은 독자적으로 알아낸 모든 발효 기술을 신성한 존재가 자신들에게 준 선물로 여겼다. 한 가지 분명한 점은 발효 기술이 하나의 종으로서 인류의 발전과 긴밀하게 연결되어 있다는 점이다"라고 했다.[3]

발효식품이 의식 변용 상태로 이끈다는 사실은 여러 문명에서 남긴 구전口傳이나 전승 신화, 시 속에 잘 나타나 있다. 멕시코 북부와 남부 애리조나의 사막 지대에 살던 파파고 부족은 사과로 선인장 열매를 발효시켜 만든 티스윈tiswin을 마셨다. 버니어는 파파고 부족이 티스윈을 마실 때면 다음과 같은 노래를 불렀다고 그의 책에 적고 있다.

> 눈앞이 팽팽 도네
> 온 몸이 후텁지근해지네
> 하지만 나는 이것이 좋다네
> 더욱더 먼 곳으로
> 평평한 땅으로 나를 데리고 가네
> 눈앞이 핑글핑글 돌고

■■ 정상적인 자기의식과는 달리 잠, 최면술, 마약 등으로 인해 생기는 의식 상태

저 높은 곳이 보이네

나는 정말 이것이 좋다네

더 먼 곳으로 나를 데려가고

마실 때마다 어지럼증은 더 한다네

작은 회색 산기슭에

자리 잡고 앉아 티스윈을 마시네

아름다운 노래가 절로 나온다네[4]

발효시킨 알코올은 인류 문명 곳곳에 비슷한 영감을 불러일으켰다. 프리드리히 니체는 취기를 "모든 원시 인류가 우리에게 들려주는 찬송가로 인도하는 상태"라고 정의했다.[5] 인류를 다른 생명체들과 구별해 주는 가장 뛰어나면서도 기본적인 능력인 언어는 이 취기 상태에서 발전하면서 더 정교하게 다듬어졌다. 벌꿀 술과 포도주, 맥주는 여러 문화에서 수천 년 동안 신성하게 여겨온 음료들이다. 주류 판매 금지령이 내린 때도 있었지만, 사람들은 언제나 발효시킨 알코올을 찬양하고, 매우 중요한 의미를 담아 신에게 제물로 바쳤다.

5천여 년 전에 맥주 제조법을 기록으로 남긴 수메르 인들은 '내 입안 가득히 채우시는 분'이라는 뜻의 맥주의 여신 닌키시Ninkasi를 숭배했다.[6] 이집트 인들은 높은 사람들의 미라를 묻은 피라미드 안에 멋진 도자기로 만든 포도주와 맥주 통을 함께 넣었으며, 〈사자의 서The Egyptian Book of the Dead〉

빵과 맥주를 뜻하는 상형 문자

에는 죽은 자의 영혼을 '빵과 맥주를 주는 이'에게 위탁한다는 기도문이 실려 있다.[7] 고대 마야의 종교 의식에서는 발체balche라는 발효시킨 벌꿀 술이 등장한다. 마야 인들은 술의 효능을 극대화하기 위해 벌꿀 술을 항문을 통해 직접 몸속으로 집어넣었다. 관장과 비슷한 마야 인들의 벌꿀 술 이용법을 본 정복자들은 발체 속에 악마가 숨어 있다가 뱀과 구더기로 변해 마야 인들의 영혼을 갉아먹는다고 생각했다.[8] 발체는 모든 기독교도들이 마시면 안 되는 음료가 되었다. 그런 기독교에서도 포도주를 그리스도의 피가 성스럽게 변화한 음료로 믿는다. 우리 유대인들은 "주님은 포도주의 열매를 창조하신 분"이라는 기도문을 여러 번 외면서 신성한 포도주를 마신다.

발효 기술은 식물을 경작하고 가축을 사육하는 등 인류 문명의 발전과 함께 다시 새롭게 발전해나갔다고 여겨진다. '배양하다'는 뜻의 영어 단어 컬처culture에 여러 가지 뜻이 내포되어 있는 것도 결코 우연이 아니다. 컬처는 '기르다'는 뜻을 지닌 라틴어 콜레레colere에서 온 말이다. 발효 배양균을 기르는 일도 식물과 동물을 기르는 일과 같으며, 행동 양식과 기술, 믿음, 제도를 포함한 인류의 모든 업적과 사상의 산물을 후손에게 물려주는 일도 컬처의 사전 정의와 다르지 않다.[9] 다양한 컬처가 복잡하게 얽히고설켜 있는 것이다.

야크와 말, 낙타, 양, 염소, 소 같은 다양한 동물을 기르는 유목민들은 우유가 시어가는 과정을 보면서 더 오랫동안 우유를 보관할 수 있는 발효법과 응고법을 익혔다. 우연이든 의도적이든 유목민들은 생우유를 마시지 않고 두면 곧바로 발효가 진행된다는 사실을 알아냈다. 유산균은 유당을 유산으로 바꿔준다. 그렇게 되면 시큼한 냄새가 나고 유장乳漿과 응유凝乳로 분리되어 좀 더 안정적이고 오랫동안 보관할 수 있다.

사람들은 곡물을 발효시키는 기술도 발전시켰다. 곡물을 이용해 만든 죽과 반죽도 발효를 이용한 식품이다. 곡물 가루를 물과 섞으면 곧 효모 같은 세균들이 찾아와 발효가 진행되기 시작한다. 빵과 맥주도 모두 곡물을 발효시킨 식품으로, 역사학자들은 둘 중에 누가 먼저인지를 놓고 열띤 논쟁을 벌이기도 한다. 전통적으로 농업 혁명은 좀 더 안전하고 오래 저장할 수 있는 형태의 식품을 찾으려는 노력에서 비롯되었다고 알려져 있다. 곡물을 발효시키는 기술이 곡물을 경작하는 기술과 동시에 발전했다고 보는 것이다.

과학자들이 풀어낸 발효의 비밀

역사적으로 발효를 신비한 생명 작용 현상으로 설명하는 사람들이 많았지만, 서구 과학계는 오랫동안 그 정체를 밝혀내지 못했다. 플리니우스 같은 자연사 박물학자들이 살던 로마 시대부터 과학자들은 '자연 발생설spontaneous generation'을 믿었다. 자연 발생설은 다른 생명체의 생식 작용이 없어도 자연적으로 생명체가 탄생한다는 가설이다.

이 가설을 믿은 과학자들은 생명체의 자연 발생설을 거품이 이는 발효 현상에만 국한하지 않았다. 17세기 말까지도 과학자들은 어미 쥐가 없어도 자연 발생적으로 쥐가 태어난다는 사실을 입증하려고 노력했다. 17세기 말 얀 밥티스타 반 헬몬트는 "밀이 담긴 용기에 더러운 셔츠를 집어넣자, 더러운 셔츠가 발효되어 밀 냄새를 바꾸었을 뿐 아니라 21일이 지나자 그 속에서 쥐가 생겼다"는 보고서를 내놓았다.[10] 그는 또 벽돌에 구멍을 내고 그 속에 말린 바질basil(꿀풀과 식물. 잎이나 줄기를 말려서 향신료로 사용하며 토마토, 마늘과 잘 어울려 이탈리아 요리에 주로 쓰임-편집자 주)을 넣은 후 햇빛이 잘 드는 장소에 놓아두면 전

갈을 탄생시킬 수 있다고 믿었다.

반 헬몬트가 밀과 더러운 셔츠로 쥐를 만들고 있는 동안 안토니 반 레벤후크Antonie Van Leeuwenhoek(1632~1723, 네덜란드 상인으로 1673년 40~270배 단안 렌즈 현미경 발명-편집자 주)는 현미경을 만드는 데 주력해 1674년 드디어 세계 최초로 미생물을 관찰할 수 있었다.

> 물속에는 여러 형태의 동물들이 득실거리는데, 마치 살아서 움직이는 것처럼 보인다. 몸을 웅크리고 한데 모여서 꿈틀거리는 작은 뱀장어 혹은 지렁이 같은 존재들이 뚜렷하게 보인다. 눈으로 보는 것처럼 물속에 가득 차 있다. 이 존재들은 자연을 관찰하면서 발견한 모든 경이로움 가운데서도 으뜸이다. 작은 물방울 속에 수천 마리가 넘는 생명체들이, 그것도 한 마리 한 마리마다 독특한 움직임을 보이면서 끊임없이 운동하는 모습을 보기 전까지 나는 그처럼 눈을 즐겁게 하는 광경을 본 적이 결코 없었다고 감히 말할 수 있다.[11]

그 무렵 프랑스 철학자 르네 데카르트는 모든 자연 현상을 물리적인 현상으로 설명할 수 있다는 획기적인 주장을 하고 나섰다. 데카르트는 일반 물리학으로 자연 현상을 설명하는 과학 시대의 서막을 열었다. 18세기와 19세기는 화학이 융성한 시기로, 모든 생리 작용은 결국 화학 반응으로 설명할 수 있다고 믿는 화학적 환원론이 유행하였다. 당시 화학자들은 발효를 살아 있는 유기체가 일으키는 현상으로 설명하는 것은 뒤떨어진 방식이라고 치부하면서 그런 생각 자체를 철저하게 무시했다.[12]

현미경의 발명으로 미생물에 대해서는 잘 알고 있었지만, 화학자들은 미생물의 역할을 무시한 채 미생물을 철저하게 배제한 가설들을 세워나갔다. 화학 비료 탄생에 결정적 역할을 한 19세기 화학자 유스투스 폰 리비히는, 발효는 생물체의 작용이 아니라 화학 반응일 뿐이라고 주장한 대표적인 인물이다. 리비히는 발효할 때 효모가 필요한 이유는 단지 죽은 효모의 썩은 몸이 필요하기 때문이라고 믿었다. 1840년 발표한 논문에서 그는 "당분에 영향을 미치는 것은, 더 이상 생명을 유지하지 못한 채 부패 과정을 겪고 있는 효모의 죽은 몸이다"라고 했다.[13]

루이 파스퇴르와 미생물학의 탄생

프랑스 화학자 루이 파스퇴르는 한 알코올 제조업자와 만나면서 발효 과정에 관심을 갖게 되었다. 사탕무 뿌리로 술을 만들던 제조업자는 술의 품질이 고르지 않아 골치가 아프자, 마침 아들이 다니는 대학에서 강의를 하는 파스퇴르에게 이 문제를 의뢰했다. 사탕무의 발효 과정을 꼼꼼하게 연구한 파스퇴르는, 얼마 지나지 않아 발효 과정이 곧 생리 작용의 결과라는 확신을 얻었다. 파스퇴르는 사탕무 즙을 가열해 자연 상태에서 유산을 만드는 세균을 모두 없앤 다음, 알코올을 만드는 효모를 인공적으로 첨가하는 방법으로 알코올 제조업자의 문제를 해결해주었다. 파스퇴르가 처음 개발한 이 저온 살균 처리법은 파스퇴르 살균법이라는 이름으로 현재까지도 모든 우유 제조업자들이 사용하고 있다. 1857년 그는 발효에 관한 첫 번째 논문 〈유즙의 발효에 관한 보고서Memoire sur la fermentation appelee lactique〉를 발표했다. 논문에서 그는 "발효란 죽거나 부패한 미생물의 몸에 의해서가 아니라, 작은 미생물의 생산활동과 생명체의 상호 작용의 결과로

이루어지는 현상이다"라고 하였다.[14]

파스퇴르의 발견은 당시 화학자들의 견해와는 완전히 달랐기 때문에 결국 그 자신이 개혁가의 길로 들어설 수밖에 없었다. 그 후 파스퇴르는 다양한 미생물들을 연구하면서 여생을 보냈고, 미생물학이라는 새로운 학문을 탄생시켰다. 그는 자신이 특정 종의 효모만 배양했다는 사실을 들면서 '획일적인 배종 발달설undifferentiated panspermatism', 다시 말해 '자연 발생설'은 틀린 이론이라고 주장했다. 그는 현미경으로 신 맥주를 관찰해 낙산butyric acid이 생길 때는 반드시 미생물이 있어야 한다는 사실을 알아내고, 그 미생물을 낙산 비브리오속butyric vibrios 세균으로 명명했다. '움직이는 자' 또는 '진동하는 주파수'를 뜻하는 단어 '비브리오'는 파스퇴르가 여러 효모들 중에서 이 세균들을 골라냈을 때부터 움직이는 세균의 특성을 묘사하기 위해 사용한 이름이다.

파스퇴르가 이 같은 사실을 발표하자 화학계에서는 당연히 숱한 반론이 제기되었다. 하지만 이제 막 걸음마를 시작하고 있던 발효식품 업체들은 모두 쌍수를 들어 환영했다. 파스퇴르의 혁신적인 발견 덕분에 발효식품과 발효음료를 대량으로 생산할 수 있는 길이 열렸기 때문이다. 그때까지만 해도 발효식품은 수천 년 동안 그래왔던 것처럼 자연의 힘을 빌려야 했으며, 신에게 바치는 제물인 까닭에 기도와 의식을 곁들여야만 맛볼 수 있는 음식이었다. 이제 과학의 발달 덕분에 까다로운 의식을 거치지 않고도 신성한 음식들을 대량으로 만들어 먹을 수 있게 된 것이다.

미생물학의 탄생과 함께 미생물도 인류가 배양하고 있는 여러 가지 천연 자원처럼 길들이고 개발해 대량으로 이용할 수 있는 시대가 열렸다. 파스퇴르의 연구 결과가 발표된 시기와 항생제가 개발되는 중간 시기라고 할 수 있는 1908년에 출간된 『전원의 삶에 영향을 미치는 세균Bacteria in Relation to Country Life』은 그 같은 사실을 분명하게 보여준다.

> 인류의 실존에 대한 깊은 고찰은 우리가 세균을 비롯한 여러 미생물들을 연구할 수밖에 없도록 만든다. 만약 인류의 건강과 행복을 해치는 존재들이라면 반드시 우리를 방어할 방법을 알아내야 하며, 이런 존재들을 완전히 파괴하는 방법 또는 해악을 없애는 방법을 반드시 알아내야 한다. 그렇지 않고 인류에게 유용한 존재들이라면 이들을 조절하는 방법을 알아내 널리 이용할 수 있도록 해야 한다.[15]

자신들이 무엇이든 기를 수 있는 능력과 우월함을 갖추고 있다고 생각하는 호모 사피엔스라면 파스퇴르가 한 말을 깊이 생각해보는 것이 좋을 것이다. "최종 결정권을 가진 존재는 미생물이 될 것이다"라는 말을 말이다.[16]

Chapter
03

획일적인 문화에 저항하는

발효식품의 생명력

대량 생산, 규격화 등 식품산업의 이윤추구에 밀려 점점 설 땅을 잃고 있는 발효식품 • 오늘날 점점 거세지는 식품산업의 세계화는 이제 문화의 획일화로까지 치닫고 있다 • 이 책의 저자인 카츠는 이런 추세에 맞설 수 있는 최소한의 방법은 자기 집과 지역에 풍부하게 존재하는 미생물을 이용해 천연 발효식품을 직접 만들어 먹는 것이라고 강조한다 • 이러한 작은 노력이 모여 커다란 변화를 이룰 수 있다

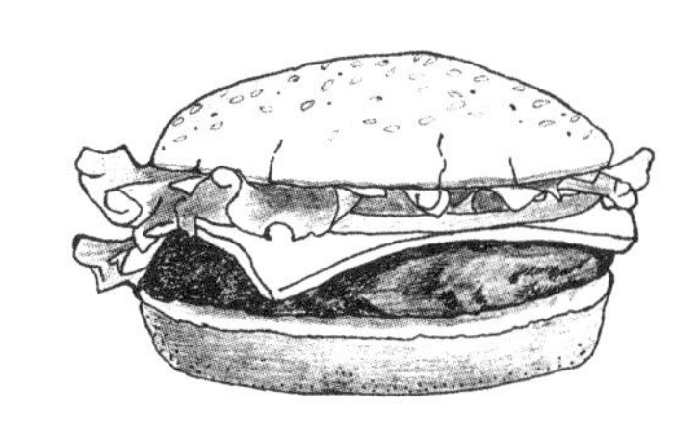

규격화, 대량 생산에 따른 발효식품의 위기

(맥도날드의) 감자튀김이 기분을 좋게 하는 이유 중에는 이 감자튀김이 내가 상상하고 기대했던, 내 머릿속에 떠오르는 감자튀김의 느낌을, 다시 말해서 전 세계 수십억 명의 사람들이 머릿속에서 그리고 있는 감자튀김의 맛을 정확하게 살려주었다는 점도 빼놓을 수 없을 것이다.

- 마이클 폴란의 『욕망의 식물학 The Botany of Desire』(황소자리, 2007) 중에서

전 세계 문명은 각자의 자연 환경에 맞게 독특하게 진화해왔다. 이는 미생물의 세계나 인간의 세계나 마찬가지다. 언어와 종교는 물론이고 발효식품을 포함한 음식도 문화에 따라 그 형태가 사뭇 다르다. 그런데 지금은 전 세계를 하나의 커다란 시장으로 만들려는 시장 원리로 인해 풍부한 문화적 다양성이 사라져가고 있다. 예전에는 지역마다 독특한 맥주와 빵과 치즈가 있었지만, 21세기에 살고 있는 우리 소비자들은 버드 라이트, 원더 브레드, 벨비타 같은 발효식품 회사들 덕분에 언제 어디서나 같은 모양과 맛을 지닌 발효식품을

맛볼 수 있다.

대량으로 생산하고 대량으로 판매하려면 똑같은 형태를 유지해야 한다. 지역 특유의 정체성이나 문화, 독특한 맛은 자신들의 제품을 전 세계 사람들에게 팔고 싶어 하는 맥도날드나 코카콜라 같은 거대 기업의 이윤 추구에 밀려 점점 더 설 자리를 잃어가고 있다.

소수가 부와 권력을 거머쥠으로써 해마다 수많은 언어와 구전 양식들과 종교, 관습들이 사라지는 현상은 분명히 슬프고도 추악한 인류 사회의 일면이며, 문화의 획일화라 할 수 있다. 당신이 자신의 집에서, 그 지역에 풍부하게 존재하는 미생물들을 이용해 천연 발효식품을 만드는 것은 획일화와 규격화에 맞서는 작은 노력의 일환이다. 주변에 있는 미생물을 이용하는 것은 독특한 주변 환경을 식품 속에 담는 일이며, 작은 변화를 통해 차별화를 실현하는 일이다.

집에서 직접 만든 자우어크라우트와 된장은 분명히 마이클 폴란이 맥도날드 감자튀김에서 느낀 것과 똑같은 만족감을 줄 것이며, 당신의 기대 역시 충족해줄 것이다. 나아가 자신이 직접 만든 발효식품은 획일적인 상업 식품들을 멀리하게 만들어줄 것이다. 천연 발효식품들은 또한 전혀 상상하지 못했던 여러 가지 변칙들을 통해 당신에게 독특한 경험을 하게 해줄 것이다. 그렇지만 한 가지 말해둘 것이 있다. 전 세계적으로 가장 먼저 팔리기 시작한 상업 식품들 중에는 발효식품이 포함되어 있다. 세계적으로 대량 판매되는 농산물 중에 초콜릿, 커피, 차 등이 있는데, 이런 상품들은 모두 가공되는 동안 발효 과정을 거쳐야 한다.

1985년 내 친구 토드와 함께 아프리카를 몇 달 동안 여행한 적이 있는데, 카메룬에 갔을 때의 일이다. 아봉 응방이라는 마을로부터 얼마 떨어지지 않은 곳에서 정글 길을 안내해줄 피그미 부족을 만났다. 우리는 무릎까지 빠지는 깊은 습지가 있는 정글을 대나무로 만든 장대를 이용해 지나야 했다. 피그미 부족들은 오랫동안 그곳에서 살아오면서 생존을 위해 이러한 방법을 터득했을 것이다. 여행을 하는 동안 카카오 농장에서 일하는 피그미 부족 정착지를 몇 군데 지났다. 그때 나는 정부가 상품 작물을 재배하기 위해 피그미 부족들을 정착시키려 한다는 사실을 알게 되었다. 그들 소수 부족의 생활 방식은 현재 위법으로 간주돼 단계적으로 폐지되고 있다. 세수를 늘리고 국제 금융단체에서 빌린 빚을 청산하고자 수출에 매진하는 정부에게 떠돌이 생활을 하는 국민은 도움이 되지 않기 때문에 이주 생활 자체를 법으로 금지하고 있는 것이다.

획일적인 문화가 탄생할 때마다 전통 문화를 법으로 금지하는 현상이 나타난다. 아메리카 원주민들의 경우가 그렇고, 대학살을 피해 도망쳐온 우리 조부모님들도 그러하며, 뿔뿔이 흩어진 후 1세대가 지나기 전에 완전히 사라져 버린 동유럽 유대인들의 경우도 그러하다. 슈퍼마켓 선반마다 물건으로 가득 차 있는 내 나라로 돌아오면서 느낀 점은, 정확한 표현인지는 모르지만 아프리카 대륙이 자본주의 세계로 편입하는 데만 급급하다는 것이었다. 그러나 전통 문화를 포기한 채 자녀들을 선교사들이 세운 학교에 보내 외국어를 익히게 하고, 수출을 한다는 명목 아래 카카오콩 재배에만 열중하다가는, 지나치게 늘어난 부를 주체하지 못하고 단순히 재미와 자극을 찾아 지구 반대편을 떠돌아다니는 운명을 맞게 될지도 모른다는 점을 명심해야 한다.

발효시킨 기호식품들과 세계화

초콜릿은 아마존 열대 우림에서 자생하는 나무의 씨앗으로 만든다. 이 나무의 학명은 테오브로마 카카오Theobroma cacao다. '테오브로마'는 그리스어로 '신의 음식'이라는 뜻이다. 씨앗을 둘러싸고 있는 꼬투리가 완전히 익어야 수확하는 카카오는 가공하기 전에 자연 발효를 위해 12일 정도 그대로 둔다. 전 세계 사람들이 좋아하는 초콜릿의 독특한 냄새와 맛은 발효 과정을 거쳐야만 만들어지는데, 발효하는 동안 꼬투리가 부드럽게 변하고 카카오콩의 색과 향, 맛, 화학 성분도 변한다. 발효가 끝나면 꼬투리를 제거하고 말려 볶은 다음 속껍질을 벗기고 가루로 빻는다.

인류는 최소한 2천 600년 전부터 카카오를 즐겼다. 아마존 원주민들과 마야 · 아스텍 사람들이 카카오나무를 중앙아메리카와 멕시코로 가져왔는데, 이들은 카카오콩을 그대로 먹지 않고 각성제로 쓰기 위해 볶은 후 빻은 가루를 물에 타서 음료로 마셨다. 카카오콩은 설탕을 넣지 않으면 아주 쓴맛이 난다. 중앙아프리카 원주민들은 카카오콩을 달게 해서 마시지 않고 매운 칠리 고추

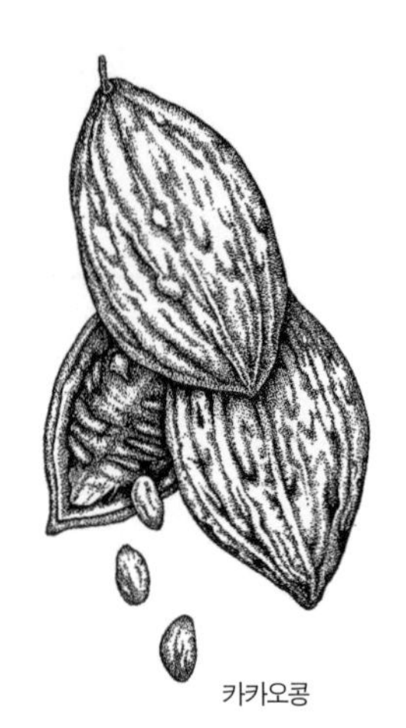
카카오콩

를 섞어 거품이 많이 나는 걸쭉한 음료로 마셨다. 초콜릿이라는 단어는 아스테크어 '소콜라틀xocolatl'에서 유래했다. '소콕xococ'은 '쓰다', '아틀atl'은 '물'을 뜻한다. 마야와 아스테크 사람들은 카카오를 종교 의식에 꼭 필요한 신성한 음식으로 생각했으며 화폐로 사용하기도 했다.

1519년 중앙아메리카로 들어온 스페인 사람들은 카카오를 스페인에 전했다. 유럽으로 건너간 카카오는 19세기까지만 해도 음료수로만 만들어 먹었다. 현재는 연간 600억 달러의 매출을 올리는 국제적인 교역 식품으로 자리 잡았다. 카카오를 가장 많이 생산하는 곳은 아프리카와 동남아시아, 브라질이다.[1] 그런데 아프리카에서 만나본 카카오 농장 인부들 중에는 한 번도 초콜릿을 먹어보지 못한 사람들도 있었다. 정말 불공평한 일이 아닐 수 없다.

카카오는 열대우림 지역에서 자라는 식물인데도 대량 생산할 때는 그늘이 전혀 없는 곳에서 재배하기 때문에 화학물질을 대량으로 뿌려야 한다. 하지만 이런 방식으로 재배하는 카카오나무는 곰팡이에 쉽게 감염되기 때문에 생산업체들은 곧 곤경에 처하고 말았다. 여러 지역에서 카카오 농사를 그만두었고, 문을 닫는 농장도 계속해서 늘어나고 있다. 미국 정부에 몸담고 있는 과학자들은 가까운 가게에서 언제라도 구입할 수 있는 이 중요한 농산물의 유전자를 변형시켜 강한 저항력을 지닌 품종으로 거듭나게 하기 위해 유전자 지도 작성에 열을 올리고 있다.[2]

발효 과정을 거쳐야 하는 세계인들의 기호식품 가운데 각성제로 쓰이는 열대 식물이 또 하나 있다. 학명이 코페아 아라비카Coffea arabica인 커피나무에서 갓 딴 신선한 붉은 열매도 자연 상태에서 발효 과정을 거쳐야 껍질이 부드러워져 그 속에 들어 있는 커피콩을 꺼낼 수 있다. 발효가 끝난 커피콩은 말린 뒤 불에 볶는다. 그 다음에 어떻게 해야 하는지는 벌써 알고 있을 것이다.

커피콩의 원산지는 에티오피아다. 에티오피아에서 처음 발견된 커피콩은 홍해를 지나 아라비아 반도로 전해진 뒤, 15세기 말에 이슬람 세계로 전파됐다.[3] 유럽에서 처음 커피를 받아들인 곳은 베네치아다. 유럽 사람들은 커피가 대중적인 음료가 되기 전까지는 약품이나 식품으로만 여겼다. 커피 음료가 파리에 처음 소개된 때는 1643년이다. 그로부터 30년 동안 250개나 되는 카페가 파리에 들어섰다.[4] 현재 커피콩을 가장 많이 생산하는 국가는 브라질과 콜롬비아, 베트남, 인도네시아, 멕시코다.[5]

차도 발효 과정을 거쳐야 하는 자극제이다. 차나무Camellia sinensis 잎을 발효시키지 않고 그대로 마시는 음료가 바로 녹차다. 이 식물의 잎을 발효시키면 카페인 성분이 증가하는데, 이렇게 해서 마시는 음료로는 홍차와 우롱차가 있다. 중국 사람들은 최소한 3천 년 전부터 차를 마셨다. 차는 1550년대 리스본을 시작으로 유럽에 상륙한 뒤 100년 후 런던에 도착했는데, 도착하자마자 영국인들의 미각을 사로잡아 지금에 이르고 있다.

19세기 초까지 유럽과 북아메리카로 수출된 차는 모두 광둥 지방에서 배에 실렸다. 차를 재배하고 발효시키는 기술은 산업 기밀이기 때문에 서양 상인들은 육지에 상륙할 수 없었다. 자원도 풍부하고 기술도 남부러울 것이 없는 중국인들은 금과 은과 구리 때문이 아니라면 유럽 상인들과 굳이 교역을 할 필요가 없었다. 하지만 영국인이 또 다른 발효 기호품인 아편을 새로운 교역상품으로 들고 오면서 상황은 단숨에 역전되었다. 영국 왕실의 비호를 받는 동인도 회사는 인도에 아편 제조공장을 세우고, 중국인들에게 아편을 제공하는 대신 차를 수입해 들였다. 동인도 회사의 이런 상업 형태는 마약이 전 세계적으로 유통되는 배경을 제공하였고, 이러한 전통이 급속도로 번창해 지금까지도 이어지고 있다. 19세기가 가기 전에 차나무 재배 기술을 익힌 영국인들은 인도와 동아프리카 같은 여러 식민지에 차나무 재배법을 보급했다.[6] 현재 지구에서 차나무를 가장 많이 재배하는 나라는 인도이며 중국, 스리랑카, 케냐, 인도네시아가 그 뒤를 따르고 있다.[7]

초콜릿과 커피, 차를 대량으로 생산하고 대량으로 교역하는 일이 경제와 문화를 크게 변화시켰다는 사실에 이의를 제기할 사람은 거의 없을 것이다. 민속 식물학자 테렌스 맥케나는 중독성 물질로 알려진 이 세 가지 각성제를 "산업 혁명에 꼭 어울리는 약품들"로 표현했다. 그는 "힘을 북돋아주는 이 세 가지 물질은 사람들에게 집중력이 필요한 반복 작업을 계속할 수 있게 해주었다. 실제로도 차와 커피 마시는 시간은 현대 산업 사회가 유일하게 비난을 하지 않고 허용하는 약물 의식이다"라고 했다.[8]

이 세 기호식품과 떼려야 뗄 수 없는 관계에 있는 식품이 바로 설탕이다. 이들은 1650년을 전후로 거의 동시에 유럽에 상륙했다. 고향에서는 쓴맛을 그대로 살려 달지 않은 상태로 먹었지만, 유럽 사람들은 이 세 가지를 모두 설탕과 결합시켰다. 그 후 설탕은 막대한 수익을 보장하는 세 발효식품의 마케팅 파트너로 자리 잡았다. 이들의 결합은 마케팅이라는 새로운 전략을 탄생시켰고, 지금은 생활필수품이 되어버릴 정도로 막대한 수요를 낳는 가장 성공적인 마케팅 전략이 되었다. 현대 소비자들 중 이 식품들이 영원히 존재할 것이며, 이 기호식품들이 없으면 도저히 살 수 없을 것이라고 생각하는 사람들도 처음부터 그랬던 것은 아니다. 역사학자 헨리 홉하우스는 자신의 책 『역사를 바꾼 씨앗 5가지Seeds of Change』(세종서적, 1997)에서 "세 음료의 유행은 막대한 설탕 소비를 가능하게 했다"고 적고 있다.[9] 1700년부터 1800년까지 영국인들의 1인당 설탕 소비량은 연간 2kg에서 9kg으로 4배 가량 증가했다. 시드니 W. 민츠는 『설탕과 권력Sweetness and Power』(지호, 1998)에서 "귀한 사치품으로 여겨지던 설탕은 노동자 계급의 욕구를 충족시키는 최초의 대량 생산품이 되었다"고 했다.[10] 평범한 사람들의 설탕 사용은 꾸준히 늘어났지만 설탕은 수요를 만족시킬 만큼 공급되지 않았다. 이 때문에 사탕수수를 재배하고 운반하고 가공하고 세금을 매기는 모든 과정은 권력자들이 권력을 움켜쥐는 효과적인 통제 수단으로 자리 잡게 되었다.[11] (초콜릿, 커피, 차의 수요는 비슷하게 증가했다.)

뉴기니가 원산지인 사탕수수Saccharum officinarum는 8천 년 전쯤에 인도와 필리핀 같은 아시아 열대 지역으로 퍼져나갔다.[12] 중동아시아 사람들은 교역상품으로서 설탕을 오래전부터 알고 있었고, 유럽에서도 소량이기는 하지만 유통되고 있었다. 공급량이 적었기 때문에 무척 비싸 약이나 양념으로만 생각했지 오늘날처럼 식품으로 활용하지는 않았다.[13] 1418년 식민지 전초 기지를 만들어가던 포르투갈과 스페인은 아프리카 서쪽 해안에 있는 대서양의 여러 섬들, 즉 마데이라 제도, 카나리아 제도, 상투메, 카보베르데 제도 등에 사탕수수 농장을 세웠다. 이로 인해 아프리카 대륙 서쪽 해안가는 노예 인력을 충당하는 주요 장소가 되었다.

유럽 제국들이 카리브 해와 아메리카 대륙의 열대 지방을 식민지로 만들어 나가면서 여기에도 아프리카에서 데려온 노예를 기반으로 한 대규모 사탕수수 농장을 비롯한 여러 농장이 세워졌다. 인류 역사상 가장 비극적인 제도라고 할 수 있는 노예 제도는 다양한 문명에서 아주 다양한 형태로 존재했다. 노예를 뜻하는 영어 단어 '슬레이버리 slavery'는 고대 '슬라브족 Slavic'에서 유래했는데, 21세기에 들어선 지금도 노예 제도의 전통은 코트디부아르의 카카오 농장에서 이어지고 있다.[14]

설탕 교역은 또한 전 세계적으로 아프리카 노예들을 차별하는 인종주의를 낳았다. 설탕 정제 기술의 발달로 훨씬 더 하얀 제품들이 등장하면서 설탕을 제조하는 짙은 피부를 가진 사람들은 점점 더 비인간적인 취급을 받아야 했다. 계급과 혈통을 상징하게 된 설탕은 인종 차별을 낳았고, 설탕과 그 동료들인 발효시킨 기호품들은 전 세계적인 식민지 통치 시대를 탄생시켰다. 생산지에서 소비하는 영양가 있는 식품이 아니라 막대한 수익을 올려주는 수출품으로 여길 경우, 그 지역에 살고 있는 사람이나 토양에 대해서는 그다지 신경을 쓰지 않는다. 그 때문에 강력한 힘으로 밀어붙여 그곳에서 살던 토착민들을 쫓아내버린다. 처음에는 노예와 식민 통치 형태로 이 같은 일이 벌어졌다. 지금은 국제통화기금 IMF, 세계은행 IBRD, 제3세계 부채 Third World debt, 다국적기업-사실 나는 다국적기업이라고 할 때 multinational corporation이라는 용어보다는 transnational corporation이라는 용어를 쓴다. 이런 다국적기업들은 국가를 초월해 국가 그 이상의 권력을 행사하기 때문이다-, 세계무역기구WTO 등의 형태로 같은 일이 벌어지고 있다. 대규모 농장에서 일하는 사람들에게 직접 땅을 관리할 권리를 준다면 분명히 다른 나라 사람들이 소비할 비싼 각성제가 아니라 자신들이 먹을 음식을 재배하는 쪽을 택할 것이다.

민츠는 이렇게 말했다. "영국 노동자 한 명이 처음으로 설탕을 탄 뜨거운 차를 마신 일은 아주 중요한 역사적 사건임이 분명하다. 왜냐하면 그 사건은 사회 전체의 변화를 예고하고, 경제와 사회 기반을 완전히 다시 세우게 했기 때문이다. 우리는 이 사건은 물론 이와 비슷한 사건들의 중요성을 분명히 이해할 필요가 있다. 이런 사건들을 계기로 소비자와 제품의 관계에 대한 개념이 완전히 바뀌고, 노동의 의미, 자신에 대한 정의, 물질의 본질에 관한 개념이 크게 바뀌었기 때문이다. 생필품의 정의와 본질은 이런 사건들을 통해 그 전과는 완전히 다른 의미를 갖게 된다."[15]

우리 부유한 서양 소비자들은 아주 멀리 떨어져 있는 곳에서 들여오는 기호식품들을 당연하게 여기고 소비한다. 그러나 우리들이 그런 식품들을 소비하고 있는 동안 전 세계적으로 생물학적 다양성이 파괴되고, 지역 발전을 위해 쓰여야 할 노동력이 희생될 뿐 아니라, 진짜 먹을 음식을 재배해야 할 장소가 줄어들고, 선박을 운항하기 위해 화석 연료를 소비해야 하는 등 막대한 대가가 지불되고 있다는 사실을 명심해야 한다. 전 세계를 하나의 시장으로 통합하는 동안 문화가 쇠퇴하고 있다. 쇠퇴를 뜻하는 영어 단어 '데커던스decadence'는 썩는다는 뜻의 '디케이decay'에서 온 말이다. 쇠퇴는 자연을 생각하지 않는다는 뜻이며, 생물학적으로 그리고 사회학적으로 내리막을 향해 내닫거나 무너진다는 뜻이다.

직접 만든 발효식품으로 식탁을 풍요롭게

점진적으로 진행되고 있는 세계화, 상업화, 문화적 획일화에 맞서기 위해 내가 치밀한 계획을 세우고 있는 것은 아니다. 어쩌면 1999년 불도저를 몰고 맥도날드로 돌진한 후 국제 영웅이 된 프랑스의 목장주 조제 보베처럼 직접 행동으로 표현하는 것이 옳을지도 모르겠다. 그는 이런 글을 썼다. "맥도날드는 경제 제국주의의 상징일 뿐이다. 맥도날드는 가짜 음식을 가지고 허울 좋은 세계화를 부르짖고 있다. … 현재 세계 곳곳에서 일어나고 있는 이런 상업주의를 반대하는 움직임이 느껴진다." 그가 맥도날드로 돌진한 이유는 호르몬 처리 한 쇠고기의 수입을 반대하는 유럽에 미국이 무역 제재를 가하려고 했기 때문이다. 조제 보베는 계속해서 말한다. "우리는 다국적기업이 강요하는 국제 교역을 반대한다. 우리는 농업 국가로 돌아가기를 바란다. … 인류는 스스로 먹을거리를 재배할 권리가 있다."[16]

세계 곳곳에서 문화의 상업화에 대한 저항이 일고 있다. 거대한 시대의 흐름에 편승하지 않기 위해 노력하는 사람들이 바로 그들이다. 문명의 가장자리에서 우리들은 우리의 다양한 필요와 소망을 반영하는 다양한 문화를 만들고 유지해나가기 위해 노력한다. 그러나 오늘날 미국에서 조제 보베처럼 행동한다면 분명히 테러리스트로 낙인 찍혀 비밀 군사 재판에 회부되고 말 것이다. 막강한 권력을 배경으로 진행되고 있는 문화의 상업화를 모두 막을 수는 없을 것이다. 하지만 우리 개개인이 여기에 빠져드는 일은 막을 수 있다.

음식은 대규모 마케팅과 문화의 상업화에 저항할 수 있는 많은 기회를 제공한다. 현재 창조적이고도 강력한 소비자 운동이 수없이 벌어지고 있지만, 소비자들이 자신들을 유혹하는 상품을 고르지 못하도록 막을 방법은 사실상 거의 없다. 그러나 우리는 하루에도 몇 차례씩 먹을 음식을 선택해야 한다. 물론 운이 좋은 경우에만 그럴 수 있을 테지만 말이다. 이런 선택들이 쌓여나간다면 커다란 변화를 이룰 수 있다.

역사적으로 음식은 우리에게 지구의 생명력을 가장 직접적으로 전해주는 수단 가운데 하나였다. 인류는 수확량이 많을 때면 언제나 신을 위한 의식을 올리고 감사를 드렸다. 도시 생활자들은 대부분 식량을 생산하는 과정에 관여하지 않아 땅에서 막 수확한 식품들을 직접 접하지 못한다. 미국 사람들은 대부분 공장에서 가공한 음식을 사먹는다.

웬델 베리는 말한다. "따라서 생물학적으로 실제 먹고 먹히는 관계는 실종되어버렸다. 그 결과 인류 역사상 거의 유례가 없는 고립이 찾아왔다. 현재는 무언가를 먹는 사람이 먹는다는 행위를 생각할 때 가장 먼저 떠올리는 것은 자신과 공급자 사이의 상업적인 관계이며, 그런 다음에야 음식과 자신이 맺는 순수한 식욕 관계를 떠올린다."[17] 산업체가 생산하는 음식은 죽은 식품이다. 산업체가 만들어내는 식품은 우리와 우리를 지탱해주고 있는 생명력의 관계를 끊어버리며, 자연계 곳곳에 존재하는 강력하고도 신비한 힘에 도달하지 못하도록 방해한다. 인도의 운동가 반다나 시바는 "이제 훔쳐간 수확 의식을 되돌려달라고 소리쳐야 할 때다. 가장 고귀한 능력이며 가장 혁명적인 행동이라고 할 수 있는, 좋은 음식을 기르고 좋은 음식을 제공하는 일을 소리 높여 찬양해야 할 때다"라고 외친다.[18]

물론 누구나 농부가 될 수는 없다. 그러나 농부가 되지 않아도 지구와 관계를 맺고 규격화와 획일화로 나아가고 있는 현 풍조를 물리칠 방법은 있다. 미생물을 배양하고 미생물의 세계에 동참해 함께 협력해나가는 일도 작기는 하지만 문화의 획일화에 저항하는 확실한 방법이다. 우리 조상들이 활용했던 수많은 발효 기술을 다시 찾아내고 적극적으로 활용해야 한다. 주위를 둘러싸고 있는 생명력을 흡수하고 받아들이기 위해서는 우리 몸이 미생물이 살아갈 수 있는 생태계가 될 수 있도록 준비해야 한다.

Chapter 04

배양균 관리하기

미생물과 공생하는 행복한 경험

발효식품을 만들 때 복잡한 장비는 필요없다 ● 사실 온도계도 꼭 있어야 하는 것은 아니다 ● 발효식품은 쉽고 재미있게 만들 수 있다 ● 미생물은 정말 적응력이 뛰어나고 융통성이 있는 생명체들이다 ● 발효식품을 만들 때 반드시 알아야 할 내용들도 분명히 있지만, 만들어가다 보면 자연스럽게 깨닫게 될 것이다 ● 기본적으로 발효식품을 만드는 방법은 아주 간단하고 쉽기 때문에 누구나 직접 만들 수 있다

인류 최초의 발효식품,
꿀 술 직접 만들기

많은 사람들이 다가가기 어렵다고 느끼는, 발효식품에 관한 잘못된 생각이 하나 있다. 공장에서 만들어내는 획일적인 발효식품들은 화학 살균 처리 과정을 거쳐 정확하게 맞춘 온도 아래서 배양균을 철저하게 통제하기 때문에, 사람들은 발효식품이란 모두 그렇게 만들어야 한다고 믿는다. 항간에 떠도는 맥주와 포도주를 만드는 비법도 온통 이런 잘못된 생각을 부추기고 있다. 그러나 나는 전문가가 될 필요는 없다고 말하고 싶다. 전혀 걱정하지 않아도 되고, 두려워 할 필요도 없다.

모든 발효식품들이 복잡한 장비가 없던 시절에도 만들어 먹은 음식이라는 사실만 기억하면 된다. 발효식품을 만들 때 복잡한 장비는 필요없다. 사실 온도계조차 꼭 있어야 하는 것은 아니다. 발효식품은 쉽고 재미있게 만들 수 있다. 미생물은 정말 적응력이 뛰어나고 융통성이 있는 생명체이다. 발효식품을 만들 때 반드시 알아야 할 내용들도 분명히 있지만, 만들어가다 보면 자연스럽게 깨닫게 될 것이다. 기본적으로 발효식품을 만드는 방법은 아주 간단하고 쉽기 때문에 누구나 직접 만들 수 있다. 한 가지 예를 들어보자. 바로 에티오피아식 꿀 술인 떼찌t'ej다.

떼 찌

** 소요시간

- 2～4주

** 필요한 도구

- 4*l* 짜리 항아리 혹은 입구가 넓은 양동이(꼭 4*l* 가 아니더라도 큼직한 용기면 된다)
- 4*l* 짜리 유리병(시중에서 파는 주스 병처럼 생긴 용기)
- 에어로크(맥주나 포도주 전문점에 가면 살 수 있지만 꼭 필요한 것은 아니다)

** 재료(4*l* 기준)

- 꿀 750*ml* (가능한 한 가공하지 않은 꿀이 좋다)
- 물 3 *l*

** 만드는 방법

1. 항아리에 물과 꿀을 넣고 꿀이 완전히 녹을 때까지 섞는다. 항아리 위에 타월이나 천을 덮어 며칠 동안 따뜻한 방에 놓아두고 가끔씩 저어준다. 적어도 하루에 두 번 정도는 저어주어야 한다. 달콤한 꿀물이 효모를 불러들일 테니 효모는 걱정할 필요가 없다.
2. 3～4일 지나면 거품이 생기고 냄새가 나기 시작한다. 온도가 낮으면 더 늦게 거품이 생기고 온도가 높으면 더 빨리 생긴다. 거품이 생기면 항아리 속에 든 꿀 술을 유리병에 담는다. 유리병이 꽉 차지 않으면 물과 꿀을 4 대 1 비율로 더 집어넣는다. 에어로크를 이용

할 수 있는 여건이라면 에어로크를 설치하는 것이 좋다. 에어로크를 설치하면 유리병 속 공기는 밖으로 나가지만 바깥 공기는 병으로 들어가지 않는다. 에어로크가 없을 때는 풍선이나 항아리 뚜껑을 느슨하게 올려놓는다. 그래야 공기가 밖으로 빠져나가 내부 압력이 높아지지 않는다.

3. 거품이 줄어들 때까지 2주에서 4주 정도 그대로 놔둔다. 그러면 아주 맛있는 꿀 술이 만들어진다. 곧바로 마셔도 되고 좀 더 숙성시킨 뒤에 마셔도 된다.

이렇듯 아주 간단한 방법으로 맛있고 몸에도 좋은 꿀 술을 만들 수 있다. 이 기본 제조법에 여러 과일과 약초를 섞어 다양한 꿀 술을 만드는 방법은 325쪽에 실었다.

내 손으로 직접 만드는 천연 발효식품

정말 많은 사람들이 직접 만들어보기를 실천하고 있다. 직접 만들어보기는 자신의 능력을 높이는 방법이며 기꺼이 배우고자 하는 마음을 갖는 일이다. 자신이 직접 기른 식물을 요리해 먹는 사람, 옷과 수예품을 직접 만들어 쓰는 사람, 물건을 직접 만들고 고쳐 쓰는 사람, 직접 치료술을 익히는 사람들이 모두 직접 해보기를 실천하는 사람들이다. 펑크 문화를 추구하는 무정부주의자들은 직접 해보기, 즉 Do It Yourself(DIY)를 삶의 신조로 삼고 있다. 팬 잡지를 출판하고, 공동체 안에서 생활하며, 완벽한 음식을 찾아내기 위해 쓰레기 더미를 뒤지고, 미개간지에 무단으로 들어가며, 활발한 사회활동을 벌이고, 기술을 나누어주는 일에 적극적인 사람들이 모두 DIY를 실천하며 사는 사람들이다.

전원에서 함께 모여 사는 사람들도 마찬가지다. 내가 살고 있는 쇼트 마운틴도 태양 전지, 전화선, 수로 같은 모든 생활 기반 시설들을 직접 만들어 관리한다. 염소와 닭을 키우고, 먹을 음식은 대부분 직접 기르며, 우리가 살고 있는 건물은 직접 짓고 관리한다. 구성원들 중에는 음악을 하는 사람도 있고, 실을 잣고 염색하고 옷감을 짜고 뜨개질을 하고 바느질을 하는 사람도 있으며, 차를 고치는 사람도 있다. 우리가 모여 사는 전원 공동체는 만능선수가 되고 싶어 하는 사람들이 자신의 능력을 개발할 수 있는 최적의 장소다. '땅으로 돌아가자back-to-the-land' 는 운동은 자신들이 소멸되지 않기 위해 다양한 기술을 익혀나가야 하는 기나긴 과정이다. 이런 과정이 내게는 커다란 힘이 되었고 커다란 만족감을 느끼게 해주었다.

발효식품을 직접 만들어가는 동안에도 끊임없이 무언가를 발견하고 실험하게 된다. 우리 조상들도 사용했으며 우리 문명의 기본이라 할 수 있는 불과 간단한 도구만 있으면 된다는 점에서 발효식품은 어쩌면 진정한 재발견이라고 말할 수도 있다. 발효식품은 그 속에 들어가는 재료뿐 아니라 환경과 계절, 온도, 습도처럼 미생물의 생장에 영향을 주는 여러 요인들의 영향을 받기 때문에 언제나 똑같은 결과가 나오지는 않는다. 발효식품의 종류에 따라 몇 시간 만에 발효 과정이 완전히 끝나는 경우도 있고 몇 년이 걸리는 경우도 있다.

발효식품을 만들기 위해 거창한 준비를 할 필요도, 노동을 많이 할 필요도 없다. 발효식품을 만드는 과정은 그저 대부분 기다리는 과정이다. 발효식품은 패스트푸드점과는 달리 시간을 요구한다. 기다리는 시간이 길면 길수록 더 맛있는 발효식품이 만들어지는 경우가 대부분이다. 그러니 기다리는 시간을, 보이지 않는 우리들의 협력자가 펼치는 마술을 지켜보거나 곰곰이 생각해보는 시간으로 활용하면 된다. 남아메리카 대륙의 카로티Charoti 부족은 발효가 진행되는 시간을 신의 영혼이 탄생하는 시간으로 생각했다.[1] 그들은 음악을 연주하고 노래를 하면서 신령의 주의를 끈 다음 자신들이 준비한 집으로 들어와 머물라고 기원한다. 당신도 신의 영혼이 거주할 안락한 환경을 만들 수 있다. 물론 그 존재를 꼭 신의 영혼이라고 생각할 필요는 없다. 미생물이나 다른 존재라고 편하게 생각하면 된다. 그 힘은 당신 옆에 있을 것이며 반드시 당신을 찾아올 것이다.

항아리 속에 거품이 생기면서 그 속에 자신들이 있다는 사실을 알리는 순간을 목격하는 일은 언제나 즐겁다. 물론 모든 일이 계획대로 진행되는 것은 아니다. 포도주가 상하거나 효모가 모두 죽어버릴 수도 있고 항아리에 구더기가 생길 수도 있다. 만들 때의 온도가 너무 높거나 낮을 경우 원치 않은 미생물이 서식할 수도 있다. 아무리 노력했다고 해도 미생물들은 아주 민감한 생명체이기 때문에 완벽하게 통제할 수 없다는 사실을 받아들여야 할 때도 있다. 실패하게 되더라도 충분히 그럴 수 있다는 사실을 받아들이고 실망하지 않도록 노력해야 한다. 아무리 해도 해결되지 않는 문제가 있다면 언제라도 내게 이메일로 문의하기 바란다.

이메일 주소는 sandorkraut@wildfermentation.com이다.

또 한 가지, 최고급으로 인정받는 샌프란시스코 사워도sourdough나 블르치즈bleu cheese(소의 젖으로 만드는 푸른색이 섞여 있는 치즈. 프랑스 오베르뉴지방에서 생산 – 편집자 주)도 사실은 누군가의 부엌이나 농장에서 만들어 먹던 천연 발효식품에서 시작되었다는 사실을 명심해야 한다. 그러니 당신의 부엌에서 사람들의 마음을 따뜻하게 해줄 멋진 발효식품이 탄생할지도 모를 일이다.

"우리의 완전함은 불완전함 속에 있다"는 말을 나는 정말 좋아한다. 내 친구 트리스큇이 우리가 다른 커플들과 함께 초보 목수가 되어 쇼트 마운틴 중심지에서 숲 쪽으로 400m 정도 떨어져 있는 섹스 체인지 리지에 집을 지을 때 알려준 말이다. 우리는 오래전에 무너진 코카콜라 공장 잔해 속에서 나무들을 찾아 활용하고, 우리 땅에서 자라는 검은 북미산 아카시아를 잘라 문설주를 만들었다. 집을 짓는 동안 우리는 많은 것을 배웠다. 우리가 추구하는 방향이 규격화라면 그저 가게로 가서 우리가 지은 집보다 두 배는 넓은 이동주택을 구입하면 됐을 것이다. 그러나 다행스럽게도 우리는 소박하면서도 숲의 향취가 물씬 풍기는 삶을 원했고 바로 그렇게 살고 있다. 친구가 가르쳐준 말은 주문처럼 발효식품과도 딱 맞아떨어져 나는 자주 이 말을 중얼거린다. "우리의 완전함은 불완전함 속에 있다."

만약 당신이 획일적인 생활 방식과 언제나 같은 맛이 나는 음식을 원하는 사람이라면 이 책은 그다지 도움이 되지 않을 것이다. 그러나 조금은 변덕스러운 작은 생명체들과 기꺼이 협력해 변화의 힘을 추구할 수 있는 사람이라면 이 책 속에 담긴 즐거움을 찾아낼 것이다.

무궁무진한 발효식품의 재료들

발효시킬 수 없는 음식 재료는 단 한 가지도 없다. 지금은 무엇이나 잘 먹지만 한때 나는 채식만 하는 절대 채식주의자였다. 나는 채식이라는 시대의 유행을 따라가는 사람들 가운데 한 명이었다. 내가 채식주의자이기 때문에 채소를 요리하고 발효시키는 법을 배울 수 있었던 것도 사실이다. 이 책에는 싣지 않았지만 사실 육류와 생선을 발효시킨 식품도 많다. 수많은 육류 발효식품 가운데 대표 음식을 꼽으라면 소시지와 청어 절임, 생선 소스를 들 수 있다. 로마 시대부터 즐겨 먹은 조미료인 생선 소스 리쿠아멘liquamen은 오늘날 베트남 사람들이 애용하는 누옥맘nuoc mam, 태국 사람들이 즐겨 먹는 남쁠라nam pla, 동남아시아 사람들이 많이 먹는 발효시킨 생선 젓국과 거의 비슷하다. 북극 지역에 사는 사람들은 땅에 깊은 구멍을 파고 그 속에 물고기를 집어넣어 치즈처럼 흐물흐물해질 때까지 몇 날 동안 발효시킨다. 초밥이라는 뜻의 일본어 스시는 발효시킨 생선과 밥이라는 뜻이다.

굶주림에 힘겨워하던 지구촌 사람들은 음식을 오래 보관하고, 동물이 소화할 수 없는 부분까지 먹을 수 있는 상태로 바꾸기 위해 발효 기술을 이용했다. 하미드 디라는 동물의 살과 뼈를 포함해 모든 부위를 발효시켜 먹는다는 놀라운 사실을 묘사한 자신의 책 『수단의 토착 발효식품The Indigenous Fermented Food of the Sudan』에서 80종류나 되는 독특한 발효 기술을 소개했다. 지방을 발효시키는 경우를 미리스Miriss, 잘게 자른 뼈를 물에 넣어 발효시키는 경우를 도데리dodery라 한다. 이 책에는 만드는 법을 싣지 않았지만 한번 만들어보고 싶은 독자들도 분명히 있을 줄로 믿는다.

발효와 부패의 모호한 경계

고기를 발효시키는 법을 고민하는 동안 한 가지 음식을 놓고 완전히 발효가 끝난 음식인지, 썩은 음식인지를 판단하는 기준은 아주 주관적이라는 사실을 깨달았다. 나는 우리가 키우는 염소를 잡아 그 고기를 몇 주 정도 발효시켜 보았다. 4ℓ짜리 항아리에 고기를 넣고 내가 발효시킨 다양한 음식들, 즉 포도주와 식초와 된장과 요구르트, 자우어크라우트 국물을 모두 섞어 항아리에 부었다. 항아리 뚜껑을 닫은 후에는 지하실에 놔두고 전혀 손을 대지 않았다. 그러자 거품이 일고 좋은 냄새가 났다. 그렇게 2주가 지난 후 항아리에서 꺼낸 이 마리네이드■■를 냄비에 넣고 오븐에서 구웠다.

오븐에서 익어가는 마리네이드의 굉장한 냄새가 부엌을 가득 채웠다. 마리네이드는 가장 대담한 미식가들이라도 간신히 맛볼 용기를 갖게 만들 만큼 시큼한 치즈 냄새가 났다. 그 강렬한 냄새에 거의 기절할 정도가 된 사람들

■■ 실제로 마리네이드란 고기를 부드럽게 하고 맛을 살리는 방법으로, 고기를 망치로 다듬어 연하게 만든 후 소금, 후추, 로즈마리, 레몬, 파프리카, 월계수 등의 양념에 재워두는 방법을 말한다.

중에는 구역질을 하면서 부엌 밖으로 뛰쳐나가는 사람도 있었다. 대부분이 아주 역겨운 냄새라고 치를 떨었고, 우리 부엌에서 벌어진 일은 삽시간에 공동체 전체가 이야깃거리로 삼을 만큼 악명을 떨쳤다.

12월이라 매섭게 추울 때였는데도 어쩔 수 없이 모든 창문을 활짝 열어젖혀야 했다. 그런 와중에도 다섯 명 정도가 고기를 직접 먹어보려고 했다. 아주 부드러워진 염소 고기의 맛은 냄새만큼 지독하지는 않았다. 옆집에 사는 미시는 오히려 무척 맛있다고 했다. 그는 냄비 주위를 어슬렁거리면서 고기를 집어먹고 강한 치즈 향이 난다는 사실에 만족해했고, 자신을 포함한 소수만이 그 같은 음식을 먹을 수 있는 절대 미각을 타고났다는 사실에 무척 흐뭇해했다.

각 민족의 발효식품은 무척 강한 향과 맛을 지니고 있으며, 촉감도 독특한 경우가 많다. 그런 발효식품들은 외부 사람들이 쉽게 받아들이지 못하기 때문에 한 민족을 다른 민족과 구별해주는 정체성의 상징으로 여겨지기도 한다.

타향의 맛을 받아들이는 데 용감했던 우리 아버지가 한번은 스웨덴으로 찾아가 친구 집에서 크리스마스를 보낸 적이 있다. 그로부터 40년이나 지났는데도 아버지는 스웨덴 사람들이 크리스마스 전날 밤에 먹는 루트피스크lutfisk에 대해 이야기할 때면 몸서리를 치시고는 한다. 루트피스크는 몇 주 동안 발효시킨 뒤 잿물로 씻어서 먹는 광어 요리다. 현재 서양 사람들도 아시아 사람들이 많이 먹는 콩 발효식품을 즐겨먹고 있지만 끈적끈적한 낫토를 먹을 수 있는 사람은 그다지 많지 않다.

식품학자들은 입에서 느낄 수 있는 음식의 질감을 '감각 기관이 느낄 수 있는' 이라는 뜻을 가진 단어 오가노렙틱organoleptic으로 표현한다. 이 단어는 다른 감각 기관이 느낄 수 있는 주관적인 느낌을 가리킬 때도 쓴다. 발효는 감각이 느낄 수 있는 식품의 질을 바꾸는 경우가 많은데, 향미가 아니라 바로 이 오가노렙틱, 다시 말해서 감각 기관이 느끼는 느낌이 우리가 그 음식을 좋아하게 되는가 싫어하게 되는가를 결정할 때도 있다. 한 문화 사람들에게는 아주 훌륭한 음식이라도 다른 문화 사람들에게는 악몽 같은 음식도 있다. 국제 슬로푸드 운동 잡지 〈슬로Slow〉에 실은 글에서 프랑스국립과학연구소 소장 아니 위베르는 "썩었다는 기준은 생물학의 영역이라기보다는 문화의 영역이다. 썩었다고 하는 용어는 각기 다른 문화 사람들이 생각하는 위생학과 맛과 모양을 기준으로 먹을 수 없는 상태를 뜻하는 말이기 때문이다"라고 했다.[3]

발효와 부패의 기준은 아주 모호한데, 발효식품의 특성이 바로 경계를 모호하게 만드는 이유 가운데 하나이다. 발효는 죽음을 뛰어넘는 생명체의 작용이다. 살아 있는 유기체가 죽은 식품을 먹고 성질을 바꾸어 생명체가 살아가는 데 필요한 영양분을 더 많이 만들어내는 과정이다. 신기하게도 수많은 발효식품 제조법에는 발효를 시킬 때 "숙성한 향미가 느껴질 때까지" 하라는 구절이 적혀 있다. 발효식품을 만들려는 사람은 숙성 상태를 판단할 수 있어야 한다. 나는 발효식품을 만드는 동안 되도록 자주 맛을 보라고 권하고 싶다. 그래야만 어떤 식으로 발효가 진행되고 있는지 알 수 있다. 또 가장 맛있게 숙성되는 시간을 알아낼 수 있으며, 발효와 부패의 경계를 결정짓는 미묘한 순간을 포착할 수 있다.

간혹 발효 과정이 잘못되면 독소가 만들어져 문제가 생기지 않느냐는 질문을 받는다. 하지만 내 경우 그런 일이 단 한 번도 없었고, 열심히 발효식품을 만드는 사람들에게서도 그런 경우가 있다는 소리는 한 번도 들어보지 못했다. 일반적으로 산이나 알코올이 만들어지는 발효식품은 살모넬라 같은 독소를 생산하는 세균들이 살지 못하는 환경을 만든다. 그렇다 하더라도 발효 중에 독소가 만들어지는 경우는 절대로 없다는 식으로 단언할 수는 없다.

냄새나 생김새가 역할 때는 퇴비로 사용하면 된다. 일반적으로 가장 지독한 냄새가 나는 곳은 표면일 경우가 많다. 미생물로 가득 차 있는 공기와 접촉하는 곳이기 때문에 그렇다. 표면이 아닌 밑쪽은 대부분 제대로 발효가 진행됐을 것이다. 조금 미심쩍을지도 모르지만 코가 느끼는 대로 따라가면 된다. 코도 못 믿겠다면 조금 맛을 보는 것도 좋다. 포도주를 음미할 때처럼 약간만 입에 머금고 침과 골고루 섞이도록 입을 조금 움직여본다. 당신의 미각을 믿어라. 맛이 좋지 않다면 먹지 말아야 한다.

기본적인 도구와 재료 준비하기

발효식품을 만들 때 가장 먼저 준비할 것은 식품을 담을 용기다. 전통적으로 발효식품을 담는 용기는 박과 식물의 열매 또는 동물의 가죽이나 항아리를 많이 사용했다. 경험상 원통형 용기를 쓰는 것이 편리하다고 생각한다. 개인적으로 나는 묵직한 항아리를 선호하지만 불행하게도 이런 용기는 비싸고 깨지기 쉬운 데다 점점 더 구하기도 어려워지고 있다. 중고 시장에 나온 항아리를 구입할 때는 깨진 곳이 없는지 철저하게 살펴봐야 한다.

나는 대부분 입구가 넓은 유리 단지를 많이 사용하는데, 원통형이 아니라는 점 외에는 단점을 찾을 수 없다. 이 책을 쓰기 위해 다양한 발효식품을 만들어보면서 플라스틱 용기는 쓰지 않는다는 원칙을 일단 보류하고, 조제 식품 판매점에서 구입한 20ℓ짜리 플라스틱 양동이를 사용해봤다. 결과는 만족스러웠다.

나는 발효식품을 만들 때 플라스틱 용기를 사용하면 그 속에 들어 있는 물질이 흘러나와 문제가 되지 않을까 생각한 적도 있다. 하지만 사실 주변이 온통 플라스틱으로 덮여 있는 현대 사회에서 이를 완전히 피해가며 산다는 것은 불가능하다. 우리가 사먹는 식품은 건강식품조차 대부분 플라스틱 용기에 담겨 있으니 말이다. 그러나 플라스틱 용기를 사용할 때는 분명히 식품 보관용 재질인지 확인해야 한다. 건축 현장에서 쓰는 플라스틱은 사용하면 안 된다.■■ 금속 용기를 사용해도 안 된다. 금속은 발효 중에 나오는 산이나 소금과 반응하기 때문이다.

곡물과 콩과 식물을 발효시킬 때 여러 가지 용도로 쓸 수 있는 편리한 도구가 바로 곡물 분쇄기다. 곡물 가루를 구해 쓰다 보면 산소 때문에 영양소가 파괴되는 데다 쉽게 썩을 가능성이 있는데, 직접 갈아 쓴다면 훨씬 더 신선한 재료를 얻을 수 있다. 직접 갈아 쓰면 원하는 크기로 빻을 수 있고, 필요할 때는 싹도 틔울 수 있다. 굵고 거친 가루는 정말 매력적이고 맛도 훨씬 좋다. 나는 보통 분쇄기에 곡식을 빻아 빵과 죽과 템페와 맥주를 만든다.

이 책에서 가장 많이 나오는 재료는 물이다. 발효식품을 만들 때는 소독용 염소가 많이 들어 있는 물은 사용하면 안 된다. 염소는 미생물을 죽이는 물질이기 때문이다. 수돗물에서 염소 냄새가 많이 나면 발효식품을 만들기 전에 끓이거나 정수해 염소를 제거하거나 아예 다른 물을 사용해야 한다.

소금도 많이 등장하는 재료다. 소금도 미생물을 죽이는 물질이지만 많은 발효식품의 배양균인 유산균은 소금물에서도 잘 산다. 가장 좋은 소금은 바

■■ 식품 용기나 건축 자재로 사용하는 플라스틱 제품은 다음과 같은 소재가 있다. 유해성이 낮다고 알려진 대로 나열하면 폴리프로필렌(PP) · 폴리에틸렌(PE) · 폴리에틸렌테레프탈레이트(PET) · 폴리카보네이트(PC) · 폴리우레탄(PU) · 폴리스티렌(PS) · 폴리염화비닐(PVC) 순이다.

다 소금■■이다. 발효식품을 만들 때는 염전에서 나는 바다 소금이나 절임용 소금을 사용해야 한다. 슈퍼마켓에서 구입하는 식용 소금 가운데 요오드나 항응고제를 첨가한 소금은 쓰면 안 된다. 염소처럼 살균제인 요오드도 발효 작용을 방해한다. 다른 재료들은 책을 읽어나가는 동안 서서히 소개하겠다.

발효식품을 만들 때는 되도록 유기농 재료를 쓰는 것이 좋다. 영양분도 풍부하고 맛도 좋을 뿐 아니라 환경친화적이기 때문이다. 한 가지 이야기하고 싶은 점은 슈퍼마켓이나 대형 건강식품 체인점에서 판매하는 유기농 식품은 대부분 대규모 농장에서 대량 생산된다는 사실이다. 나는 테네시 주에 사는 유기농 농부를 한 명 알고 있다. 그는 내슈빌에 있는 건강식품 가게에 농산물을 판매해왔는데 전국 규모의 건강식품 체인점이 그 가게를 사들인 후로는 그가 재배한 작물을 사주지 않았다고 한다. 그는 물론이고 전국에 퍼져 있는 소매상에 모두 공급할 수 있을 만큼 막대한 양을 수확하는 농가가 아니라면 그 지역에서 생산되는 작물은 전혀 사들이지 않았다는 것이다.

하지만 내가 살고 있는 지역의 농부들을 돕는 일은 무척 중요하다고 생각한다. 그러므로 되도록 자신이 살고 있는 지방에서 나는 제철 음식을 먹고, 농부들이 직접 판매하는 식품을 구입하는 것이 좋다. 물론 가장 좋은 방법은 직접 길러서 먹는 것이다. 직접 식물을 재배하면 가장 신선한 음식을 먹을 수 있고, 식물이라는 생명체가 품고 있는 경이로움도 직접 느낄 수 있다. 그러나 발효식품 재료 때문에 지나치게 고민할 필요는 없다. 특히 미생물의 경우에

■■ sea salt. 바닷물을 증발시켜 만드는 소금이다. 광산에서 채취하는 암염보다 생산 비용이 많이 들지만 나트륨을 비롯한 칼륨, 칼슘, 마그네슘, 철 등 미네랄이 풍부하다.

는 그다지 신경 쓰지 않아도 된다. 어떠한 경우라도 미생물은 스스로 알아서 제 몫을 해낼 것이다.

미생물과 인간의 행복한 만남

이 장을 쓰는 동안 땅으로 돌아갈 수 있는 새로운 기술을 익혔다. 염소를 돌보지도 않으면서 몇 년 동안 우리 공동체가 기르는 염소의 맛나고 신선한 젖을 마음껏 먹은 후에야 나는 염소 젖 짜는 법을 배웠다. 사시, 리디아, 렌틸, 리니, 페르세포네, 루나, 실비아가 내게 젖 짜는 법을 가르쳐주었다. 젖을 짜면서 내 손은 더욱더 강인해졌고, 젖 짜는 기술에는 리듬이 필요하다는 사실도 알게 됐다.

발효 기술도 젖 짜는 기술과 다르지 않다. 발효식품을 만들어가는 동안 미생물이 당신과 함께 일하고 있으며, 미생물들과 일할 때는 리듬이 필요하다는 사실을 알게 될 것이다. 산업 혁명이 일어나기 전까지만 해도 모든 가정과 모든 지역에서 일상적으로 발효식품을 만들었다. 발효식품 제조 과정은 성스러운 전통이자 공동체 구성원이 모두 참여하는 공동 작업이며, 때로는 엄격한 의식의 한 부분이었다. 이 성스러운 전통을 가정에서 되살리는 일은 영양가 높은 음식을 먹는 일을 넘어 음식에 생명과 마술을 불어넣는 일이다.

『천연 발효식품』은 과정을 중요하게 생각하는 책이다. 다시 말해서 이 책은 발효 기술을 가장 중요하게 다룬 책이다. 개별적으로 들어가는 음식 재료는 원하는 대로 마음껏 선택할 수 있다. 먼 곳에서 온 맛있는 발효식품들의 제조법은 기존 자료를 참고로 다시 집필했다. 내가 가장 많이 참고한 책은 빌 몰리슨의 『발효와 인류의 영양 섭취에 관한 퍼머컬처』와 케이스 슈타인크라우스의 『전통 발효식품 안내서Handbook of Indigenous Fermented Foods』이다. 이 두 책에는 정말 놀라울 정도로 많은 유용한 정보들이 담겨 있다. 또 다양한 나라에서 발행한 요리책과 웹사이트, 문화 인류학과 역사 문헌 등 찾아낼 수 있는 모든 정보를 참고해 이 책을 집필했다. 그런데 문헌 정보의 경우 애매한 경우도 있고, 같은 사항에 대해서도 다양한 정보가 존재하기 때문에 어떤 정보가 사실인지 몰라 혼란스러울 때도 있었다. 그래서 나는 모든 정보를 실제 음식을 만들었을 때 알 수 있는 맛으로만 평가했다. 이 책을 읽고 있는 당신도 요리법에만 매달리지 말고 가장 좋아하는 재료를 활용하거나 직접 가꾸는 밭 또는 가게에서 쉽게 구할 수 있는 재료, 쓰레기라고 생각했지만 사실은 충분히 활용할 수 있는 여러 재료를 가지고 발효식품을 만들어보기 바란다. 발효식품을 만드는 과정은 정말 행복하다.

Chapter
05

채소 발효식품

소금이 맛과 발효를 결정하는 열쇠

발효식품은 어떤 음식과도 잘 어울린다 ● 톡 쏘는 향미로 입맛을 돋우어 그릇을 남김없이 비우게 해줄 뿐 아니라 소화도 훨씬 잘된다 ● 이런 발효식품을 식사 때마다 먹는 사람들도 있다 ● 김치를 정말 좋아하는 한국 사람들이 한 예다 ● 그들처럼 나도 매일같이 발효시킨 채소를 먹는다 ● 30분만 잘게 자르거나 찢는 수고를 해서 단지를 채우면 몇 주는 거뜬히 먹을 발효식품을 만들 수 있다 ● 특별한 노력을 들이지 않아도 언제나 영양가 있고 맛있는 채소 발효식품을 먹을 수 있는 것이다 ● 발효가 되는 방식에 따라 조금씩 다른 용기만 몇 개 준비해 놓으면 끝이다 ● 정말 하나도 어렵지 않다

소금물에 절이는 기본 기술

채소가 썩느냐, 맛있는 발효식품이 되느냐를 결정하는 요소는 보통 소금에 달려 있다. 채소 발효식품은 소금에 절이는 것이 가장 좋다. 게다가 소금으로 절이는 방법은 어렵지도 않다. 그저 물에 소금을 녹이면 된다. 채소를 발효시키는 방법 중에는 자우어크라우트처럼 소금에 절여 수분이 빠져나오게 하는 방법도 있고, 오이 피클처럼 소금물을 그 위에 부어 발효시키는 방법도 있다. 소금물은 채소를 부패시키는 미생물의 활동을 막고 유산균 같은 좋은 세균의 성장을 돕는다. 이때 유의해야 할 것은 소금물의 농도다. 소금을 많이 넣을수록 발효 속도가 늦어지고 산이 많이 나와 신맛이 강해진다. 또 지나치게 많이 넣으면 미생물이 완전히 사라지기 때문에 발효 자체가 진행되지 않을 수 있다.

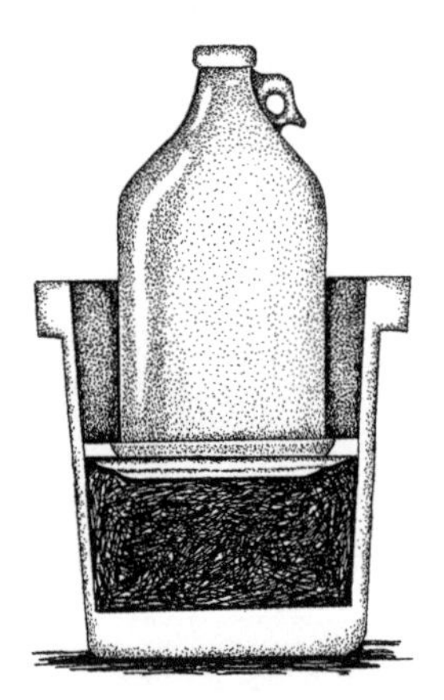

입구가 넓은 항아리 위에 작은 단지를 올려두면 발효식품의 부피가 줄어든다

발효식품을 담는 용기는 앞에서 설명했다. 발효시

킬 음식을 항아리에 담았으면 항아리 안으로 들어가 덮개 역할을 해줄 물건을 찾아야 한다. 그대로 놔두면 채소가 수면으로 떠올라 공기와 접촉하면서 곰팡이가 생길 수 있다. 따라서 덮개를 덮고 압력을 가해 재료가 소금물에 잠기게 해야 한다. 나는 주로 항아리와 비슷한 너비를 가진 커다란 접시를 덮개로 이용한다. 그래야 덮개와 항아리 사이에 공간이 조금만 남기 때문이다. 나무 판을 항아리 지름에 맞게 잘라 쓸 수도 있다. 하지만 나무를 이용할 때는 원목을 써야지 합판이나 파티클 보드를 쓰면 안 된다. 접착제를 먹고 싶지 않다면 말이다.

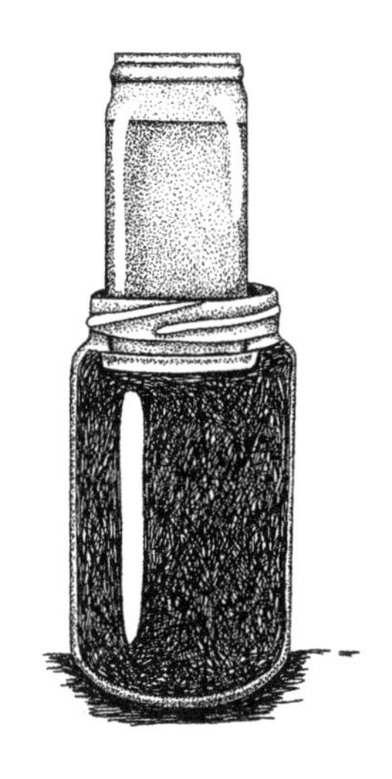
재료가 소금물에 잠길 수 있도록 항아리를 덮고 그 위에 무거운 물체를 얹어놓는다.

덮개 위에서 꾹 눌러줄 물건으로 나는 보통 4ℓ짜리 유리병이나 다른 작은 단지에 물을 가득 담아서 쓴다. 깨끗이 씻어서 한 번 끓인 돌덩이를 이용해도 된다. 또 지퍼백에 소금물을 가득 담아 쓸 수도 있는데, 소금물을 담는 이유는 물이 샐 수도 있기 때문이다. 압력을 가해 채소가 떠오르지 않도록 할 물건은 상황에 맞게 선택하면 된다.

자우어크라우트

내가 처음 만들어본 발효식품은 자우어크라우트다. 뉴욕에서 보낸 어린 시절부터 자우어크라우트를 좋아했던 나는 시내에 있는 핫도그 가판대를 찾아가 겨자와 크라우트를 곁들인 핫도그를 먹고는 했다. 서전 아일랜드 드레싱과 자우어크라우트, 콘비프를 넣고 그 위에 녹인 치즈를 덮은 로이벤 샌드위치도 정말 좋아했다. 그러나 육류를 먹지 않게 된 후부터는 자우어크라우트도 많이 먹지 못했다.

몇 년 동안 일본식 사찰 음식에 뿌리를 둔 자연식을 먹게 되기 전까지는 정말 그랬다. 자연식은 미생물이 살아 있는 된장이나 자우어크라우트처럼 소화를 도와주는 염장 음식들을 자주 먹어야 한다는 점을 강조한다. 재료가 한정되어 있는 일본식 사찰 음식은 대부분 곡물과 채소, 콩과 식물을 이용해서 아주 간단한 방법으로 준비한다. 자연식을 먹게 되면서부터 매일같이 자우어크라우트를 먹었고, 만드는 법을 배운 후부터는 끊임없이 직접 만들어 먹었다.

『천연 발효식품』의 마지막 교정지를 보내고 출판을 기다리고 있는 동안 자우어크라우트에 항암효과가 있다는 새로운 연구 결과가 발표됐다. 양배추를 비롯한 브로콜리, 콜리플라워, 싹이 긴 양배추, 겨자, 케일, 쌈케일, 청경채 같은 십자화과Brassicaceae 식물들은 오래전부터 암을 막아주는 영양분이 풍부하다고 알려져 왔다.

핀란드 연구진은 〈농업 및 식품 화학 저널The Journal of Agricultural and Food Chemistry〉에서 양배추를 발효시키면 그 속에 들어 있는 글루코시놀레이트glucosinolates가 항암물질로 알려진 이소티오시아네이트isothiocyanates로 분해된다고 밝혔다. 연구진 가운데 한 명인 에바 리사 리하넨은 "발효시킨 양배추가 생으로 먹거나 조리해서 먹는 양배추보다 훨씬 더 영양분이 많다는 사실, 특히 암을 이기는 영양분이 많다는 사실을 확인했다"고 말했다.[1]

자우어크라우트를 유럽에 소개한 민족은 유목민족인 타타르 인으로 알려져 있다. 중국에서는 오래전부터 다양한 채소를 이용한 발효식품을 즐겨 먹었는데, 타타르 인들이 이 음식을 보고 유럽으로 가져왔을 것으로 여겨진다.

자우어크라우트는 독일어이며 불어로는 슈크루트choucroute이다. 유럽 전역에서 먹는 이 음식은 지역마다 독특한 특징이 있다. 전쟁으로 피폐된 세르비아와 보스니아, 헤르체고비나에서는 통 속에 양배추를 통째로 넣고 발효시킨다. 러시아에서는 크라우트에 단맛을 내기 위해 사과를 넣는다. 자우어크라우트를 주식처럼 먹는 독일인들의 식습관은 잘 알려져 있어서 경멸적인 어조로 '크라우트'라 하면 독일인을 가리킨다. 미국이 독일과 전쟁을 할 때는 자우어크라우트를 '리버티 캐비지liberty cabbage'라고 부르기도 했다. 후에 '프리덤 프라이즈freedom fries'라는 말이 생긴 것도 같은 맥락이다.■■

미국에서는 펜실베이니아 주에 정착한 독일 이민자들을 '자우어크라우트 양키'로 불렀다. 『자우어크라우트 양키:펜실베이니아 독일인들의 음식과 조리법Sauerkraut Yankees: Pennsylvania-German Foods and Foodways』의 저자 윌리엄 워이스 웨버는 남북 전쟁 당시 자우어크라우트를 둘러싸고 벌어진 이야기를 이렇게 들려준다. "1863년 여름 펜실베이니아 주 체임버즈버그를 함락시킨 남부 연합군은 몹시 굶주려 있었다. 그래서 제일 먼저 주민들에게 자우어크라우트를 가져오라고 요구했다." 하지만 이 불쌍한 군대는 때를 제대로 맞추지 못했다. 펜실베이니아 주에 사는 독일인들은 가을에 양배추를 수확해 겨울과 봄에 먹는다. "그곳 주민들 중 여름에 자우어크라우트를 담는 사람은 아무도 없었다."[2] 그러나 테네시 주였다면 봄 양배추를 6월이나 7월에 수확하므로 여름철에도 자우어크라우트를 즐길 수 있었을 것이다.

양배추를 발효시켜 자우어크라우트를 만드는 미생물은 한 종류가 아니다. 모든 발효 과정이 다 그렇듯이 자우어크라우트도 여러 미생물 사이에 세력 교체가 이뤄지면서 발효된다. 우세종이 끊임없이 바뀌는 산림 지대처럼 여러 미생물 종이 제시간에 맞춰 번식을 시작해야만 맛있는 자우어크라우트로 탄생할 수 있는 것이다.

제일 먼저 번식해야 하는 세균은 대장균이다. 대장균이 산을 만들어야지만 류코노스톡속Leuconostoc 유산균이 생장할 수 있는 환경이 갖춰진다. 류코

■■ 2003년 미국이 이라크전쟁을 감행하기 위해 유엔 표결에 부쳤을 때 프랑스가 비토권을 행사한 데 대한 반감의 표시로 '프렌치 프라이즈french fries'를 '프리덤 프라이즈'로 바꿔 불렀다. 마찬가지로 제1차 세계대전 때 미국인들은 독일에 항의하는 뜻으로 '자우어크라우트'를 '리버티 캐비지'로, '프랑크푸르트 소시지'를 '핫도그'로 개명해 부르기도 했다.

노스톡 균이 증식할수록 대장균의 개체 수는 줄어든다. 그동안에도 계속해서 산이 만들어지기 때문에 pH■■는 계속해서 떨어진다. 그 다음에 증식을 시작하는 세균들이 바로 락토바실루스속 Lactobacillus 유산균이다. 이 세 종류의 세균이 연속적으로 증식하려면 발효식품의 산도가 계속해서 증가해야 한다.

세 가지 세균이 있어야만 발효가 된다고 해서 굳이 걱정을 사서 할 필요는 없다. 이 세균들은 간단한 환경만 조성해주면 저절로 생긴다. 자우어크라우트는 정말 만들기 쉬운 음식이다.

** 소요시간

- 1~4주 또는 그 이상

** 필요한 도구

- 4*l* 이상의 항아리나 플라스틱 양동이
- 항아리나 양동이 속에 딱 들어맞는 접시 또는 나무 덮개
- 물을 가득 채운 4*l* 짜리 단지 혹은 잘 닦아 한 번 끓인 돌덩이
- 먼지가 들어가지 않도록 덮을 천

** 재료

- 양배추 2kg
- 소금 45*ml*

■■ potential of hydrogen. 용액의 산성도나 염기도를 나타내는 척도로서 범위는 보통 0에서 14까지로 나타낸다. 순수한 물의 pH는 7이며 이때를 중성, 이보다 작으면 산성, 크면 알칼리성으로 분류한다.

** 만드는 방법

1. 양배추를 먹기 좋은 크기로 썬다. 취향에 따라 가운데 단단한 부분은 떼어내도 되고 그대로 사용해도 된다. 나는 초록색 양배추와 붉은색 양배추를 섞어서 밝은 분홍색 자우어크라우트를 즐겨 만든다.
2. 다 썰었으면 커다란 그릇에 담는다.
3. 양배추 위에 소금을 골고루 뿌린다. 삼투압 현상으로 수분이 빠져나오면 소금물이 만들어지면서 양배추가 썩지 않고 발효하기 시작한다. 소금은 미생물의 증식을 막고 조직을 연하게 만드는 효소의 작용을 억제하기 때문에 아삭아삭한 질감이 그대로 남는다. 양배추 2㎏당 소금 45㎖ 정도를 뿌리면 된다. 내가 자우어크라우트를 만들 때는 소금의 양은 재지 않는다. 그저 양배추를 썬 뒤에 적당량을 넣고 흔들어줄 뿐이다. 여름에는 소금을 좀 더 많이 넣고 겨울에는 조금 적게 넣는다. 소금을 적게 넣거나 아예 넣지 않아도 자우어크라우트를 만들 수 있다. 염분 섭취를 꺼리는 사람을 위해 소금 없이 만드는 법도 뒤에 실었다.
4. 좋아하는 채소를 더 넣어도 된다. 나는 마늘, 양파, 해초, 녹색 잎채소, 싹이 긴 양배추, 작은 통 양배추, 순무, 사탕무 뿌리, 우엉 뿌리, 당근 등 좋아하는 채소를 마음대로 집어넣는다. 과일을 통째로 넣거나 썰어 넣어도 되는데 보통 사과를 많이 섞는다. 약초나 향신료를 집어넣어도 된다. 흔히 향신료는 소회향, 캐러웨이 씨앗, 셀러리 씨앗, 노간주나무 열매 등을 집어넣는데, 재료에 구애받지 말고 넣고 싶은 것은 무엇이든 넣어본다. 발효식품은 실험을 해나가는 과정이라는 사실을 명심하자.
5. 재료를 모두 섞어 항아리 속에 넣는다. 주먹이나 주방 도구로 평평하게 다져가면서 조금씩 여러 차례 나누어 넣는다. 그런 식으로 다져놓으면 양배추 속의 수분이 더 잘 빠져나온다.
6. 덮개로 크라우트를 덮고 무거운 물건으로 눌러준다. 양배추가 소금물에 잠기게 하고 양배추 속의 수분이 더 잘 빠져나오게 하기 위해서다.
7. 먼지와 파리가 들어가지 못하도록 항아리를 천으로 완전히 덮는다.
8. 생각날 때마다, 적어도 몇 시간마다 한 번씩 소금물이 덮개 위까지 올라올 정도로 꾹 눌

러주어야 한다. 양배추에 들어 있는 수분은 아주 천천히 빠져나오기 때문에 24시간 정도 가 지나야 완전히 절여진다. 양배추 중에는 원래 수분이 별로 없는 경우도 있는데, 대표적인 경우가 바로 늙은 양배추다. 하루가 지났는데도 소금물이 덮개 위로 올라오지 않으면 충분히 잠길 만큼 소금물을 더 넣어주어야 한다. 이때 소금물은 물 250㎖당 소금 15㎖를 넣고 완전히 녹을 때까지 잘 저어 만든다.

9. 발효가 될 때까지 항아리를 그대로 놔둔다. 나는 잊어버리지 않도록 거치적거리지 않는 부엌 한 구석에 보관하지만 누구나 그럴 필요는 없다. 오랫동안 보관하기 위해서 천천히 발효되기를 원한다면 차가운 지하실에 보관할 수도 있을 것이다.

10. 하루나 이틀에 한 번씩은 크라우트 상태를 살펴보아야 한다. 발효가 진행되는 동안 부피는 계속해서 줄어든다. 간혹 표면에 곰팡이가 피는 경우도 있는데 그렇다고 걱정할 필요는 없다. 곰팡이는 공기와 접촉하는 표면에서만 자라기 때문이다. 다른 요리책에서는 대부분 이 곰팡이를 찌꺼기라고 하지만 나는 꽃이라고 표현하고 싶다. 곰팡이가 피었을 때는 표면만 살짝 걷어내면 문제가 없는 경우가 대부분이니 전체를 버릴 필요가 없다. 크라우트는 산소가 있어야만 자라는 세균을 막아주는 소금물 속에 잠겨 있으니 안심해도 된다.

11. 가끔 살짝 맛을 본다. 발효가 시작되고 며칠 정도 있으면 톡 쏘는 맛이 나기 시작하고 발효가 진행될수록 그 맛은 점점 더 강렬해진다. 겨울철에 지하 저장실에 놓아두었다면 몇 달이 지나야 발효가 완전히 끝난다. 여름철이나 온도가 아주 높은 장소에 보관하면 발효속도는 훨씬 더 빨라진다. 너무 뜨거운 곳에서 발효시키면 조직이 연해지고 그다지 좋다고는 할 수 없는 냄새가 난다.

12. 이제 먹으면 된다. 나는 보통 커다란 그릇이나 단지에 가득 퍼 담은 뒤 냉장고에 넣어둔다. 나는 이제 막 만든 크라우트부터 몇 주가 지나 다양한 형태로 숙성되는 크라우트까지 그때그때 진화해가는 크라우트의 맛을 즐긴다. 크라우트를 다 먹으면 그릇에 남아 있는 국물을 한번 마셔보자. 이 국물은 정말 맛이 있고 영양가가 풍부한 음식이다.

자우어크라우트를 퍼낸 다음에는 언제나 조심해서 다시 밀봉해두어야 한다. 표면이 평평해지게 꾹꾹 눌러준 다음 공기가 들어가지 않도록 꼭 막아야 하며, 덮개와 눌러주는 물체는 항상 깨끗한 상태를 유지하도록 관리해야 한다. 또 소금물이 증발해서 자우어크라우트가 잠기지 않으면 필요한 만큼 소금물을 더 부어준다. 크라우트를 깡통에 담아 가열해서 보관하는 사람들이 있다. 그렇게 먹을 수도 있겠지만, 사실 자우어크라우트의 힘은 대부분 살아 있는 생명력에서 나온다. 그러니 굳이 그 생명력들을 죽일 필요가 있겠는가?

나는 발효시킨 자우어크라우트를 다 먹기 전에 새 자우어크라우트를 담는다. 일단 항아리에 남아 있는 자우어크라우트를 모두 다른 곳에 옮겨 담은 후 그 속에 새로 절인 양배추를 차곡차곡 담는다. 그리고 그 위에 옮겨놓은 크라우트와 국물을 붓는다. 그렇게 하면 새로 담을 자우어크라우트를 훨씬 더 빨리 발효시킬 수 있다.

슈크루트 프로마주 룰라드

파티 때 자우어크라우트를 즐길 수 있는 재미난 방법이 있다. 발효시킨 양배추 잎을 통째로 놓고 주위를 치즈로 장식해 손으로 직접 집어먹는 음식을 준비하면 된다. 나는 이 요리에 슈크루트 프로마주 룰라드 choucroute fromage roulades라는 프랑스식 이름을 붙였다. 왜냐하면 자우어크라우트의 프랑스 어인 슈크루트라는 단어를 사랑하기 때문이고, 프랑스에서 건너온 친구 조셀린이 프랑스 혁명 기념일에 연 파티 때 처음 만들었기 때문이다. 슈크루트 프로마주 룰라드를 만드는 방법은 다음과 같다.

1. 가운데 심을 제거하지 않은 소프트 볼 크기의 양배추 한두 개와 보통 양배추 한 개를 준비한다.
2. 소프트 볼 크기의 양배추를 항아리에 통째로 넣고, 다른 양배추의 잎을 잘게 썰어 그 둘레와 위를 채운 다음 자우어크라우트를 만들 때처럼 발효시킨다.
3. 1~2주가 지난 후에 통째 넣은 양배추의 심을 잘라내고 조심스럽게 양배추 잎을 하나씩 떼어낸다.
4. 떼어낸 넓은 잎 위에 잘게 썰어 함께 발효시킨 양배추 약간과 잘게 썬 치즈를 올린다.
5. 양배추 잎을 돌돌 말아 이쑤시개로 고정시킨다.

소금이 없는 혹은 저염 자우어크라우트

개인적으로는 소금을 넣은 자우어크라우트가 더 맛있는 것 같지만 소금을 아주 조금만 쓰거나 전혀 쓰지 않고도 만들 수 있어 정제염을 먹지 않는 사람들도 즐길 수 있다. 소금을 넣지 않은 자우어크라우트는 세 가지 방법으로 만들어봤다.

첫째는 포도주에 양배추를 넣어 발효시키는 방법이고, 둘째는 소금 대신 캐러웨이, 셀러리, 소회향 씨앗을 넣는 방법이며, 셋째는 해초를 넣는 방법이다. 해초에는 나트륨을 비롯한 여러 무기물이 풍부하게 들어 있지만 식용 소금으로 알려진 염화나트륨처럼 지나치게 많은 나트륨은 들어 있지 않다.

소금은 발효가 진행되는 동안 발효식품이 들어 있는 환경에서 서식하는 미생물의 종류를 통제하기 때문에 신맛을 강하게 하고, 양배추의 아삭한 질감을 그대로 유지시켜준다. 소금을 넣지 않으면 양배추가 연해진다. 그러나 소금 대신 짠맛이 나는 씨앗을 넣고 발효시키면 아삭한 맛이 살아난다. 하지만 괜찮다면 소금을 전혀 넣지 않는 것보다는 조금만 넣는 방법을 택하는 것이 좋다. 저염 자우어크라우트를 만들 때는 물 1ℓ당 소금 5~10㎖ 정도가 적당하다.

소금을 넣지 않을 때는 소금을 넣을 때보다 보존 기간이 짧아지기 때문에 재료의 양도 1ℓ 정도에 맞춰서 준비하는 것이 좋다. 크라우트 1ℓ를 만들려면 600g 정도 되는 양배추가 필요하다. 중간 정도 크기의 양배추면 적당할 것이다. 소금을 넣지 않으면 발효 속도가 빨라지기 때문에 자주 발효 상태를 살펴보아야 하며 1주일 정도 지나면 냉장고에 넣어 보관해야 한다.

포도주
자우어크라우트

포도주로 자우어크라우트를 만들면 향긋한 냄새가 난다. 잘게 썬 양배추를 자신이 좋아하는 제철 채소와 섞어 항아리 속에 차곡차곡 담는다. 그 위에 채소가 완전히 잠길 정도로 포도주를 충분히 붓는다. 보통 250㎖ 정도면 된다.

짠맛이 나는 씨앗으로 만든 자우어크라우트

소금을 넣지 않는 자우어크라우트 중에서 내가 가장 좋아하는 것이다. 왜냐하면 짠맛이 나는 씨앗을 많이 넣으면 소금을 넣을 때처럼 아삭한 맛이 살아 있기 때문이다. 이 방법은 내 친구이자 이웃인 조니 그린웰이 가르쳐주었다. 그는 건강 전도사인 폴 브래그가 쓴 책에서 이 방법을 봤다고 한다.

먼저 양배추를 잘게 썬다. 분쇄기나 절구로 가루를 낸 캐러웨이, 셀러리, 소회향(미나리과. 꽃잎, 줄기, 종자를 허브로 사용-편집자 주) 씨앗 15㎖ 정도를 양배추와 섞은 다음 항아리 속에 차곡차곡 쌓는다. 양배추가 완전히 물에 잠길 수 있도록 250㎖의 물을 붓는다.

해초
자우어크라우트

소금 대신 해초를 쓰는 것도 소금이 들어가지 않는 자우어크라우트를 만드는 방법이다. 상태가 아주 좋은 말린 해초 28g을 가위로 잘게 썬 다음 뜨거운 물에 넣어 30분 정도 불린다. 물은 버리지 말고 해초만 건져 잘게 썬 양배추와 섞은 다음 항아리에 차곡차곡 담는다. 좋아하는 제철 채소를 함께 넣어도 된다. 그 위에 양배추가 완전히 잠길 때까지 해초 불린 물을 충분히 붓는다.

자우어뤼벤

독일 사람들은 자우어크라우트를 조금 변형시킨 순무로 만든 자우어뤼벤 Sauerrüben을 즐겨 먹는다. 순무는 정말 독하고 먹기 힘든 채소다. 근처에 살고 있는 청과물상인 앤디와 주디 파브리 부부는 팔다 남아 물렁물렁해진 순무를 가져다주고는 했다. 그럴 때면 우리 공동체는 정말 기뻐하며 두 사람의 선물을 받았다. 전성기를 지나 시들해진 순무를 다시 살리는 일은 정말 어려운 일이지만 오래된 순무라 하더라도 영양분이 풍부하기 때문에 대환영이다. 이 순무를 살리는 가장 좋은 방법은 바로 발효식품으로 만드는 것이다. 나는 순무의 자극적이고 달콤한 냄새를 좋아한다. 발효가 끝난 순무는 한층 더 강한 향을 낸다. 처음 자우어뤼벤을 만든 날 저녁 내 친구들은 새로운 발효식품을 선보이던 때마다 보였던 반응과는 달리 정말 맛나게 먹었나. 그날 밤 친구들은 아주 맛좋은 초콜릿 디저트를 먹는 사람들 같았다. 우리 밭에 뒹굴고 있는 순무들이 아주 많다는 사실을 생각해보면 정말 다행스러운 일이 아닐 수 없었다.

** 소요시간

- 1~4주

** 재료(2l 기준)

- 순무 2㎏
- 소금 45㎖

** 만드는 방법

1. 순무를 원하는 크기대로 썬다.
2. 1위에 소금을 뿌린다. 소금 맛이 느껴질 정도로 뿌리면 되기 때문에 더 많이 뿌릴 수도 있고 적게 뿌릴 수도 있다.
3. 자우어크라우트를 만들 때처럼 좋아하는 채소나 약초, 향신료 등을 함께 섞는다. 아무 것도 섞지 않고 순무의 순수한 향을 즐기고 싶다면 그렇게 해도 된다.
4. 자우어크라우트를 만들 때처럼 순무를 넣고 그 위에 무거운 물체를 올려놓는다. 양배추보다 수분이 많기 때문에 눌렀을 때 양배추보다 짧은 시간 안에 덮개까지 물이 차오른다.
5. 며칠 후에 순무의 상태를 살펴본다. 표면에 곰팡이가 생겼다면 이를 제거하고 맛을 본다. 시간이 지날수록 향미는 점점 더 강해질 것이다. 따뜻할 때는 몇 주, 추울 때는 몇 달 동안 숙성시킨다.

사탕무 자우어크라우트

사탕무로도 자우어크라우트를 만들 수 있다.

** 소요시간

- 1~4주

** 재료(2l 기준)

- 사탕무 2kg
- 소금 45ml
- 캐러웨이 씨앗 15ml

** 만드는 방법

순무 대신 사탕무를 사용하고, 으깨거나 통으로 된 캐러웨이 씨앗을 사용한다는 점 말고는 자우어뤼벤 만드는 방법과 같다. 사탕무를 소금에 절이면 피처럼 걸쭉하고 짙은 액체가 흘러나온다. 발효가 진행되는 동안 소금물이 증발할 수 있으므로 사탕무가 공기에 노출되지 않도록 주의해야 한다. 소금물이 모자라면 물 250ml당 소금 15ml를 넣은 소금물을 더 부어준다. 발효시킨 사탕무는 그대로 먹어도 되고 다음 소개하는 보르시치를 만들어 먹어도 된다.

보르시치

동유럽 사람들은 발효식품으로 다양한 보르시치borshch를 만들어 먹는다. 그중에서도 사탕무로 만든 보르시치가 가장 맛이 강하다.

**** 소요시간**

- 1시간 이상

**** 재료(6~8인분)**

- 잘게 썬 양파 2~3개
- 식물성 기름 30*ml*
- 잘게 썬 당근
- 깍둑썰기 한 감자 500*ml*
- 사탕무 자우어크라우트 500*ml*
- 물 1.5*l*
- 볶아서 빻은 캐러웨이 씨 15*ml*

⁂ 만드는 방법

1. 양파를 잘게 썰어 수프 냄비에 넣고 식물성 기름을 부어 갈색이 돌 때까지 볶는다.
2. 1에 당근, 감자, 사탕무 자우어크라우트, 물을 넣고 끓인다.
3. 캐러웨이 씨를 2에 집어넣는다.
4. 3이 끓으면 불을 줄이고 수프처럼 될 때까지 30분 정도 더 끓인다.
5. 오래 둘수록 재료의 향이 한데 어우러지기 때문에 아침에 먹을 거라면 전날 밤에 미리 만들어두는 것이 좋다.
6. 뜨겁게 데워서 크림이나 요구르트, 케피어와 곁들여 먹는다(7장 참고).

김치

다양한 형태로 만들어 먹는 김치는 한국식 매운 피클이라 할 수 있다. 생강과 매운 고추, 마늘은 물론 젓갈을 넣기도 하는 김치는 배추, 무, 순무, 파 같은 다양한 야채로 만들 수 있고 때로는 해산물로도 만든다.

한국식품연구원은 한국의 성인들이 하루 평균 125g이 넘는 김치를 먹는다고 발표했다. 그러니 평생 동안 이들이 먹는 김치의 양은 그야말로 어마어마하다. 한국식품연구원에 의하면 점점 많은 사람들이 공장에서 만든 김치를 사먹고 있어 집에서 직접 김치를 만들어 먹는 비율이 줄어들고 있지만, 여전히 전체 김치 섭취량의 4분의 3은 집에서 만든 김치라고 한다. 매년 겨울이 되면 김치 담글 비용을 '김장 보너스' 라는 명목으로 직원들에게 주는 기업도 있다.

얼마 전에 친구 막스진의 아버지 레온 웨인스타인 씨에게 김치를 대접한 적이 있다. 그 분은 한국전 참전용사로 김치 냄새를 맡자 당시 기억이 떠오른다고 했다. 냄새는 옛 기억을 되살려주는 강력한 추억 재생 장치다. 강한 김치 냄새는 웨인스타인 씨를 50여 년 전의 젊은 시절로 데려가주었다.

최근 김치의 정의를 둘러싸고 한국과 일본 사이에 국제 분쟁이 벌어졌다. 한국의 김치 최다 수출국은 일본이며 아주 많은 일본 사람들이 한국의 김치를 즐겨 먹고 있다. 그런데 일본 기업들이 김치와 비슷한 제품인 기무치를 개발해냈다. 일본 기업들은 김치를 만들 때 구연산 같은 첨가물을 집어넣는다. 일본산 기무치는 한국 김치보다 생산 기간이 짧기 때문에 값도 더 싸고 맛도 순해 판매량이 점점 증가할 것으로 보인다.

한국은 국제식품규격위원회Codex Alimentarius Commision에 김치란 '발효시켜 만든 음식'이라고 정의해줄 것을 요청했다. 한국 제일의 김치 수출 기업인 두산의 로버트 김은 "일본의 기무치는 조미료와 보조 첨가물을 배추 위에 뿌려놓은 것일 뿐이다"라고 했다. 하지만 일본의 김치 제조 기업들은 일본의 기무치는 김치를 혁신적으로 개혁한 음식이며, 이런 한국의 주장은 인도가 카레를, 멕시코가 타코의 종주권임을 주장하는 것보다 훨씬 더 배타적인 주장이라고 반박했다. 이에 대해 국제적인 논의가 5년 이상 계속된 끝에 위원회는 한국식으로 담는 방법을 국제표준규격으로 결정했다.

여러 가지 점에서 김치 제조 과정은 자우어크라우트를 만드는 과정과 비슷하다. 한 가지 다른 점이라면 김치를 만들 때는 주재료인 배추 같은 야채를 소금물에 몇 시간 정도 담가두어야 한다는 점이다. 야채를 부드럽게 하기 위해서인데 야채의 숨이 죽으면 곧바로 물에 씻어 염분을 제거한다. 김치를 만들 때는 생강, 마늘, 파, 부추, 고추 등을 첨가한다. 김치의 발효 시간은 자우어크라우트보다 더 짧다.

배추김치

김치는 한국식 매운 피클이라 할 수 있다.

**** 소요시간**

- 1주 이상

**** 재료(기준 1l)**

- 소금 60ml
- 배추 500g
- 무나 빨간무 1개
- 당근 1~2개
- 양파와 파 1~2개
- 부추와 쪽파 조금
- 마늘 3~4쪽(더 넣어도 된다)
- 고추 3~4개 또는 그 이상(매운맛을 좋아하는 정도에 따라 넣으면 된다)
- 잘게 썬 생강 45ml

만드는 방법

1. 물 1ℓ 에 소금 60㎖를 넣어 소금이 완전히 녹을 때까지 잘 젓는다. 소금물은 짭짤하면서도 좋은 맛이 나야 한다.
2. 배추는 큼직큼직하게 썰고 무와 당근은 얇게 썬 뒤 모두 소금물에 담근다.
3. 납작한 접시 등으로 덮은 후 그 위에 무거운 물체를 올려놓아 모든 재료가 소금물에 완전히 잠기도록 누른다. 배추의 숨이 죽을 때까지 몇 시간에서 하룻밤 정도 그대로 둔다. 배나 해초, 아티초크 같은 좋아하는 과일이나 채소들을 더 집어넣어도 된다.
4. 양념을 준비한다. 생강과 마늘, 양파, 고추를 다지는데 고추는 씨를 빼고 다지거나 빻아도 되고 통째로 넣어도 된다. 김치는 양념이 많이 들어가는 음식이다. 양념을 듬뿍 넣어보자.
5. 준비한 재료를 잘 섞는다. 양념에 젓갈을 집어넣어도 된다. 젓갈은 화학 방부제가 들어있지 않은 제품이어야 한다. 화학 방부제는 미생물을 죽이기 때문이다.
6. 소금물에서 배추를 건져 물에 씻는다. 소금물은 버리지 말고 일단 보관한다. 배추에 어느 정도 소금기가 남아 있는지 맛을 본다. 짭짤한 맛은 남아 있되 너무 짜면 안 된다. 아주 짜다면 더 씻어야 하고 짠맛이 전혀 남아 있지 않다면 소금을 몇 티스푼 정도 뿌려 골고루 섞는다.
7. 배추를 양념에 버무린다.
8. 잘 버무려졌으면 1ℓ 정도 되는 깨끗한 항아리에 차곡차곡 쌓은 다음 국물이 올라올 때까지 꾹 누른다. 국물이 모자라면 남겨둔 소금물을 부어 김치가 완전히 잠기게 해야 한다.
9. 작은 단지나 지퍼백에 소금물을 담아 김치를 눌러준다. 매일 살펴볼 자신이 있다면 그때마다 깨끗한 손으로 꾹꾹 눌러주어도 된다. 개인적으로는 이 방법을 좋아한다. 김치의 느낌을 직접 느낄 수 있는 데다 다 누른 후에는 맛있는 양념을 빨아먹을 수도 있으니 말이다.
10. 먼지와 파리가 들어가지 않도록 잘 덮은 후 부엌 같은 따뜻한 곳에 두고 발효시킨다.
11. 1주일 정도 지나 완전히 숙성된 맛이 나면 냉장고에 넣는다. 참고로 전통적인 김치 제조방법은 땅에 구덩이를 파고 항아리를 묻거나 지하실 같은 차가운 장소에서 천천히 발효시키는 것이다.

뿌리 김치

나는 뿌리가 정말 좋다. 깊숙이 땅을 뚫고 들어가는 강인함은 정말 놀라울 따름이다. 뿌리들 중에는 흙 속에 숨어 있는 물과 영양분을 찾아 이리저리 자신의 몸을 비틀며 나아가는 종류도 있고 아주 화려한 색과 모양을 자랑하는 것들도 있다. 또 뿌리들은 다양한 향기를 뿜어내는데 정말 강렬한 향미를 가진 것들도 있다.

그중에서도 식물과 교감하는 신비로움을 알려주어 내 인생을 바꿔준 뿌리채소는 바로 무다. 때는 2000년 초, 그러니까 곧 봄이 다가올 것을 알리는 따뜻하고 화창한 1월이었다. 나는 무를 조금 심어보기로 했다. 그날 아침에 무 씨앗을 심은 이유는 겨울에 씨가 발아하고 자라는 모습을 보고 싶다는 순수한 소망 때문이지 풍성한 채소를 거두기 위해서는 아니었다. 당연한 이야기지만 그날 이후 온도가 내려가고 해가 비치는 날이 거의 없었기 때문에 땅을 뚫고 나오는 싹은 단 한 개도 없었다. 무가 싹틀 리 없다고 생각한 나는 더 이상 관심을 갖지 않고 잊어버린 채 지냈다. 그러다 갑자기 복통을 느껴 병원으로 간 나는 검사를 받은 후 곧바로 입원하게 됐다. 그때가 2월이었다.

밖에서 대부분을 보내는 숲 속 생활에 젖어 있던 나에게 자연과 너무나 먼 병원은 정말 답답하기 이를 데 없었다. 창문은 꼭꼭 닫혀 있고 온통 하얀색인 실내는 소독약 냄새로 가득 차 있었다. 음식도 모두 가공식품뿐이라 내 입과 혈관과 항문에 이르기까지 온통 화학물질로 가득 차게 되었다. 나는 겁을 잔뜩 집어먹어 집으로 가고 싶다는 기분밖에 들지 않았다. 그 무렵 꿈에 무가 나타났다. 그 무는 내 마음을 가라앉혀 주었다. 꿈에서 깬 후에도 싹이 나 있는 무의 모습이 뇌리에서 지워지지 않았다. 어찌나 모습이 생생하던지 나는 내가 식물과 교감하고 있다는 느낌이 들었다.

래디시

병원에서 퇴원하던 날은 집에 늦게 도착했기 때문에 밭에 가볼 시간이 없었다. 함께 밭을 가꾸는 사람들에게 무 싹이 났는지 물어봤지만 아무도 싹이 나는 모습은 보지 못했다고 했다. 그래서 결국 그냥 꿈이었나 보다 하고 생각하고 말았다. 다음 날 아침 밭에 가본 나는 정말 깜짝 놀라고 말았다. 무 싹이 나 있었던 것이다. 작고 가냘프지만 씩씩한 작은 식물들이 태양을 향해 한껏 생명력을 내뿜으며 고개를 들고 있었다. 그 순간부터 지금까지 무는 내 식물 토템 가운데 하나가 되었다. 무는 키우기도 쉽고 강렬하면서도 자극적인 향기가 나며 다양한 색과 모양을 자랑한다. 무는 아주 어려웠던 시기에 내게 이겨낼 수 있는 용기를 주었고 식물 동지들이 얼마나 다양한 방법으로 나를 도울 수 있는지 깨닫게 해주었다.

다시 김치 이야기로 돌아가 보자. 한국 사람들은 오래전부터 무김치를 담가 먹었으며 강화, 김포 등 일부 지역에서는 순무김치도 많이 먹는다. 사실 뿌리라면 어떤 식물이건 모두 무김치를 만드는 방법으로 담가 먹을 수 있다. 생강과 고추, 마늘, 양파만 있으면 된다. 나는 한국 사람들이 먹는 김치에 잘게 썬 서양고추냉이 뿌리를 섞어 먹는다.

그런데 무김치를 담는 방법으로 김치를 만들어 먹는 뿌리 중에는 미국인들이 잘 먹지 않는 식물들도 있는데 그중 하나가 우엉이다. 미국 사람들은 우엉을 그저 잡초로만 생각한다. 그러나 우엉은 림프관을 비롯한 분비샘을 건강하게 만들어주고 피를 맑게 해주며 피부와 콩팥, 간에 쌓인 독소를 제거해주는 역할을 하는 약초로서, 아주 가치있는 식물이다. 무기질과 영양분이 풍부하기 때문에 활력을 높여주고 수명을 연장시켜주며 성적인 능력도 강화시켜 준다. 초본학자인 수전 S. 위드는 "우엉은 땅 속 깊은 곳까지 들어가 영양분을 흡수하는, 영양분이 아주 풍부한 식품"이라고 했다.[4]

왠지 우엉에서는 흙 맛이 나는 것 같은 기분이 든다. 나는 흙 맛이 나는 식물이 가장 맛있게 느껴진다. 신선한 우엉 뿌리는 건강식품 판매점에 가면 구할 수 있다. 하지만 우엉이 잡초라는 사실을 기억하자. 내가 제일 처음 야생에서 뽑아온 우엉은 뉴욕 센트럴파크에서 자라던 것이다. 도심에서 자라는 잡초를 먹다니, 많은 사람들이 정말 끔찍해했다. 물론 공해로 찌든 곳에서 자라는 잡초라 오염됐을지도 모르는데 안심하고 먹어도 되는 걸까 잠시 걱정도 했다. 하지만 그보다는 도심지에서도 꿋꿋하게 자라나는 우엉의 강인함에 더 경이로움을 느꼈다. 콘크리트의 얇은 틈새를 뚫고 꿋꿋하게 싹을 틔우는 잡초의 강인함은 정말 본받고 싶은 특성이다.

우엉은 두해살이풀이다. 직접 우엉을 키우려면 1년생 뿌리를 심어야 한다. 2년생 뿌리를 심으면 너무 많이 자라나 악명 높은 가시가 많아지고 단단해져 맛이 없다. 영어로 우엉을 버독burdock이라 하는 이유도 가시가 개나 사람에게 달라붙기 때문이다.

또 다른 뿌리 식물로 예루살렘 아티초크가 있다. 돼지감자라고도 하는 예루살렘 아티초크는 국화과 여러해살이 식물인 아티초크와는 전혀 다른 식물이다. 미국 동부가 원산지이며 혹이 많이 달린 덩이줄기가 나는 것이 특징이다. 마름(한국, 중국, 일본 등지에 분포하는 한해살이풀 – 편집자 주)과 비슷한 맛이 나는데, 한번 자란 곳에서는 땅 속 줄기가 계속 남아 있어 다음 해부터는 저절로 자라난다.

✱✱ 소요시간

- 1주

✱✱ 재료(1*l* 기준)

- 소금 45*ml*
- 무(또는 래디시 radish- 유럽산 무) 1～2개
- 작은 우엉 뿌리 1개
- 순무 1～2개
- 예루살렘 아티초크 조금
- 당근 2개

- 레드 래디시■■(작은 것) 조금
- 신선하고 작은 서양고추냉이 1개(혹은 시중에서 파는 서양고추냉이 가루 15㎖. 화학 방부제가 들어 있지 않아야 한다)
- 잘게 다진 생강 45㎖(더 많이 넣어도 된다)
- 마늘 3~4쪽(더 넣어도 된다)
- 양파 1~2개
- 부추, 쪽파 약간
- 고추 3~4개 혹은 그 이상(매운맛을 좋아하는 정도에 따라 넣으면 된다)

** 만드는 방법

1. 물 1ℓ에 소금 45㎖를 섞어 소금물을 만든다.
2. 무, 우엉, 순무, 예루살렘 아티초크, 당근을 썰어 소금물에 담근다. 신선한 유기농 채소는 껍질째 썬다. 뿌리채소는 얇게 썰어야 한다. 그래야 양념이 고루 스며든다. 나는 비스듬하게 써는 걸 좋아하지만 채 썰어도 된다.
3. 레드 래디시(빨간무)는 잎이 붙은 그대로 통째로 소금물에 담근다.
4. 덮개를 덮은 다음 그 위에 무거운 물체를 올려놓아 소금물 속에 모든 재료가 완전히 들어가게 누른다.
5. 채소들의 숨이 죽을 때까지 몇 시간에서 하룻밤 정도 그대로 둔다.
6. 그 다음부터는 배추김치 만드는 과정과 똑같이 하면 된다. 단, 양념을 버무릴 때 다진 서양고추냉이를 추가한다.

■■ 뿌리부분이 빨간 유럽산 무의 일종

과일 김치

최근에 테네시 주에 사는 낸시 람세이를 만났다. 한참 동안 발효식품에 대해 이야기하던 중 나는 그녀가 김치를 만들어 먹는 걸 좋아한다는 사실을 알게 됐다. 지금은 선교 활동에 회의를 느끼고 그 활동이 토착문화에 얼마나 나쁜 영향을 미치는지에 관한 글을 쓰고 있지만, 그전까지만 해도 13년 동안 한국에서 선교를 하며 지냈다고 한다. 그래서 낸시는 김치를 잘 알고 있었다.

낸시는 과일 김치를 정말 좋아하는데 미국에서는 전혀 먹어보지 못했다고 한다. 그녀와 만난 다음 날, 시내로 나간 나는 과일을 잔뜩 사와서 직접 만들어 보았다. 달콤한 과일 맛은 매콤한 김치 양념과 놀라울 정도로 잘 어울렸는데, 한 번도 맛보지 못한 멋지고도 환상적인 맛을 선사해주었다.

✻✻ 소요시간

• 1주일

⁂ 재료(1l 분량)

- 파인애플 4분의 1쪽
- 서양자두 2개(씨를 발라낸다)
- 배 2개(씨 부분을 없앤다)
- 사과 2개(씨 부분을 없앤다)
- 포도(작은 것) 1송이(줄기를 없앤다)
- 캐슈 같은 견과류 125ml
- 소금 10ml
- 레몬 1개(즙으로 만든다)
- 다진 고수 잎 1다발
- 신선한 멕시코산 고추 1~2개(잘게 다진다)
- 붉은 고추 1~2개(칠리도 괜찮다. 생고추나 말린 고추 어느 쪽을 사용해도 된다)
- 파나 양파 1개(잘게 다진다)
- 마늘 3~4쪽(더 많아도 된다. 잘게 다진다)
- 잘게 다진 생강 45ml(더 많아도 된다)

⁂ 만드는 방법

1. 먹기 좋은 크기로 과일을 자른다. 껍질은 벗겨도 된다. 포도는 통째로 넣는다. 과일은 먹고 싶은 종류를 마음대로 선택하고 견과류를 넣어도 된다.
2. 커다란 그릇에 준비한 과일을 모두 담는다.
3. 2에 소금과 레몬즙, 양념을 넣고 골고루 버무린다.
4. 3을 깨끗한 1l 짜리 항아리에 담는다. 항아리에 담을 때는 차곡차곡 담고 국물이 재료를 덮을 때까지 꾹꾹 누른다. 국물이 모자라면 물을 조금 더 넣는다.
5. 그 위에 무거운 물체를 올려놓고 이후는 배추김치 만드는 방법처럼 한다. 과일 김치는 숙성할수록 알코올 냄새가 난다.

오이 피클

뉴욕에서 자라는 동안 전통적인 유대인 음식을 많이 먹었기 때문에 신맛이 나는 피클을 아주 좋아한다. 가게에서 파는 피클은 물론이고 집에서 만든 피클도 대부분 식초를 이용한다. 하지만 나는 피클도 소금물로 만드는 것이 좋다고 생각한다.

피클을 만들 때는 각별히 신경을 써야 한다. 내가 제일 처음 만든 소금물 피클은 너무 물러서 산산이 부서지고 말았다. 그 이유는 며칠 만에 발효를 그만두었기 때문일 수도 있고 소금물의 농도가 너무 묽어서였을 수도 있다. 어쩌면 테네시 주의 여름이 너무 더웠기 때문인지도 모르겠다. 맛있는 피클을 만들지 못한 데는 그 밖에도 여러 가지 원인이 작용했을 것이다. 그러나 우리의 완전함은 불완전함 속에 있는 법이다. 발효식품을 만들다 보면 실패할 때도 있다. 피클의 생명력을 제대로 조절할 수 있어야만 맛있는 피클을 만들 수 있다.

나는 맨해튼의 로워 이스트사이드에 있는 구스 피클 가게에서 파는 맛있는 마늘 피클이나 어퍼 웨스트사이드에 있는 자바 또는 여러 대형 식품점의 맛있는 피클을 사오고 싶다는 마음을 꾹 누르고 계속해서 노력했다. 그리고 드디어 소금에 절인 피클도 만들기 쉽다는 사실을 알아냈다. 소금에 절인 피클을 만들 때는 단 한 가지만 명심하면 된다. 오이가 가장 많이 나는 뜨거운 여름철에는 되도록 자주 피클 상태를 확인해야 한다는 점이다.

아삭함은 피클의 맛을 결정하는 요소 가운데 하나이다. 가까운 곳에 포도나무가 있다면 그 잎을 넣어두라고 권하고 싶다. 타닌산tannic acid이 많이 들어 있는 포도나무 잎을 항아리 속에 넣어두면 아삭함을 오래 유지할 수 있다. 발효시킨 체리나무 잎이나 떡갈나무나 참나무 같은 오크 잎, 서양고추냉이 잎도 피클의 아삭함을 지켜준다.

피클은 소금물의 농도와 온도, 오이의 크기에 따라 크게 달라진다. 오이가 너무 크면 질기거나 가운데 구멍이 생기는 경우도 있기 때문에 피클을 만들 때는 되도록 중간 크기나 작은 크기의 오이를 택한다. 크기는 제각각이어도 상관없다. 처음에는 작은 오이를 골라 먹고 익어갈수록 큰 쪽을 먹으면 되니까 말이다.

소금물의 농도는 피클을 만드는 장소에 따라, 그리고 요리책에 따라 다르다. 대부분 소금물의 농도를 정할 때는 용액의 질량을 기준으로 소금의 양을 정하는데, 반드시 그런 것은 아니어서 용액의 부피를 기준으로 소금의 양을 정하기도 한다. 부피로 소금물의 양을 정하는 방법은 이렇다. 먼저 1ℓ의 물에 소금 15㎖를 넣으면 소금물의 농도는 1.8%가 된다. 따라서 1ℓ의 물에 소금을 30㎖ 넣으면 3.6%, 45㎖ 넣으면 5.4%의 소금물이 된다.

오래전에 나온 요리책에는 계란이 뜰 정도의 소금물을 준비하라는 말이 나온다. 이 말은 농도를 10% 정도로 맞추어 피클을 만들라는 뜻이다. 농도를 10% 정도로 맞추면 피클을 오래 보존할 수는 있지만 너무 짜기 때문에 먹기 전에 아주 오랫동안 물에 담가두어야 한다. 집에 가져와서 좀 더 숙성시킨 후에 먹어야 하는, 조제식품 판매점에서 파는 피클은 3.5% 정도이다. 나는 농도를 5.4% 정도로 맞춘 피클을 만들려고 한다. 각자에게 맞는 소금물의 농도는 여러 번 만들다 보면 알게 될 것이다. 소금물로 발효식품을 만들 때 반드시 기억하고 있어야 할 점은 미생물의 활동이 활발해지는 여름철에는 활동을 줄이기 위해서 소금을 많이 넣고 미생물의 활동이 느려지는 겨울철에는 적게 넣어야 한다는 사실이다.

**** 소요시간**

- 1～4주

**** 필요한 도구**

- 항아리나 플라스틱 양동이
- 덮개용 접시
- 물을 가득 담은 4*l* 짜리 단지나 지퍼백
- 항아리를 덮을 천

**** 재료(4 *l* 기준)**

- 오이 1.5～2㎏(작거나 중간 정도의 크기로 준비한다)
- 소금 90㎖

- 이제 막 꽃이 핀 소회향 3~4줄기(구하기 어려울 경우에는 말린 잎이나 생잎 혹은 씨앗 45~ 60㎖를 준비한다)
- 마늘 2~3통(껍질을 벗긴다)
- 포도나무 잎(혹은 체리나무나 오크나무 잎, 서양고추냉이 잎 한 움큼 등 다른 재료를 사용해도 된다)
- 말린 후추 열매 1줌

** 만드는 방법

1. 오이는 꽃이 붙어 있던 부분을 말끔히 떼어내고 깨끗하게 씻는다. 당일 딴 오이가 아니라면 아주 차가운 물에 몇 시간 정도 담가둔다. 그래야 오이가 싱싱하게 살아난다.
2. 2ℓ 의 물에 소금을 녹여 소금물을 만든다. 소금이 완전히 녹을 때까지 잘 저어준다.
3. 항아리를 깨끗이 씻은 후 맨 밑에 소회향과 깨끗한 포도나무 잎, 마늘, 후추 열매를 깐다.
4. 항아리 속에 오이를 집어넣는다.
5. 오이 위에 소금물을 붓고 덮개를 덮은 후 무거운 물체를 올려놓는다. 물을 가득 채운 단지도 좋고 깨끗하게 씻은 돌덩이도 괜찮다. 소금물이 덮개에 닿을 정도로 차지 않으면 물 250㎖당 소금 15㎖의 비율로 섞어 부어준다.
6. 먼지와 파리가 들어가지 않도록 깨끗한 천으로 항아리를 덮고 차가운 장소에 보관한다.
7. 매일 한 번씩 피클 상태를 확인한다. 표면에 곰팡이가 생겨도 건져내면 되니 걱정할 필요가 없다. 단 곰팡이가 생겼을 경우 피클 위에 올려둔 접시와 무거운 물체는 깨끗하게 씻어야 한다. 며칠이 지난 후 맛을 본다.
8. 매일 한 번씩은 항아리를 점검하면서 피클이 익어가는 동안 다양한 맛을 즐긴다.
9. 온도에 따라 다르지만 1주에서 4주 정도 지나면 피클이 완전히 익는다. 그러면 냉장고에 옮겨놓는다.

혼합 채소 피클

오이 피클 만드는 법은 다양한 채소에 응용할 수 있다. 완전히 익은 토마토만 아니라면 모든 채소를 같은 방법으로 절일 수 있다. 토마토는 익으면 너무 물러지는 데다 쉽게 허물어지기 때문에 오이 피클 만드는 법으로는 절이지 못한다. 가장 기억에 남는 피클 가운데 하나는 서리가 내린다는 기상 예보를 듣고 부랴부랴 밭으로 달려가 여름에 기른 채소를 모두 다 거둬와 만든 것이다. 우리가 거둬온 채소는 노란 여름 호박, 붉은 고추, 작은 가지, 어린 토마토, 콩 등이었다. 그 채소들을 가지고 피클을 만들 때 나륵풀(바질)을 잔뜩 넣었더니 정말 달콤한 맛이 났다. 나는 가지로 만든 피클을 특히 좋아한다. 소금물에 가지를 절이면 검은 색은 사라지고 아름다운 줄무늬가 남는다. 녹색빛이 도는 어린 토마토로 만든 피클도 맛있다. 특히 신선한 서양자두를 섞으면 더 맛있다. 이 피클을 만들 때는 내가 좋아하는 소금물보다 더 농도가 짙은 소금물을 부었기 때문에 먹을 때 물을 넣어 희석시켜야 했다. 그렇지만 이 피클 덕분에 여름에나 맛볼 수 있는 다양한 채소들을 겨울에도 즐길 수 있었다.

마늘 소금 절임

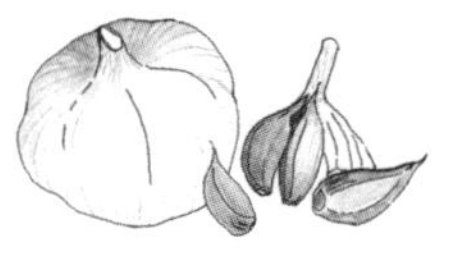

나는 마늘을 정말 좋아한다. 생마늘은 약이라고 생각하기 때문에 하루에 몇 쪽씩은 꼭 먹는다. 피클 항아리를 다 먹어갈 때쯤에는 함께 집어넣었던 마늘과 여러 가지 잎들이 그대로 남아 바닥에 가라앉아 있거나 국물 위로 떠다닌다.

나는 그중에서 마늘을 모두 꺼내 다른 단지에 담고 소금물을 부은 다음 냉장고나 부엌 한 쪽에 놓아둔다. 그렇게 놓아둔 마늘은 마늘 자체의 향도 강하지만 항아리 속에서 함께 발효된 다른 양념들의 향도 물씬 풍긴다. 나는 이 마늘을 요리할 때 활용하거나 그냥 먹는다. 국물에도 마늘 향이 스며들기 때문에 샐러드드레싱을 만들 때 집어넣거나 그냥 마신다. 마늘 절인 물은 소화를 돕는다. 마늘 절임이 먹고 싶다면 채소를 발효시킨 후에 남은 마늘대신 생마늘로 직접 피클을 담가 먹어도 된다.

피클 국물

소금물은 채소가 발효될 수 있는 환경을 제공해주는 단순한 환경 조절제가 아니라, 피클을 만드는 채소 외에도 여러 가지 향신료에서 나온 영양분이 녹아 들어가는 영양분의 보고다. 발효가 진행되어 거품이 많아질수록 소금물 속으로 다양한 영양분이 녹아 들어가는데 그 속에는 유산균도 많이 들어 있다. 자우어크라우트 국물이 그렇듯이 마늘 절임 국물도 아주 효과가 뛰어난 소화제다.

채소를 모두 건져 먹으면 그냥 먹기에는 너무 많은 국물이 남는다. 게다가 짠맛도 너무 강하다. 그렇다고 버릴 게 아니라 이 국물을 이용해 수프를 만들어 먹으면 좋다. 러시아어로는 발효시킨 음식의 국물을 '라솔 rassol', 라솔을 넣어 만든 수프를 '라솔니크 rassol' nik'로 부른다. 절임 국물에 물을 부어 적당한 맛이 날 때까지 희석시킨 후 피클과 함께 다양한 채소를 넣고 토마토 페이스트를 조금 넣어 끓인다. 수프가 완성되면 여기에 발효시킨 사워크림을 곁들여 먹는다.

쌀겨 절임

누카ぬか는 일본 전통 발효식품으로 흡수력이 높은 쌀의 왕겨를 소금과 물, 해초, 생강, 된장과 섞어 발효시킨 음식이다. 맥주나 포도주를 넣기도 한다. 영양가가 풍부한 국물에 넣은 채소들은 며칠 만에 피클이 되고 그 후로도 계속해서 숙성해 나간다. 나는 보통 채소를 통째로 절인 다음 얇게 썰어 먹는데 채소는 조금만 발효시켜도 아주 강렬한 맛이 나기 때문에 정말 좋아한다.

겨는 곡식을 찧을 때 제거해버리는 겉껍질이지만 여기에 섬유질이 많다는 사실을 알아야 한다. 겨는 며칠 정도가 지나야 발효를 시작하지만 일단 발효된 후에는 계속해서 원하는 채소를 집어넣어 발효시킬 수 있다.

**** 소요시간**

• 며칠 그리고 계속

** 필요한 도구

- 항아리나 플라스틱 양동이
- 항아리나 양동이 속에 쏙 들어가는 접시
- 물을 가득 담은 4 ℓ 짜리 단지나 지퍼백
- 항아리를 덮을 천

** 재료(8ℓ 기준)

- 쌀겨 1㎏(밀겨도 된다)
- 바닷말 같은 해조류 10㎝
- 소금 90㎖
- 된장 125㎖
- 맥주나 청주 250㎖
- 생강 뿌리 2.5㎝(여러 조각으로 썰어놓는다)
- 순무, 당근, 무, 배, 콩, 오이 같은 제철 채소 2~3개

** 만드는 방법

1. 냄비에 말린 겨를 넣고 볶는다. 사실 굳이 볶지 않아도 되지만 볶을 생각이라면 향긋한 냄새가 날 때까지 충분히 볶아야 한다. 타지 않도록 약한 불에서 자주 저어준다.
2. 끓인 물 250㎖에 해조류를 30분 정도 불린다.
3. 소금물을 만든다. 물 1.25 ℓ 에 소금 90㎖를 완전히 녹인다.
4. 소금물 1컵 정도에 된장을 넣어 완전히 풀어지게 한다. 완전히 섞이면 나머지 소금물을 넣고 잘 저어준다. 여기에 맥주나 청주를 넣어도 된다.
5. 해조류 불린 물을 소금물에 섞는다.
6. 볶은 겨를 항아리에 담고 그 위에 해조류와 생강을 얹는다. 여기에 5를 붓고 겨가 뭉치지 않고 골고루 섞일 수 있도록 버무려준다.

7. 6에 채소들을 통째로 묻는다. 서로 맞닿지 않게 거리를 유지한다.

8. 덮개를 덮고 그 위에 무거운 물체를 올려놓는다.

9. 다음 날 국물이 덮개 위로 올라오지 않으면 250㎖당 소금 15㎖를 섞은 소금물을 더 붓는다. 반면 소금물이 덮개 위로 2.5㎝ 이상 올라온 상태라면 국물을 약간 따라버리거나 소금물 높이가 내려가도록 누르는 물체를 조금 더 가벼운 것으로 바꾼다.

10. 처음 며칠간은 매일같이 채소를 건져내고 새로운 채소를 집어넣는다. 겨가 이제 막 발효를 시작했기 때문에 새로운 채소를 넣어주어야 유산균이 잘 자란다. 채소를 바꿔줄 때마다 겨를 잘 섞어준다. 채소를 건져낼 때는 항상 맛을 본다. 일단 맛을 보고 상태를 살펴보아라. 요리책에 따라서는 건져낸 채소를 버리라고 하기도 하지만 나는 모두 먹는다. 묻어둔 채소가 새콤한 맛이 날 때까지 매일 갈아주되 채소에서 좋은 맛이 나면 그 뒤로는 오랫동안 그대로 두기만 하면 된다. 이 누카 속에 무를 넣고 3년 동안 발효시키면 단무지가 된다.

11. 항아리에서 채소를 꺼낼 때는 손으로 꺼낸다. 채소에 겨가 묻어나오면 손가락으로 말끔히 떼어내 다시 항아리에 넣는다.

12. 꺼낸 채소가 너무 짜면 물에 살짝 씻거나 담가둔다. 그런 다음 얇게 썰어서 먹는다. 채소에는 해초와 생강, 된장, 맥주나 청주 같은 항아리 속에 들어 있던 모든 향신료의 맛이 은은하게 어우러져 있을 것이다. 한번 먹어본 사람은 일본 요리에 끌리도록 만들고야 마는 미묘한 맛이다.

한 번 만든 누카는 영원히 활용할 수 있다. 새로 넣은 채소 때문에 수분이 많이 생겼다면 컵이나 그릇으로 겨를 꾹 누르고 국물을 따라버리면 되고, 겨가 많이 줄어들었다면 볶은 겨를 더 넣는다. 신선한 채소를 넣을 때마다 염분의 농도가 낮아지기 때문에 가끔 소금을 조금씩 더 넣어야 한다. 함께 절인 생강과 해초도 아주 맛있다. 이것들도 꺼내 먹고 필요할 때마다 더 넣어주고 된장, 맥주나 청주도 추가한다. 한동안 집을 비울 일이 생기면 누카 항아리를 냉장고나 지하실처럼 차가운 장소에 옮겨놓는다.

군드루

큐르체kyurtse로 부르기도 하는 군드루gundru는 아주 강한 맛이 나는 절임 음식이다. 이 음식은 네팔에 사는 네와르Newar족의 발효식품으로 린징 도제가 지은 티베트 요리책 『티베트 삶 속에 담긴 음식Food in Tibetan Life』에서 만드는 방법을 배웠다. 이 음식의 특징은 녹색 채소만 가지고 발효식품을 만든다는 점이다. 소금을 포함해 어떤 재료도 들어가지 않는다. 나는 순무 잎으로 군드루를 만들어보았다. 군드루 1ℓ를 만들 때 들어간 순무는 모두 8개였다. 무 잎, 겨자 잎, 케일, 칼러드 등 상추만 아니라면 모든 십자화과 식물의 잎으로 군드루를 만들 수 있다.

⁂ 소요시간

• 몇 주 정도

**** 필요한 도구**

- 뚜껑이 있는 유리병 1*l* 짜리
- 국수 밀대

**** 재료(1*l* 기준)**

- 녹색 채소 1kg

**** 만드는 방법**

1. 화창한 날 시작해야 한다. 녹색 채소를 몇 시간 정도 햇볕에 말린다.
2. 도마나 단단한 물체 위에 채소를 올려놓고 국수 밀대로 내리쳐서 으깬다. 그러면 채소 즙이 흘러나오는데 아까운 채소 즙이 너무 많이 나오지 않게 조심해서 쳐야 한다.
3. 채소와 흘러나온 즙을 모두 병에 담고 꾹꾹 눌러준다. 누르면 누를수록 채소 밖으로 즙이 더 많이 빠져나온다. 그렇게 많던 채소가 작은 병 속으로 다 들어가는 모습을 보면 정말 놀랄 것이다. 병이 가득 찰 때까지 꾹꾹 눌러주면서 채소를 넣다 보면 액체가 위에까지 올라온다. 이 액체가 아주 강력한 채소 주스가 될 것이다.
4. 병 뚜껑을 닫고 2~3주 정도 따뜻한 장소에서 보관한다. 길면 길수록 좋다.
5. 몇 주가 지나면 뚜껑을 열고 냄새를 맡는다. 강렬하고 톡 쏘는 냄새가 날 것이다. 여러 가지 향미를 나는 군드루가 완성되었다. 채소를 꺼내 썰어서 피클처럼 먹으면 된다.

군드루는 네팔 사람들이 하듯이 잘 말려두었다가 겨울철 내내 맛있는 수프를 끓여먹어도 된다. 말릴 때는 완전히 발효시킨 잎을 꺼내 줄에 널어놓거나 쫙 펼쳐서 햇볕에 말리면 된다. 보관하기 전에 완전히 말려야 하는데 그렇지 않으면 곰팡이가 필 수 있다.

Chapter 06

콩단백질과 영양분의 효과적인 흡수를 돕는

콩 발효식품

콩과 식물은 중요한 단백질원이다 ● 그중에서도 특히 대두는 질 좋은 단백질이 아주 많이 들어 있는 식품으로 알려져 있다 ● 콩과 식물이 가지고 있는 여러 가지 몸에 좋은 영양분을 가장 효과적으로 흡수할 수 있는 방법은 발효식품으로 만들어 먹는 것이다 ● 더욱이 콩과 식물은 여러 가지 곡식과 함께 발효시킬 수 있다 ● 콩과 식물과 곡물을 함께 발효시키면 인체에 필요한 모든 아미노산을 제공해주는 완벽한 단백질 식품이 된다 ● 불교와 불교에서 발전시킨 콩 음식은 아시아 여러 곳으로 퍼져나갔다

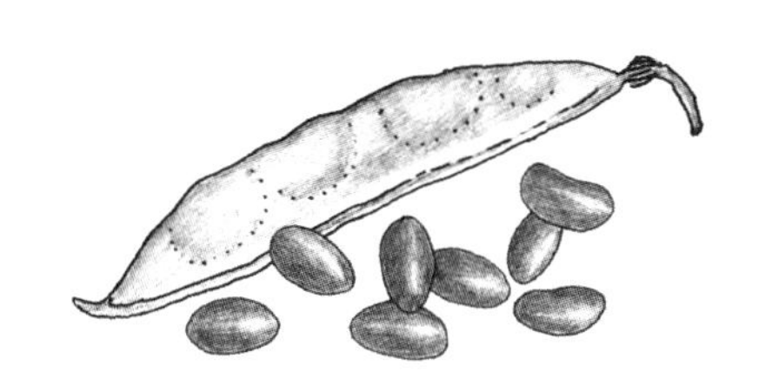

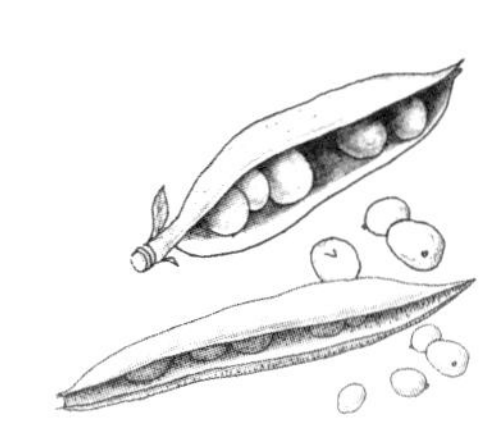

불교 문화와 함께 확산된 콩 발효식품

콩과 식물은 중요한 단백질원이다. 그중에서도 특히 대두는 질 좋은 단백질이 아주 많이 들어 있는 식품으로 알려져 있다. 동아시아 사람들은 대두를 '밭에서 나는 쇠고기'로 부른다. 하지만 불행하게도 대두에 풍부하게 들어 있는 단백질은 체내에 쉽게 흡수되지 않는다. 그래서 대두를 그대로 요리해서 먹으면 위장에 가스가 차고, 소화가 되지 않는 단점이 있다. 이런 콩과 식물의 단백질도 발효 과정을 거치면 체내에 쉽게 흡수되는 아미노산으로 바뀐다. 따라서 콩과 식물이 가지고 있는 여러 가지 몸에 좋은 영양분을 가장 효과적으로 흡수할 수 있는 방법은 발효식품으로 만들어 먹는 것이다. 더욱이 콩과 식물은 여러 가지 곡식과 함께 발효시킬 수 있다. 콩과 식물과 곡물을 함께 발효시키면 인체에 필요한 모든 아미노산을 제공해주는 완벽한 단백질 식품이 된다.

미국은 세계에서 대두를 가장 많이 재배하는 곳이다. 그러나 대부분 사람의 몫이 아니다. 미국 사람들은 대두를 가축 사료로 쓰거나 식용유를 만드는

데 써버린다. 대두의 부산물은 플라스틱이나 접착제, 페인트, 잉크, 용제의 재료로 사라져버리고 만다. 대두는 굶주림과 관련된 국제 논쟁에서 아주 강력한 상징물이 되었다. 프란시스 무어 리페는 자신의 책 『작은 행성을 위한 식단Diet for a Small Planet』에서 "수많은 양질의 단백질원이 동물의 사료로 사라지고 있다"고 했다.[1] 그는 굶주림으로 죽어가는 사람이 하루에 수천 명이 넘는 지구에서 쇠고기 단백질 0.5kg을 만들기 위해 10.5kg이나 되는 단백질을 낭비하는 일은 부끄럽고 바보 같은 짓이라고 했다.

한 세대 전 미국에서 출판된 이 책 덕분에 수많은 미국 사람들이 채식주의를 선언했다. 채식주의자들은 된장이나 템페, 타마리tamari 같은 전통적인 콩 발효식품을 먹기 시작했다. 채식주의자들과 발효시킨 콩 식품은 사실 오래전부터 긴밀한 관계를 맺고 있었다.

1천 년도 더 전에 살았던 최초의 채식주의자들인 중국의 불교도들은 고기 대신 먹을 수 있는 훌륭한 단백질 음식을 찾아 나섰다. 그들은 고대 중국의 발효식품인 '장'에 눈을 돌렸다. 원래 장이란 고기와 생선을 발효시켜 만드는 일종의 양념으로, 그 외에도 다양한 방법으로 만들 수 있다. 기원전 500년 무렵에 살았던 공자는 "음식을 낼 때는 반드시 다양한 장을 곁들여야 한다. 한 가지 장으로 모든 음식을 맞추려 하지 말고 각각의 음식에 맞는 장을 다양하게 만들어야 한다"고 했다.[2]

불교와 불교에서 발전시킨 콩 음식은 아시아 여러 곳으로 퍼져나갔다. 일본도 마찬가지다. 일본 사람들은 예부터 생선을 절여 만든 젓갈인 히시오ひしお라는 전통 발효식품을 먹었다. 그러다가 불교의 영향으로 콩을 사용한 발효식품이 탄생했다. 일본식 된장인 미소みそ는 901년의 문헌에 처음 등장한다.

일본 사람들이 미소를 많이 먹게 된 시기는 가마쿠라 시대(1185~1333년)로, 승려들의 노력이 컸다. 이때는 쾌락에 빠져 흥청망청 지내는 귀족들에 대항해 사무라이들이 들고 일어나 세력을 잡은 시기다. 새롭게 통치자가 된 사무라이들은 검소함을 생활신조로 삼았고, 음식도 주식인 쌀 외에 채소와 콩, 해산물도 많이 먹었다. 사무라이 시대의 발전과 함께 미소도 발전하면서 결국 매우 사랑받는 음식이 되었다. 『미소에 관한 책The Book of Miso』의 저자 윌리엄 셔틀레프와 아키코 야요기는 "미소는 가장 대표적인 서민 음식이 되었다"고 적고 있다.[3] 지금도 일본 사람들은 식사 때마다 된장국을 빠트리지 않고 먹는다.

일본식 된장
미소 만들기

된장은 땅에 묻는 독특한 식품으로 완전히 다 익을 때까지 몇 년이 걸리기도 한다. 미소는 중국 철학과 의학에서 말하는(또한 미생물 식품학에서 말하는) 음양론에서 양의 기를 듬뿍 받은 음식에 해당한다. 일본 사람들은 된장을 먹으면 건강해지고 오래 살 수 있다고 믿는다.

된장의 특별한 효능 가운데 하나는 방사능과 중금속으로부터 우리 몸을 보호해준다는 점이다. 이 같은 사실은 시니코로 아키즈키 박사가 핵폭탄이 터진 히로시마와 나가사키를 관찰해 얻은 결과이다. 나가사키에서 병원을 운영하던 아키즈키 박사는 폭탄이 터지던 날 나가사키 밖에 있었기 때문에 무사할 수 있었다고 한다. 자신의 집과 병원은 완전히 파괴되었고, 폭탄이 투하된 후 그는 아비규환의 현장인 나가사키로 돌아가 환자들을 치료했다.

그런데 박사와 부하 직원들은 핵폭탄이 투하된 곳에서 아주 가까운 곳에 있었는데도 방사능 해를 입지 않았다. 그 원인을 추적하던 중 매일같이 된장국을 먹은 것이 영향을 미치지 않았을까 해서 이를 연구하게 되었다. 그 결과 된장 속에는 중금속과 결합하여 중금속을 몸 밖으로 배출해주는 디피콜린산 dipicolinic acid이라는 알칼로이드alkaloid 물질이 있다는 사실을 밝혀냈다.[4] 지금처럼 방사능이 도처에 존재하는 시대에 방사능을 치료해주는 식품이라면 일부러라도 먹는 것이 좋지 않을까?

내가 제일 처음 먹어본 된장은 크레이지 아울 박사가 만든 것이다. 70대 중반인 내 친구 아울 박사는 30여 년 전 한의학을 공부하기 위해 통계분석 계통의 직업을 그만두었다. 그는 자신의 믿음을 적극적으로 실천하는 타고난 행동주의자다. 박사는 수많은 건강식품 가운데서도 된장만큼 좋은 음식은 없다고 믿고 있다. 오랫동안 직접 된장을 만들어 먹어온 그는 쇼트 마운틴으로 된장을 가지고 들어왔다.

아울 박사가 직접 만든 된장은 진한 맛과 풍부한 질감을 자랑한다. 어찌나 풍부한 맛이 나던지, 박사의 된장을 먹는 순간 만드는 법을 배우고 싶었고, 그 후 매년 겨울이면 직접 된장을 담그고 있다. 내가 만들어온 여러 가지 발효식품 가운데 가장 열렬한 환영을 받는 식품이 된장이 아닌가 싶다. 직접 된장을 담가 먹는 사람들이 거의 없기 때문에 사람들은 내가 만든 된장을 정말 좋아했다. 직접 된장을 만들어 사랑하는 사람들에게 나누어주는 것도 사람들과의 관계를 돈독하게 하는 아주 좋은 방법이다.

된장을 만들 때는 참을성이 많아야 한다. 된장은 대부분 1년은 있어야 완전히 숙성되기 때문이다. 된장을 만드는 과정에서 가장 힘든 일이 바로 이 기다림이다. 사실 만드는 방법 자체는 아주 간단하다. 보통 된장은 추운 계절에 만들지만 나는 공기 중에 떠도는 풍부한 미생물을 이용하기 위해 주로 여름철에 만든다.

재료도 보통은 대두를 쓰지만 콩과 식물이라면 모두 된장을 만들 수 있다. 나는 병아리콩, 아욱콩, 검은 거북이콩, 까서 말린 완두콩, 편두, 동부, 강낭콩, 팥 같은 식물 열매로 된장을 만들어보았다. 콩에 따라 독특한 냄새와 맛이 나는 된장이 만들어졌다. 일단 주변에서 쉽게 구할 수 있는 재료를 가지고 된장을 담가보자.

누룩을 찾아서

콩과 식물을 발효시키는 메주곰팡이Aspergillus oryzae(누룩곰팡이의 학명-편집자 주) 포자가 자라고 있는 곡물을 누룩こうじ, koji이라 한다. 보통은 찐 쌀에 포자를 뿌리기 때문에 엄밀히 말한다면 100% 천연 발효식품은 아니다. 물론 전통 방식으로 된장을 만들어 파는 가게처럼 몇 년 정도 지하실에 놓아두어 자연스럽게 메주곰팡이가 생기게 하는 경우는 천연 발효식품이라고 할 수 있겠지만 말이다. 지하실에서 몇 년씩 보관해 메주곰팡이가 생기기 전까지는 어쩔 수 없이 포자를 사와야 한다. 누룩은 시중에서 사와도 되고 직접 쌀에 메주곰팡이를 자라게 해서 만들어도 된다.

일본식 짠 된장

이 된장은 짜고 아주 강한 맛을 내며 1년이 꼬박 지나야 완전히 숙성한다. 전통적으로 붉은색이 나는 짠 된장은 대두를 이용해서 만들지만 여러 가지 콩을 이용해 다양한 색을 만들어낼 수 있다. 뒤에는 좀 더 간단하게 만들 수 있는 단 된장 만드는 법도 실었다.

＊＊ 소요시간

- 1년 이상

＊＊ 필요한 도구

- 4*l* 가 넘는 항아리나 양동이
- 항아리나 양동이에 딱 들어맞는 덮개
- 눌러줄 물건
- 항아리를 완전히 덮을 천

✻✻ 재료(4l 기준)

- 말린 콩 1l
- 소금 250ml(항아리에 쓸 소금 60ml는 별도로 준비한다)
- 끓이지 않은 완전히 익은 된장 30ml
- 누룩 1.25l

✻✻ 만드는 방법

1. 콩을 잘 씻어 하루 정도 불린다.
2. 불린 콩을 으깨질 정도로 삶는다. 대두는 오랫동안 익혀야 완전히 익는데 이때 눌거나 타지 않도록 잘 저어준다.
3. 냄비에 여과기를 대고 콩 삶은 물을 따라낸다.
4. 3에서 따라낸 물이나 뜨거운 물 500ml에 소금 250ml를 넣어 진한 소금물을 만든다. 소금이 완전히 녹을 때까지 잘 저은 후 식힌다.
5. 콩을 으깬다. 나는 보통 감자 으깨는 기구를 사용하는데 적당한 크기로 으깨기에 좋다.
6. 소금물이 미지근하게 식으면 1컵 정도를 떠서 완전히 익은 된장을 넣고 풀어준다. 된장이 완전히 풀어졌으면 남아 있는 소금물과 누룩을 넣고 잘 저어준다.
7. 6에 으깬 콩을 넣고 골고루 섞어준다. 너무 걸쭉하다 싶으면 콩 삶은 물이나 맹물을 더 넣어준다.
8. 된장을 담을 용기의 안쪽을 젖은 손에 소금을 묻혀 구석구석 닦아준다. 그래야 염분의 농도가 높아져 원치 않는 미생물의 번식을 막을 수 있다.
9. 된장 사이에 공기층이 생기지 않도록 꼭꼭 눌러 담는다. 다 담았으면 표면을 평평하게 다듬고 그 위에 소금을 뿌린다. 소금을 뿌릴 때는 조금 대담해져도 된다. 완전히 숙성한 뒤 된장을 꺼내 먹을 때 제일 위층은 긁어내고 먹으면 되니 걱정할 필요가 없다.
10. 덮개를 덮고 무거운 물건으로 눌러준 뒤 먼지나 파리가 들어가지 않게 천으로 완전히 덮는다. 항아리를 덮은 천은 테이프나 끈으로 잘 묶어둔다.

11. 잘 지워지지 않는 펜으로 라벨에 유의 사항을 써서 붙인다. 여러 해 동안 된장을 담가왔다면 만든 연도를 잘 알고 있어야 한다. 그런 다음에는 지하실이나 창고처럼 온도가 높지 않은 장소에 보관한다.

12. 그리고 기다린다. 된장을 만든 후 첫 여름이 지나면 그 해 가을이나 겨울에 맛을 본다. 이것이 1년 묵은 된장이다. 된장의 발효 연도는 발효가 가장 활발하게 일어나는 여름을 기준으로 1년씩 올라간다. 맛을 봤으면 다시 위에 소금을 뿌리고 잘 밀봉한다. 시간이 흐를수록 된장의 맛이 깊어지고 좋은 냄새가 난다. 최근에 9년 묵은 된장을 먹어본 적이 있는데, 정말 잘 익은 포도주처럼 그윽한 맛이 났다.

숙성한 된장을 옮겨 담을 때 주의해야 할 점이 있다. 몇 해 동안 발효시킨 된장 표면은 아주 지저분하고 역한 냄새가 날 수도 있다. 그럴 때는 윗부분을 걷어내 퇴비로 쓰면 된다. 밑 부분은 분명히 맛있고 좋은 향기가 나는 된장만 남아 있을 것이다. 나는 한 번에 20ℓ 정도 되는 된장을 만든다. 보통 깨끗한 유리병에 담아 보관하는데 뚜껑이 금속이라면 병과 뚜껑 사이에 파라핀 종이를 1장 깐다. 금속은 된장을 썩게 할 수도 있기 때문이다. 그리고 지하실에 보관한다. 발효가 진행되는 동안 유리병 안의 압력이 증가할 수도 있기 때문에 가끔씩 뚜껑을 열어주어야 한다. 된장 표면에 곰팡이가 생길 때도 있다. 그럴 때는 항아리에서 옮겨 담을 때 그랬던 것처럼 곰팡이가 있는 부분을 긁어내고 먹으면 된다. 그래도 여전히 찝찝한 기분이 든다면 냉장고에 보관하면 된다.

단 된장

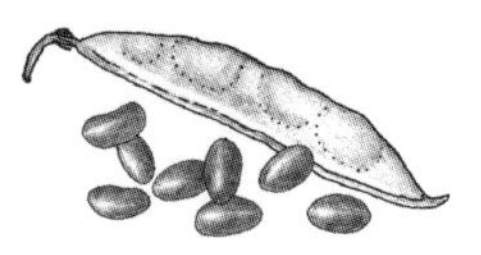

된장은 여러 가지 형태로 만들 수 있다. 재료로 들어가는 콩의 종류나 소금과 누룩의 비율, 발효 기간에 따라 다양한 된장이 만들어진다. 단 된장은 일반적으로 널리 알려진 짜고 오래 숙성시켜야 하는 된장과는 많이 다른 식품이다. 단 된장은 정말 단맛이 난다. 발효 기간도 짧아서 온도만 높으면 2개월 정도면 완전히 익는다.

**** 소요시간**

• 4~8주

**** 재료(4 *l* 기준)**

• 말린 콩 1 *l*

• 소금 125*ml*

• 누룩 2.5 *l*

**** 만드는 방법**

만드는 법은 대체로 앞서 소개한 짠 된장과 같으나 다른 점이 몇 가지 있다.

1. 단 된장은 짠 된장보다 소금은 반 정도 적게, 누룩은 2배 정도 많이 넣는다.
2. 단 된장에는 완전히 익은 된장은 넣지 않는다. 완전히 익은 된장에는 산을 만드는 유산균 같은 다양한 미생물이 들어 있다. 단 된장은 누룩에 들어 있는 곰팡이 포자만 이용하고 유산균이 증식하기 전에 발효가 끝나기 때문에 단맛이 난다.
3. 단 된장은 오래 발효시키지 않아도 되기 때문에 항아리를 소금으로 문질러 닦을 필요가 없다.
4. 단 된장을 담은 항아리는 부엌 한 구석 같은 따뜻한 장소에 보관하면 된다. 온도가 높을수록 빨리 익으므로 한 달 정도 지난 후에 맛을 보면 된다. 완전히 익지 않아도 먹을 수 있는데, 이때는 된장을 조금 떠서 다른 용기에 옮겨 담아 냉장고에 보관한다. 떠내고 난 다음에는 그 자리를 꾹꾹 눌러 평평하게 하고 덮개를 얹은 다음 무거운 물체를 올려놓고 천으로 덮어둔다.
5. 다시 몇 주에서 한 달 정도 발효시킨 후 적당한 용기에 옮겨 담아 먹는다. 된장을 옮겨 담는 동안 누룩으로 쓴 곡물이 조금도 뭉개지지 않고 그대로 남아 있는 모습을 보게 될 것이다. 여기에 물을 넣어 잘 이기면 부드러운 반죽 같은 된장이 만들어진다. 이것을 깨끗한 유리병에 옮겨 담는다. 병뚜껑이 금속이라면 유리병과 뚜껑 사이에 파라핀 종이를 깐다. 그렇지 않으면 된장이 썩을 수 있다. 짠 된장은 지하실에서 보관하는 것이 좋지만 단 된장은 냉장고에 보관하는 것이 가장 좋다. 유리병에 담은 된장 표면에 곰팡이가 피었다면 그 부분만 제거하고 먹으면 된다.

된장국

된장으로 가장 많이 해 먹는 음식이 된장국이다. 유대인인 할머니가 내게 끓여주신 닭고기 수프에서 느낄 수 있던 안락함과 건강함이 된장국에서도 느껴질 때가 많다. 된장국만큼 내 기분을 달래주는 음식도 없는 듯하다.

된장국을 만들 때는 된장을 제일 나중에 넣어야 한다. 가장 단순하게 만들어 먹는 된장국은 뜨거운 물 250㎖에 된장 15㎖ 비율로 넣어서 잘 저어 먹는 것이다. 된장을 끓이면 그 속에 들어 있는 유익한 미생물들이 죽게 되므로 피하는 것이 좋다고 생각한다.

기꺼이 할 마음이 있다면 좀 더 정성을 들여 된장국을 끓이는 방법도 있다. 나도 그랬지만 초보자가 쉽게 할 수 있는 방법은 해초류를 집어넣는 것이다. 해초는 아주 깊고 풍부한 맛을 낸다. '바다에서 나는 채소'라고 해야 먹을 기분이 나는 사람들도 있겠지만 나는 왠지 자연 그대로의 느낌이 살아 있는 것 같은 '해초류' 혹은 '해조류'란 말이 더 좋다.

해조류에는 바다의 정취가 흠씬 묻어 있다. 해조류는 영양가도 높고 치료에도 좋은 식품이다. 된장에 들어 있는 디피콜린산dipicolinic acid처럼 해조류에 들어 있는 알긴산alginic acid은 납이나 수은 같은 중금속을 몸 밖으로 배출시켜주고 스트론튬-90 strontium-90 같은 방사능 원소도 배출시킨다. 또 심혈관계를 튼튼하게 해주고 소화와 신진 대사를 도와줄 뿐 아니라 분비샘과 호르몬의 흐름을 원활하게 해주며 신경계를 편안하게 만들어준다.[5] 내가 만든 요리에는 대부분 해조류가 들어간다. 된장국을 만들 때도 마찬가지다. 일본 요리 중에는 태평양에서 자라는 해조류인 다시마를 우려서 만드는 요리가 많다. 나는 메인 연안을 찾아가 해조류를 따온 적이 있는데, 그중에 다시마こんぶ는 없었다. 대신 북대서양에는 라미나리아 디지타타Laminaria digitata가 있다. 손가락digit처럼 긴 녹갈색 줄기가 여러 갈래로 나기 때문에 디지타타로 불리는 두툼하고 질긴 갈조류이다.

라미나리아 디지타타

된장국은 다양한 방법으로 만들 수 있다. 냉장고에 있는 재료나 밭에서 쉽게 구할 수 있는 재료만 있으면 된다. 나는 이렇게 된장국을 만든다.

1. 먼저 물을 끓인다. 1*l* 의 물을 준비하면 2~4인분 정도 되는 된장국을 만들 수 있다. 다른 재료의 양은 물에 맞추면 된다.
2. 물이 끓으면 먼저 해조류를 넣는다. 해조류가 익으면서 맛과 영양분이 국물에 우러나온다. 말린 해조류를 넣을 때는 쉽게 떠먹을 수 있도록 작게 잘라 넣는다. 한 종류가 아니라 디지타타나 다시마 같은 여러 종류의 해조류를 8~10㎝ 정도 잘라 넣는다. 끓는 물에 해

조류를 넣고 몇 분만 끓이면 일본식 다시 국물을 만들 수 있다. 이 국물을 그대로 이용해서 된장국을 만들어도 되고 좀 더 많은 재료를 집어넣어도 된다.

3. 그 다음 넣는 재료는 뿌리채소이다. 우엉을 넣으면 풍부한 대지의 향취를 느낄 수 있을 뿐 아니라 해독 작용도 도와준다. 우엉 뿌리는 일단 세로로 길게 자른 후 반달 모양으로 얇게 썰어서 넣는다. 당근이나 무를 썰어서 넣어도 된다. 국물이 끓고 있는 냄비에 이 채소들을 집어넣는다.

4. 주위에 버섯이 있으면 버섯도 넣는다. 개인적으로는 표고버섯을 가장 좋아하지만 꼭 표고버섯이 아니어도 된다. 버섯은 흡수력이 뛰어나기 때문에 맹물보다는 국에 넣어서 불린다. 버섯을 넣을 때는 그저 눈에 보이는 먼지가 없어질 정도로만 닦으면 된다. 3~4개 정도 되는 버섯을 한 입에 먹을 수 있을 정도로 잘라 넣는다.

5. 양배추도 된장국과 잘 어울린다. 잘게 썰어 넣는다.

6. 뜨겁게 먹을 생각이라면 두부를 넣어도 된다. 두부 250g을 물에 씻은 후에 깍두기 모양으로 썰어 넣는다. 요리하고 남은 통 곡물이 있다면 한 수저 정도 넣어도 된다. 덩어리가 생기면 수저로 풀어주어야 한다. 국은 남은 음식을 재활용할 수 있는 정말 좋은 음식이다.

7. 마늘 4쪽을 다져놓는다(더 많아도 된다). 녹색 채소도 넣으면 좋다. 브로콜리 작은 꽃 1개를 잘게 다지거나 케일 혹은 쌈케일 잎을 잘게 잘라 준비한다.

8. 뿌리채소가 완전히 익고 두부가 뜨거워지면 불의 세기를 줄인다. 국물을 한 컵 정도 덜어내고 7을 넣고 뚜껑을 닫는다. 국물을 덜어낸 컵에 된장 45㎖를 넣고 잘 푼다. 좀 더 영양가 있는 된장국을 먹고 싶다면 타히니 tahini■■ 30㎖를 넣는다. 된장을 완전히 풀어 끓고 있는 냄비에 붓고 잘 젓는다. 맛을 한번 보고 필요하다면 같은 방법으로 푼 된장을 더 넣는다.

9. 마지막으로 잘게 썬 파나 양파, 쪽파 등을 넣어 먹는다. 이렇게 만든 된장국은 맛있는 한 끼 식사가 된다.

10. 다음에 먹을 때는 된장국에 들어 있는 미생물이 죽지 않도록 살짝 데워야 한다.

■■ 참깨 소스

된장·
타히니 스프레드

된장을 즐기는 또 한 가지 방법은 스프레드로 이용하는 것이다. 작은 용기에 된장 15㎖, 타히니 30㎖, 레몬 즙 반 개, 다진 마늘 1쪽을 넣고 잘 섞는다. 완전히 섞일 때까지 저어 빵이나 크래커에 발라 먹는다. 여기에 레몬주스나 물, 채소 삶은 물을 더 넣어 좀 더 묽은 스프레드를 만들 수도 있다. 많이 묽어지면 샐러드드레싱으로 활용해도 된다. 된장과 타히니는 정말 쓰임새가 많은 한 쌍이다. 내 친구 스티븐은 단 된장과 아몬드 버터를 섞어서 다양한 된장·타히니 스프레드를 만들어냈다. 여러분도 직접 시도해보기 바란다.

된장 장아찌와 타마리

된장은 여러 가지 야채를 절일 수 있는 아주 좋은 배양식품이다. 작은 단지나 병 안에 뿌리채소와 통마늘을 된장과 함께 넣는다. 뿌리채소는 그대로 넣어도 되고 썰어서 넣어도 된다. 채소가 서로 맞닿지 않도록 된장 사이사이에 골고루 파묻어야 한다. 맨 위는 된장으로 평평하게 덮이게 한 후 덮개를 덮고 무거운 물체를 올려놓는다. 그런 후 차가운 곳에 놓고 몇 주 동안 발효시킨다.

발효가 진행되는 동안 채소 속으로 된장 냄새와 염분이 스며들어가는 동시에 채소의 향미와 수분이 된장 속으로 배어든다. 발효는 된장과 채소를 모두 변화시킨다. 시간이 지나면 진한 국물이 항아리 위까지 올라온다. 이 달짝지근하고 진한 국물이 바로 타마리로 아주 다양한 맛을 느낄 수 있다. 채소는 피클처럼 먹고 된장은 국을 끓여먹거나 스프레드를 만들어 먹는다. 단, 채소를 절인 된장은 수분 함량은 높고 염분은 낮다는 사실을 기억해야 한다. 그러므로 이 된장을 이용할 때는 소금을 좀 더 보충해줄 필요가 있다.

템페

템페는 대두를 발효시킨 인도네시아 음식으로 미국에서도 인기가 있다. 템페는 만들어볼 만한 충분한 가치가 있는 식품이다. 물론 가게에서 파는 냉동 템페를 사먹는 것도 좋겠지만 내가 수송 음식vehicle food이라고 부르는 그런 식품에는 템페의 진정한 맛이 들어 있지 않다. 직접 만들어 이제 막 발효가 끝난 템페는 풍부하면서도 독특한 맛과 질감이 있다.

템페 만드는 법은 마이크 본디가 '생명을 위한 음식' 모임에서 내게 가르쳐주었다. '생명을 위한 음식' 모임은 음식을 주제로 요리 방법과 정보, 정책 등에 관해 주고받는 모임이다. 테네시 주에 있는 세콰치밸리연구소가 해마다 여름에 개최한다. 그 모임에서 많은 사람들이 다양한 발효식품에 대한 정보를 주고받았는데 나는 된장과 자우어크라우트 만드는 법을 알려주었다.

'생명을 위한 음식'은 정말 멋진 모임이다. 그곳에는 사회운동가들과 농부, 요리사들이 많이 참가한다. 좀 더 자세한 정보를 얻고 싶다면 홈페이지 www.svionline.org를 방문하거나 전화 (423)949-5922번으로 걸면 된다.

주소는 S.V.I. at Route 1, Box 304, Whitwell이다. 한 가지 더 말하자면 세콰치밸리연구소가 자리 잡고 있는 문세도우 공동체에는 직접 손으로 만든 시골 주택들 가운데서도 가장 아름답다고 할 만한 주택들이 여럿 있다는 사실이다.

템페는 이 책에 실려 있는 발효식품 가운데 온도에 가장 많은 신경을 써야 하는 식품이지만 그만큼 노력할 만한 가치가 있는 음식이다. 우선 템페균 Rhyzopus oligosporus■■ 곰팡이의 포자가 있어야 한다. 이 곰팡이 포자는 미국이라면 템페 랩이나 G.E.M 컬처스에서 싸게 구할 수 있다.

템페 랩은 테네시 계획 공동체 가운데 한 곳인 팜Farm에 있다. 사람들을 만날 때 내가 테네시에 있는 공동체에서 살고 있다고 말하면 팜에 살고 있느냐고 묻는 경우가 많다. 팜은 1970년대에 가장 유명했던 히피 공동체다. 한때 1,200명에 달하는 사람들이 모여 살면서 언론의 관심을 한 몸에 받기도 했다. 반체제 문화의 상징이었던 팜은 미국에 콩 식품을 공급하는 주요 거점이다. 루이스 해글러와 도로시 베이트가 쓴 『새로운 팜, 채식주의 요리책The New Farm, Vegetarian Cookbook』은 현재 채식주의자들이 가장 많이 참고하는 고전 문헌이다. 지금도 여전히 출간되고 있는 이 책에는 템페 만드는 법이 자세하게 실려 있다. 내 템페도 이 방법을 응용한 것이다.

템페를 만들려면 우선 발효 온도를 24시간 동안 29~32℃로 유지해야 한다. 따라서 기온이 높은 계절이라면 좀 더 쉽게 템페를 만들 수 있다. 여름철

■■ 청국장 발효균을 넣어도 된다. 청국장 발효균은 처음에 포자가 없어도 불린 콩을 푹 삶은 뒤 깨끗한 볏짚을 넣고 3일 정도 40℃를 유지시키면 저절로 번식한다.

에는 아주 많은 양의 템페를 만들어 온실에 두었다가 밤이 되면 장작 난로 옆으로 옮겨놓는다. 덥지 않은 계절에는 보통 오븐을 이용한다. 오븐을 이용할 때는 표시등이 켜질 정도로만 온도를 올리고 너무 뜨거워지지 않도록 오븐 문을 열어놓는다.

템페를 발효시킬 때 주의해야 할 또 한 가지는 공기가 원활하게 순환되어야 한다는 점이다. 이제 직접 만들어보자.

** 소요시간

- 2일

** 필요한 도구

- 곡물 분쇄기
- 깨끗한 타월 여러 장
- 지퍼백 큰 사이즈 3개 또는 제빵용 트레이와 알루미늄 포일

** 재료(템페 1.5kg 기준)

- 대두 625ml
- 식초 30ml
- 곰팡이 포자 5ml

** 만드는 방법

1. 곡물 분쇄기에 대두를 넣고 간다. 완전히 가루로 만들지 말고 큰 입자가 남도록 분쇄기는 조금만 돌린다. 콩을 가는 이유는 요리하기 전에 껍질을 벗기고 곰팡이 포자가 더 많이 자

랄 수 있도록 표면적을 넓혀주기 위해서다. 콩 껍질은 반드시 벗겨내야 한다. 분쇄기가 없다면 콩이 연해질 때까지 하룻밤 정도 물에 담가두었다가 손으로 껍질을 벗겨낸다.

2. 소금은 넣지 말고 이빨로 으깨질 정도로만 삶는다. 대두의 경우 1시간에서 1시간 반 정도만 삶으면 된다. 발효하는 동안에도 콩이 물러지기 때문에 지나치게 푹 삶으면 안 된다. 삶는 동안 콩을 저어줄 때 떠오르는 껍질은 거품과 함께 걷어낸다.

3. 콩을 삶는 동안 템페를 담을 지퍼백에 포크로 구멍을 몇 개 낸다. 미생물이 자랄 때 꼭 필요한 산소를 공급해주기 위해서다. 지퍼백이 없다면 깊이가 1.5㎝ 정도 되는 제과용 트레이를 이용해도 된다. 이때는 알루미늄포일에 포크로 구멍을 내고 덮어준다.

4. 콩이 다 익으면 체에 밭치거나 한 번에 조금씩 건져 깨끗한 타월로 물기를 닦는다. 템페는 수분이 너무 많으면 구린내가 나기 때문에 먹을 수 없게 된다. 수분이 거의 없어질 때까지 타월로 콩을 감싸고 톡톡 두드려준다. 타월 1개로 안 되면 새 타월로 계속 물기를 제거해준다. 콩과 그렇게 친근한 관계를 맺을 기회가 별로 없을 테니 타월로 콩을 두드려주는 시간을 마음껏 즐겨보자.

제과용 트레이에 담긴 템페(원 안은 지퍼백에 담긴 템페)

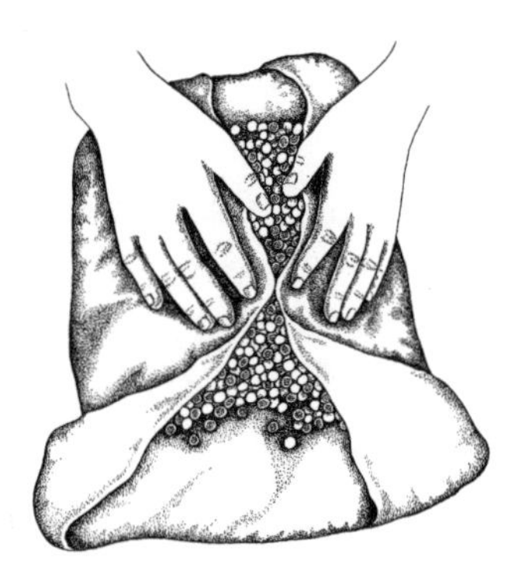

익힌 대두의 물기를 타월로 제거하기

5. 습기를 없앤 대두를 큰 그릇에 담는다. 이때 콩의 온도가 사람의 체온을 넘지 않도록 주의해야 한다. 타월로 물기를 말린 직후라면 체온보다 훨씬 뜨거울 것이다. 잘 뒤적여 웬만큼 식으면 식초를 넣고 섞는다. 식초는 산성이기 때문에 공기 중에 섞여 있는 다른 미생물의 번식을 막아준다.

6. 곰팡이 포자를 넣고 골고루 섞어준다.

7. 지퍼백에 6을 담고 평평하게 펴서 입구를 봉한 후에 오븐이나 자신이 생각해둔 장소에 놓아둔다. 제과용 트레이를 사용할 때도 마찬가지로 평평하게 담고 구멍을 뚫은 포일을 덮어둔다.

8. 24시간 동안 29~32℃로 온도를 맞춰준다. 처음 12시간 동안은 그다지 변화가 생기지 않는다. 그렇기 때문에 보통 낮에 시작하면 밤에는 그냥 두고 다음 날 재미있는 변화를 관찰할 수 있다. 12시간 정도 지나면 대두 사이로 하얀 실 같은 곰팡이 균사가 퍼져나가는 모습이 보인다. 발효가 진행되는 동안 온도가 올라가기 때문에 계속해서 온도를 점검해야 한다. 필요한 경우에는 다른 장소로 옮겨주어야 한다. 곰팡이 균사는 점점 더 두꺼워지면서 콩과 엉겨 붙을 정도로 끈적끈적하게 변해간다. 발효가 진행 중인 템페에서는 작은 버섯이나 아기들이 내는 향긋한 흙냄새가 난다. 보통 완전히 발효하는 데 걸리는 시간은 20~30 시간이며 기온이 낮을수록 시간은 더 길어진다. 시간이 더 흐르면 공기구멍 근처에 있는 곰팡이가 회색이나 검은색을 띠게 된다. 이 반점이 커지면 발효가 끝난 것이다.

9. 지퍼백이나 트레이에서 템페를 덜어낸다. 상온에서 온도를 떨어뜨린 다음 겹치지 않도록 그대로 냉장고에 넣는다. 온도를 떨어뜨리기 전에 템페를 겹쳐놓으면 냉장고에 넣더라도 곰팡이가 계속해서 증식하기 때문에 온도가 올라간다.

템페는 보통 생으로 먹는 식품이 아니다. 살짝 튀겨야 제 맛이 난다. 다음에 소개하는 '브로콜리와 무를 넣은 매콤달콤한 템페'나 '템페 로이벤 샌드위치'처럼 만들어 먹어도 되고 원하는 대로 요리해 먹어도 된다.

동부 · 귀리 · 해초 템페

앞에서 소개한 템페는 가장 기본적인 방법으로 만드는 것이다. 하지만 반드시 대두를 쓸 필요는 없다. 다양한 콩과 식물을 이용해도 되고 곡물이나 여러 가지 다른 재료들을 섞어서 만들 수도 있다. 먼저 동부와 귀리, 해초를 넣어 만드는 법을 살펴보자.

**** 소요시간**

• 2일

**** 재료(템페 1.5kg 기준)**

• 동부 500ml

• 통 귀리 250ml(겨를 벗긴 것)

• 디지타타, 바닷말, 다시마 같은 해초 6cm

• 식초 30ml

• 곰팡이 포자 5ml

✻✻ 만드는 방법

1. 동부와 귀리를 물에 하룻밤 불린다.
2. 콩을 손으로 문질러서 껍질을 제거한다.
3. 동부에 물을 넉넉하게 붓고 10분 정도 삶는다. 너무 많이 삶으면 모양이 망가지고 한데 뭉치기 때문에 콩 사이에 공기층이 사라져 발효가 되지 않을 수도 있다. 템페를 만들 콩은 씹어봤을 때 속에 딱딱한 부분이 남아 있어 이가 완전히 맞물리지 않는 정도가 적당하다.
4. 귀리도 따로 삶아둔다. 귀리(250㎖)의 1.5배 정도로 물(약 370㎖)을 붓고 삶는다. 이때 해초를 함께 넣고 삶는다. 물이 끓으면 불을 줄이고 물이 완전히 흡수될 때까지 20분 정도 더 은근하게 졸인다. 템페를 만들 때는 형태를 변화시키지 않고 수분이 많이 생길 염려만 없다면 넣고 싶은 곡물을 마음껏 집어넣으면 된다. 곡물을 추가할 때는 넣기 전에 모두 껍질을 벗겨야 한다.
5. 템페를 만드는 방법과 같이 동부를 건져 타월로 물기를 제거한다. 여과기로 걸러서 펼쳐 놓고 말려도 된다. 말릴 때는 수분이 증발할 수 있도록 자주 뒤적여주어야 한다.
6. 동부와 곡물이 식으면 용기에 모두 담고 식초를 넣어 골고루 섞은 다음 곰팡이 포자를 넣고 다시 한 번 잘 섞어준다. 그 다음부터는 템페를 만드는 방법처럼 하면 된다.

브로콜리와 무를 넣은 매콤달콤한 템페

함께 생활하고 있는 오키드는 정말 굉장한 요리사다. 공동체 생활에서 가장 커다란 즐거움 가운데 하나는 좋은 음식을 먹을 수 있다는 점이다. 오키드는 다양한 전통음식을 만들어보고 여기에 새로운 방법을 응용해 퓨전 요리를 곧잘 만들어낸다. 지금 소개할 요리는 내가 만든 템페를 가지고 오키드가 만들어낸 멋진 음식이다.

**** 소요시간**

- 1시간

**** 재료(3~4인분 기준)**

- 템페 250g
- 브로콜리 통꽃 250㎖
- 무 125㎖(반달 모양으로 썬다)
- 오렌지주스 60㎖
- 꿀 30㎖

- 칡(갈근)가루 15㎖
- 참기름 5㎖
- 쌀로 만든 식초 15㎖
- 포도주 15㎖
- 칠리 페이스트 10㎖
- 타마리 45㎖(나누어서 쓸 것임)
- 된장 15㎖
- 식물성 기름 30㎖
- 잘게 썬 생강 뿌리 30㎖
- 잘게 썬 마늘 45㎖
- 흰 후춧가루 2㎖

** 만드는 방법

1. 찜통에 1㎝ 가량의 물을 붓고 템페를 한입 크기로 떼어 넣은 다음 15분 정도 찐다. 마지막 2분쯤 전에 무와 브로콜리를 집어넣는다.
2. 템페를 찌는 동안 오렌지주스, 꿀, 갈근가루, 참기름, 식초, 포도주, 칠리 페이스트, 타마리 30㎖를 한데 넣고 섞는다. 이들이 완전히 섞일 때까지 잘 저어준다.
3. 다른 작은 용기에 된장과 남아 있는 타마리를 넣고 잘 섞는다.
4. 튀김용 냄비에 기름을 두르고 가열한 후 생강을 넣고 1분 정도 볶는다. 다음으로 마늘을 넣고 밝은 갈색을 띨 때까지 2분 정도 볶은 후 흰 후추를 뿌려 30초 정도 더 볶는다.
5. 2에서 만들어 놓은 소스를 다시 한 번 잘 섞어서 4에 붓고 걸쭉해질 때까지 계속 저어주면서 가열한다.
6. 불을 끈 뒤 그 속에 찐 템페와 채소를 넣고 잘 저어준다.
7. 3에서 준비한 된장과 타마리를 6에 넣고 다시 한 번 저어준다.
8. 밥과 함께 먹는다.

템페 로이벤 샌드위치

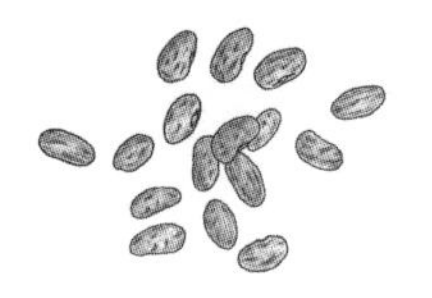

템페로 만든 요리 가운데 가장 좋아하는 것이 바로 이 템페 로이벤 샌드위치tempeh reuben sandwiches다. 이 샌드위치에는 빵, 템페, 자우어크라우트, 치즈 4가지 발효식품이 들어간다.

1. 템페를 조금 떠서 기름 두른 팬에 부친다.
2. 빵에 서전 아일랜드 드레싱을 바른 다음 1을 올려놓는다(드레싱은 다진 야채에 케첩과 마요네즈를 섞어 만든다).
3. 2에 자우어크라우트를 듬뿍 얹는다.
4. 그 위에 치즈를 1장 얹는다.
5. 치즈가 녹을 때까지 살짝 굽는다.
6. 제일 위에 빵을 얹지 말고 그대로 먹는다. 피클과 함께 먹으면 더 맛있다.

도사와 이들리

도사dosas는 인도 남부에서 부쳐 먹는 빵이고 이들리 idlis는 찐 빵이다. 둘 다 같은 방법으로 발효시키는데 약간 시큼하면서도 굉장히 좋은 향을 풍긴다. 이들리는 유대인들이 유월절에 먹는 무교병 matzo■■과 비슷하다고 소개한 요리책을 본 적이 있는데 나는 이들리가 아주 독특한 스펀지 같은 질감을 가지고 있다고 생각한다.

도사와 이들리를 빵 발효식품 장에서 설명하지 않고 콩 발효식품 장에서 설명하는 이유는 둘 다 편두로 만들기 때문이다. 도사와 이들리는 지금까지 설명한 모든 콩 발효식품 중에서도 가장 쉽고 빠르게 만들 수 있는 음식이다. 게다가 특별히 정해진 발효균도 없다. 그저 자연 상태에 있는 천연 미생물의 도움만 받으면 된다.

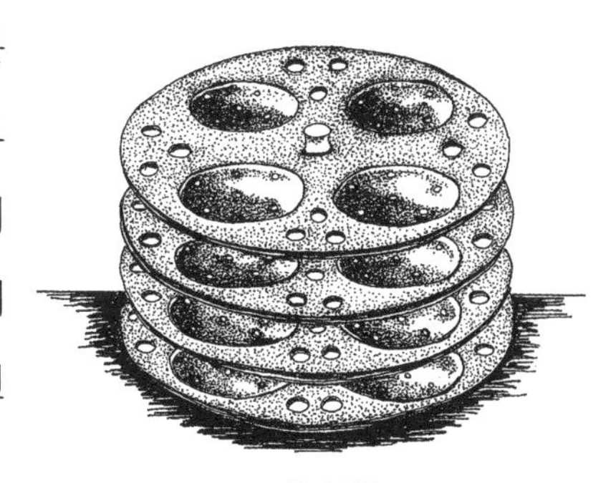

이들리 찜통

■■ 누룩을 넣지 않고 만드는 빵

✻✻ 소요시간

- 며칠 정도

✻✻ 필요한 도구

- 찜통(이들리)
- 프라이팬(도사)

✻✻ 재료(32개 분량)

- 쌀 500㎖
- 편두 250㎖
- 요구르트 또는 케피어 250㎖(없으면 안 넣어도 된다)
- 소금 5㎖
- 파슬리나 고수 잎 작은 한 다발(도사에만 들어간다)
- 생강 2.5㎝(도사에만 들어간다)
- 식물성 기름(도사에만 들어간다)

✻✻ 만드는 방법(도사와 이들리 공통 과정)

1. 쌀과 편두를 하룻밤 동안 혹은 8시간 이상 물에 넣고 불린다. 불리고 나면 쌀과 편두는 물을 흡수해 부드러워진다. 너무 오랫동안 불리면 쉰내가 나는데 그래도 상관없다.
2. 쌀과 편두를 건져 요구르트나 케피어 또는 물과 함께 넣고 갈아서 반죽을 만든다. 반죽은 덩어리가 지지 않고 아주 고와야 한다. 너무 진득해도 안 되며 약간 흘러내릴 정도가 좋다.
3. 반죽을 그릇이나 병에 담는다. 이때 앞으로 부풀어오를 것을 감안하여 공간을 약간 남겨두어야 한다.

4. 24~48시간 발효시키는데 좀 더 오래 두어도 된다. 신맛이 많이 나는 빵을 먹고 싶다면 며칠 더 발효시켜도 된다.

** 이들리 만드는 방법

5. 4에 소금을 넣고 잘 섞어준다.
6. 반죽을 떠서 찜통에 담는다. 찌는 동안 반죽이 퍼지기 때문에 공간을 조금 띄워놓아야 한다.
7. 뚜껑을 덮고 완전히 익을 때까지 20분 정도 찐다.
8. 찜통에서 이들리를 꺼내 식힌다.
9. 코코넛 처트니와 함께 먹는다(코코넛 처트니 만드는 방법은 도사 만드는 방법 뒤에 실었다).

** 도사 만드는 방법

5. 반죽이 얇게 퍼지도록 미지근한 물을 1컵 붓는다. 반죽은 팬케이크를 만들 때처럼 아주 묽어야 한다.
6. 파슬리나 고수 잎을 잘게 다지고 생강을 빻아 반죽에 넣는다. 소금 같은 양념을 넣어 간을 맞춘 후 잘 저어준다.
7. 들러붙지 않는 프라이팬에 기름을 두르고 달군다. 국자를 이용해 프라이팬 한가운데 반죽을 떠 넣고 반죽 가운데부터 가장자리까지 나선 모양을 그려가며 편다. 도사는 아주 얇아야 한다. 너무 두껍게 만들어지면 반죽에 물이나 요구르트, 케피어 등을 더 넣는다.
8. 팬케이크를 만들 때처럼 표면에 거품이 생기기 시작하면 뒤집어준다. 반죽을 다시 부칠 때는 기름을 더 두른다.
9. 도사를 먹을 때는 요구르트나 케피어와 함께 그냥 먹어도 되고 조금 짠 채소를 올려서 같이 먹어도 된다. 채소와 함께 먹을 때는 도사 중앙에 올리고 반으로 접어 먹는다.

코코넛 처트니

처트니는 인도 음식에 들어가는 양념으로 아주 다양한 종류가 있다. 그중 코코넛 처트니coconut chutney는 도사와 이들리하고는 아주 잘 어울리는 양념이다. 달콤하면서도 신맛이 나며, 만들어서 곧바로 먹어도 되고 며칠 동안 숙성시킨 후 먹어도 된다. 이 책에 실려 있는 요리법은 산타 님바크 사카로프가 쓴 『인도의 향미—인도의 채식주의 요리Flavors of India: Vegetarian Indian Cooking』를 참고했다.

**** 소요시간**

- 그냥 먹을 때는 20분 정도
- 발효시켜 먹으려면 2~4일

**** 재료(500*ml* 기준)**

- 코코넛 조각 250*ml*
- 병아리콩(이집트콩) 45*ml*(성글게 간다)
- 식물성 기름 30*ml*

- 레몬주스 30㎖
- 소금 5㎖
- 커민 5㎖
- 고수씨 5㎖
- 꿀 15㎖
- 겨자씨 2㎖
- 아위가루 조금
- 요구르트(또는 케피어) 185㎖

**** 만드는 방법**

1. 코코넛 조각을 따뜻한 물에 넣고 불린다.
2. 성글게 간 병아리콩을 기름에 볶는다. 타지 않게 조심하면서 색이 짙어질 때까지만 볶는다.
3. 만능 조리기나 믹서에 1과 2를 넣고 레몬주스, 소금, 커민, 고수씨, 꿀을 더 넣어 돌린다. 완전히 다 섞어서 걸쭉하게 되도록 한다.
4. 기름을 두른 팬에 겨자씨를 재빨리 볶는다. 탁탁 소리가 나기 시작하면 3과 함께 아위가루와 요구르트 90㎖를 넣고 지글지글 소리가 날 때까지 잘 저어준다. 끓으면 불을 끈다.
5. 남아 있는 요구르트를 3에 부은 후 다시 잘 섞어준다. 코코넛 처트니가 완성되었다.
6. 그대로 먹어도 되고 유산균이 신맛을 낼 때까지 발효시켜 먹어도 된다.
7. 발효시킬 때는 병에 옮겨 담은 후 공기가 잘 통하도록 얇은 무명천을 덮어 따뜻한 장소에 보관한다. 미생물이 활동하고 있다는 사실을 확인할 수 있는 공기 방울이 생길 때까지 2~4일 그대로 둔다. 발효가 끝난 처트니는 냉장고에 보관한다.

Chapter 07

칼슘과 유산균의 보고

유제품 발효식품

동물의 젖은 상온에서 오랫동안 신선한 상태를 유지하지 못한다 ● 다행히 수천 년 전 처음 가축을 기르기 시작한 사람들은 발효된 동물의 젖이 훨씬 더 보관하기 쉽다는 사실을 알아냈다 ● 동물의 젖은 발효된 후에도 먹을 수 있으며 냉장고가 없어도 오랫동안 보관할 수 있다 ● 소비자들은 치즈나 요구르트, 사워크림, 버터밀크 같은 여러 가지 유제품을 아주 좋아한다 ● 근사한 맛과 멋진 질감을 갖춘 건강식품이기 때문이다 ● 유당 때문에 우유를 먹지 못하는 사람이라면 발효시킨 우유를 먹는 것도 좋은 방법이다 ● 유산균은 우유 속에 들어 있는 유당을 쉽게 소화되는 젖산으로 바꿔주기 때문이다

SOFT CHE

맛과 영양, 보존성이 탁월한 유제품 발효

아침 8시다. 내가 젖을 짜야 하는 날이다. 나는 젖을 짤 양동이와 따뜻한 물이 든 그릇을 들고 헛간으로 간다. 염소들은 벌써부터 내가 오기를 목 놓아 기다리고 있다. 젖 짜는 시간이 바로 그들의 식사 시간이기 때문이다. 제일 먼저 젖을 짜는 염소는 사시다. 사시는 염소 중의 염소이며 가축의 여왕으로 꼽히는 친구다. 그렇기 때문에 누구보다도 먼저 식사를 할 수 있는 특권이 있다. 나는 접시에 먹이를 담아 사시에게 내밀고 그녀가 식사를 하는 동안 부지런히 젖을 짠다. 사시의 젖꼭지는 크고 적당하기 때문에 젖이 쉽게 짜진다. 엄지와 검지로 부드럽게 젖꼭지를 잡고 다른 손가락으로 젖통을 눌러 젖이 힘차게 나오게 한다. 젖줄기가 힘차게 떨어지면서 양동이 속에 거품이 인다. 젖꼭지를 잡은 손가락에 힘을 빼자 다시 젖이 차오른다. 다시 한 번 손가락에 힘을 주어 힘차게 젖을 짠다. 한 번에 한 젖꼭지씩 가락을 맞춰 젖 짜기를 계속한다.

사시는 먹는 속도가 빠르기 때문에 가능한 한 잽싸게 젖 짜기를 마쳐야 한다. 일단 식사를 끝낸 사시는 얌전히 젖을 짜게 놔두지 않는다. 염소들은 정말 영리하고 교활한 친구들이다. 식사를 마치자마자 몸부림치며 내게서 벗어나려고 애쓴다. 내가 놓아주지 않으면 뒷다리를 들어 양동이를 차려고 하거나 양동이 속에 다리를 담그려고 한다. 그렇게 되면 이제 젖 짜는 일은 의지 싸움이 되고 만다. 사시가 양동이를 걷어차더라도 쏟아지는 양을 최대한 줄이기 위해 나는 재빨리 양동이의 젖을 큰 통에 쏟아붓는다.

그러고는 먹이를 좀 더 내밀면서 협상을 제의한다. 사시를 토닥이며 달콤한 목소리로 귀에 대고 속삭인다. "사시, 정말 멋진 염소 친구, 오늘 정말 잘했어. 너무 늦게 해서 미안하구나. 진짜 진짜 미안한데, 마저 다 짜게 허락해 줄 수는 없겠니?" 그러면서도 한 손으로는 젖을 짜면서 다른 한 손으로는 양동이가 쏟아지지 않게 꽉 붙잡고 있어야 한다. 젖줄기가 약해지면 젖이 모두 나올 수 있게 젖통을 주물러준다. 사시의 젖을 다 짠 후에도 세 마리의 염소가 여전히 나를 기다리고 있다. 다른 염소들의 젖을 짜지 않는다고 해도 먹이를 주고 상태를 살펴봐야 한다.

내가 염소젖을 먹기 시작한 것은 벌써 9년이나 됐지만 젖을 짜기 시작한 것은 최근의 일이다. 사실 동물을 가축으로 기르는 일에 대해서는 아주 상반된 느낌이 든다. 자연에서 뛰어다녀야 할 동물들을 사람의 필요 때문에 가둬 기르는 것은 무척 잔인한 일이라고 생각한다. 그러면서도 고기와 우유는 좋아하다니 정말 모순이 아닐 수 없다. 현재 나는 염소들을 알아가고 있으며 이들과 나누는 친밀함을 정말 사랑한다.

염소젖을 먹을 수 있다는 사실은 정말 행운이라고 언제나 생각해왔다. 염소는 대량 사육하는 다른 동물들처럼 항생제나 성장 호르몬을 맞지 않는 가축이다. 우리가 기르는 염소들은 작은 사육장에 갇혀 살지 않고 마음대로 밭을 돌아다니며 자란다. 우리 염소들은 산등성이를 타고 다니다가 먹고 싶은 식물이 있으면 마음껏 뜯어먹는다. 오늘은 렌틸이 쓰러진 나무껍질을 벗겨 먹는 모습을 보았다. 아마도 껍질에 붙어 있는 이끼를 먹기 위해서였을 것이다. 되새김질을 하는 반추동물인 염소는 자연 그대로의 먹이에서 영양분을 듬뿍 섭취해 그 영양분을 고스란히 젖을 통해 우리에게 전해준다.

우리는 하루에 두 번 염소젖을 짜는데 한 번 짤 때마다 4~10ℓ가 나온다. 염소젖의 양은 계절에 따라 달라지며 계속해서 젖을 짜려면 1년에 한 번씩 교배를 시켜주어야 한다. 우리 공동체는 외부에서 전선을 끌어오는 것이 아니라 프로판 가스로 전기를 만들기 때문에 냉장고가 그다지 많지 않다. 얼마 전 냉장고를 구입하기 전까지는 그보다 더 적은 양의 젖을 짰다. 동물의 젖은 상온에서 오랫동안 신선한 상태를 유지하지 못한다. 다행히 수천 년 전 처음 가축을 기르기 시작한 사람들은 발효된 동물의 젖이 훨씬 더 보관하기 쉽다는 사실을 알아냈다. 동물의 젖은 발효된 후에도 먹을 수 있으며 냉장고가 없어도 오랫동안 보관할 수 있다.

지금 사람들은 냉장고가 없는 삶은 생각할 수도 없을 것이다. 냉장고가 2개 이상인 집도 많다. 상하기 쉬운 냉동 음식을 보관하고, 필요할 때 즉시 꺼내 쓰기 위해서는 냉장고가 필요하다. 그렇지만 발효시킨 유제품은 냉장고에 넣지 않아도 오래 보관할 수 있다. 그런데도 대형 슈퍼마켓은 그런 발효식품의 장점을 무시하고 냉장 진열대마다 하나 가득 유제품을 쌓아놓는다. 대형 슈퍼마켓에 들어가면 냉장 진열대 때문에 한기를 느낄 정도인데, 끊임없는 소음까지 들어야 하니 그야말로 고역이다.

소비자들은 치즈나 요구르트, 사워크림, 버터밀크 같은 여러 가지 유제품을 아주 좋아한다. 근사한 맛과 멋진 질감을 갖춘 건강식품이기 때문이다. 유당 때문에 우유를 먹지 못하는 사람이라면 발효시킨 우유를 먹는 것도 좋은 방법이다. 유산균은 우유 속에 들어 있는 유당을 쉽게 소화되는 젖산으로 바꿔주기 때문이다.

자신이 완전한 채식주의자vegan이거나 우유를 먹지 않는 채식주의자일지라도 실망할 필요는 없다.■■ 우유로 만든 유제품을 먹지 않아도 이런 발효식품을 마음껏 즐길 수 있는 방법이 있다. 굳이 우유를 넣지 않아도 요구르트나 케피어를 만들 수 있는 다양한 방법이 있다. 이 장의 끝부분에는 우유 대신 다른 재료로 만드는 방법을 실었다.

■■ 채소만 먹는 vegan, 유제품은 먹는 lacto-vegetarian, 계란까지는 먹는 lacto-ovo-vegetarian, 어패류까지는 먹는 pesco-vegetarian, 닭고기 등 조류까지는 먹는 semi-vegetarian 등으로 나뉜다.

요구르트

발효식품 가운데 요구르트만큼 잘 알려져 있고 여러 가지 효능이 밝혀진 식품은 없을 것이다. 아마 요구르트를 만드는 유산균인 아시도필루스acidophilus나 불가리쿠스bulgaricus 같은 미생물의 이름을 한 번씩은 들어봤을 것이다. 장내 생태 환경을 개선시킨다고 알려진 이런 유산균들은 몸에 좋은 영양 보조제로 팔리기도 한다. 또한 항생제를 먹을 때 소화기관을 보호하기 위해 요구르트를 처방하기도 한다. 요구르트에는 칼슘이 풍부하며 여러 가지 좋은 영양소가 함께 들어 있다. 수전 S. 위드는 "요구르트는 세포가 암세포로 변형되는 과정을 효과적으로 막아주는 것으로 알려져 있어 특히 암이 발생할 위험이 높은 사람들에게 많이 권하는 식품이다"라고 했다.[1]

게다가 요구르트는 맛도 좋다. 미국에서는 대부분 단맛이 나는 요구르트를 많이 먹는데, 개인적으로는 짭짤한 맛이 나는 요구르트가 더 좋다. 신맛과 짠맛을 없애지 말고 그대로 즐겨보는 게 어떨까?(조금 뒤에 나오는 맛있는 요구르트 소스 만드는 방법을 참고하기 바란다)

요구르트 속에는 유산균 말고도 내용물을 걸쭉하게 만들고 굳히는 역할을 하는 스트렙토코쿠스 테르모필루스Streptococcus thermophilus라는 미생물도 들어 있다. 이 미생물은 체온보다 높은 43℃ 안팎에서 가장 활발하게 활동한다. 현재 시중에는 적절한 온도를 유지할 수 있는 신형 기계들이 나와 있다. 벌써 구입해두었다면 잘된 일이지만 그렇지 않더라도 열을 뺏기지 않을 보온통만 있으면 쉽게 요구르트를 만들 수 있다.

요구르트를 만들려면 발효를 일으키는 배양균이 필요하다. 배양균을 직접 구입하거나 가열 처리를 하지 않은, 즉 유산균이 살아 있는 시판 요구르트를 이용하면 된다. 요구르트에 들어 있는 배양균을 쓸 생각이라면 반드시 라벨에 '유산균이 살아 있다'는 문구가 적혀 있는지 확인해야 한다. 그런 문구가 없는 요구르트는 발효가 끝난 후에 저온 살균 처리를 하기 때문에 세균이 모두 죽고 없다.

일단 요구르트를 만들었으면 다음에 또 만들기 위해 발효시킨 요구르트를 조금씩 보관해야 한다. 조금만 주의를 기울이면 최초의 배양균을 영원히 간직할 수 있다. 뉴욕 휴스턴 스트리트에 있는 요나 쉬머즈 크니시스에서 파는 맛있는 요구르트는 100년도 전에 동부 유럽에서 이주해온 가게 창립자가 가져온 원종으로 만들고 있다.

** 소요시간

• 8~24시간

** 필요한 도구

• 1 l 짜리 병

• 보온병

** 재료(1l 기준)

• 우유 1 l

• 배양균(또는 유산균이 살아 있는 신선한 요구르트)

** 만드는 방법

1. 요구르트를 담을 병과 보온병에 뜨거운 물을 부어 따뜻하게 만든다. 그래야 요구르트가 발효될 때 나오는 열을 빼앗아가지 않아 요구르트의 적정 발효 온도를 유지할 수 있다.

2. 거품이 생길 때까지, 온도계가 있다면 82℃가 될 때까지 우유를 가열한다. 우유가 타면 안 되기 때문에 약한 불에서 저어가면서 가열하되 팔팔 끓일 필요는 없다. 사실 굳이 가열하지 않아도 되지만 이렇게 하는 이유는 좀 더 걸쭉한 요구르트를 만들기 위해서다.

3. 2를 손가락을 담갔을 때 뜨겁기는 하지만 견딜 만한 온도인 43℃까지 식힌다. 큰 그릇에 찬물을 붓고 그 속에 넣어두면 훨씬 빨리 식는다. 그러나 너무 차가워지지 않도록 조심해야 한다. 요구르트 배양균은 온도가 체온보다 높아야지만(최적 온도 43℃) 활발하게 활동하기 때문이다.

4. 개시 배양균의 역할을 할 요구르트를 우유에 넣어 섞는다. 1 l 당 15ml면 충분하다. 우리 집에서는 조이joy라고 부르는, 내가 가장 많이 참고하는 요리책 『요리의 즐거움The Joy of Cooking』(1964년 판)을 보기 전까지만 해도 많이 넣으면 더 좋다고 생각해 배양균을 듬뿍 넣었다. 그런데 조이에 이런 글귀가 적혀 있었다. "당신은 배양균을 적게 넣는다는 사실에 의문을 품고 조금만 더 넣으면 더 맛있는 요구르트가 만들어질 거라고 생각할지

도 모르겠다. 하지만 결코 그렇지 않다. 바실루스균이 너무 많이 증식하면 신맛이 강해지고 물기가 많아진다. 세균이 살기에 적합한 환경을 갖추어 적당량을 증식시키면 신맛도 덜 나며 질감이 풍부하고 크림처럼 보이는 요구르트가 만들어진다."[2]

5. 배양균을 우유에 잘 섞은 후 그 혼합물을 미리 데워놓은 병에 담고 뚜껑을 닫는다.
6. 5를 미리 데워놓은 보온병 속에 넣는다. 보온병 속에 공간이 많이 남으면 손가락을 집어넣을 수 있을 정도로 따뜻한 물이나 타월로 채운다. 그런 다음 보온병 뚜껑을 닫는다.
7. 6을 사람들이 많이 다니지 않는 따뜻한 장소에 놓아둔다. 조이는 "요구르트는 발효되는 동안 건드리면 싫어하는 특이 체질을 갖고 있다"고 했다.
8. 8~12시간이 지났을 때 상태를 확인한다. 걸쭉해져 시큼한 냄새가 나면 요구르트가 완성된 것이다(만약 걸쭉하게 변하지 않았다면 보온병에 뜨거운 물을 부어 온도를 더 높여주고 배양균을 더 넣은 후 4~8시간 더 기다린다). 이 상태에서 먹어도 되고 더 오랫동안 기다리고 싶다면 그렇게 해도 된다. 발효 시간이 길어지면 우유 속에 들어 있는 유당이 유산으로 바뀌는 양도 늘어나기 때문에 신맛이 더 강해진다. 유당을 소화하지 못하는 사람이라도 유산은 소화할 수 있기 때문에 그런 사람은 좀 더 오랫동안 발효시키는 것이 좋다.
9. 요구르트는 냉장고에서 여러 주 동안 보관할 수 있다. 냉장고에 들어 있는 동안에도 요구르트의 신맛은 점점 더 강해질 것이다. 다 먹지 말고 일부는 다음 요구르트를 만들 배양균으로 조금 남겨둔다(1*l* 씩 만들 생각이라면 15*ml* 정도를 덜어놓는다).

라브네

요구르트를 이용한 요리법 가운데 가장 많이 알려진 방법은 진한 치즈로 만들어 먹는 것이다. 그중 라브네labneh는 레바논의 요구르트 치즈인데 만드는 과정은 아주 간단하다. 그저 치즈 천으로 쓰는 무명천에 거르기만 하면 된다. 그릇에 치즈 천을 걸쳐놓고 그 위에 요구르트를 부은 다음 파리가 들어가지 못하도록 덮개를 덮는다. 그러면 요구르트 속 액체가 천 밑으로 빠지는데, 이 액체를 유장이라 한다. 유장은 다른 발효식품을 만들어 먹어도 되고 다른 요리를 할 때나 빵을 만들 때 물 대신 사용해도 된다. 몇 시간 정도 그대로 두면 천 위에 남아 있는 요구르트가 단단해진다. 허브를 첨가하면 디프■■나 수프레드를 만들 수 있다.

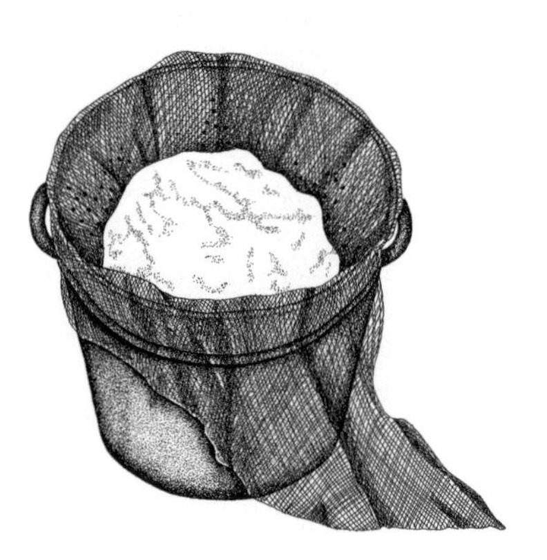

여과기에 치즈 천을 얹고 유장을 걸러내고 있는 요구르트

■■ 크래커 등에 발라먹는 크림

라이타와 차치키

라이타raita는 인도에서 자주 먹는 양념이고 차치키tsatsiki는 그리스 요리다. 재료가 조금 다르기는 하지만 두 요리 모두 요구르트에 오이와 소금, 마늘을 섞어서 만든다. 이 양념들은 시간이 흐를수록 맛이 더 우러나고 깊어지기 때문에 하루나 적어도 몇 시간 전에 미리 만들어두는 것이 좋다.

**** 소요시간**

- 1시간

**** 재료(1ℓ 기준)**

- 오이 큰 것 1개 또는 작은 것 2개
- 소금 15㎖ 혹은 적당량
- 요구르트 500㎖
- 마늘 4~6쪽 (빻거나 잘게 다진다)

**** 라이타 재료**

- 커민 5㎖(잘 구워 가루를 내거나 처음부터 가루로 준비해도 된다)
- 잘게 썬 생고수 잎 60㎖

**** 차치키 재료**

- 올리브유 30㎖
- 레몬주스 15㎖
- 흰 후춧가루
- 잘게 다진 박하 잎이나 파슬리 60㎖

**** 만드는 방법**

1. 오이를 갈아 소금을 뿌려 잘 섞은 다음 여과기에 넣고 물이 빠지도록 1시간 정도 그대로 둔다(더 오래 두어도 된다).
2. 1을 그릇에 넣고 다른 재료를 섞는다. 위에 제시한 재료 말고도 소회향이나 오레가노, 쪽파, 백리향, 향수박하, 여러 꽃잎 등을 넣어도 되고 콜라비■■, 무, 우엉 같은 채소를 잘게 다져 넣어도 된다.
3. 맛을 본다. 1에서 물을 걸러낼 때 소금도 함께 빠져나갔을 것이므로 기호에 따라 소금을 더 넣거나 양념을 더 해도 된다.
4. 먹기 전까지 냉장고에 보관한다.

■■ 지표 바로 위에 부푼 줄기가 있는 점이 특징인 양배추 품종 중 하나

키시크

키시크kishk는 요구르트에 불거bulgur■■ 를 섞어 먹는 레바논 음식으로 최근 새롭게 좋아하게 된 발효식품 가운데 하나다. 나는 이 책을 쓰는 동안 키시크에 대해서 알게 됐다. 이란을 비롯한 여러 중동 지방에서도 키시크를 먹는다. 그리스 음식 중에는 트라하나trahanas라는 음식이 있는데 이 음식도 일종의 키시크라 할 수 있다.

키시크의 맛과 냄새는 정말 독특하고 특별해서 무척 좋아한다. 발효가 진행되는 동안에는 코코넛처럼 달콤한 냄새가 나는데 완전히 발효가 끝나면 아주 강한 사향 치즈 같은 냄새가 난다. 키시크는 보통 발효가 끝나면 말려두었다가 걸쭉한 수프나 스튜를 끓여 먹는다.

**** 소요시간**

- 10일 정도

■■ 밀을 반쯤 삶아 말린 후 빻은 것

** 재료(375㎖ 정도 기준)

- 불거 125㎖
- 요구르트 250㎖
- 소금 2㎖

** 만드는 방법

1. 요구르트와 불거를 그릇에 담고 덮개를 덮은 후 하룻밤 동안 둔다.
2. 아침에 살펴보면 불거 속으로 요구르트가 많이 스며들어 있을 것이다. 손으로 요구르트에 불린 불거를 잘 반죽한다. 좀 더 수분이 필요하다고 생각하면 요구르트를 조금 더 부은 후 잘 스며들어갈 수 있도록 반죽한다. 다시 덮개를 덮고 24시간 정도 더 발효시킨다.
3. 다음 날 다시 반죽 상태를 살펴보고 한 번 더 반죽한다. 그런 식으로 9일 동안 요구르트와 불거를 반죽하고 발효시키는 과정을 되풀이한다. 반죽하는 일을 게을리 하면 표면에 곰팡이가 생길 수 있다. 곰팡이가 생겼을 때는 곰팡이가 핀 부분을 덜어내고 다시 잘 반죽하면 된다.
4. 마지막으로 반죽할 때는 반죽에 소금을 넣는다(마지막 반죽을 하는 날이 며칠째냐는 그리 중요하지 않다). 반죽한 키시크는 제빵용 판에 얇게 펴서 햇볕에 말리거나 표시등이 들어올 정도로만 온도를 올린 오븐에서 말린다. 말릴 때는 작게 부셔서 표면적을 넓혀주는 것이 좋다. 완전히 말려야만 상온에서 몇 달 동안 보관할 수 있다.
5. 키시크가 완전히 마르면 절구나 분쇄기를 이용해 가루나 부스러기로 만들어서 병에 넣어 저장한다.
6. 키시크를 요리해 먹을 때는 버터를 두른 팬에서 가루를 볶다가 물을 붓고 끓인다. 키시크 30㎖당 물 250㎖ 비율 정도로 해서 걸쭉해질 때까지 졸인다. 키시크는 물만 붓고 끓여도 아주 강하고 산뜻한 맛이 나기 때문에 수프나 스튜로 먹으면 된다.

슈라바트 알 키시크

수프인 슈라바트 알 키시크shurabat al kishk는 양고기나 염소 고기로 만들지만 나는 채소를 가지고 만들어보았다.

**** 소요시간**

- 30분

**** 재료(6~8인분 기준)**

- 양파 2~3개
- 식물성 기름 30*ml*
- 감자 3개
- 당근 2개
- 마늘 6쪽
- 버터 30*ml*
- 키시크 250*ml*

• 소금과 후추 적당량

• 파슬리 45㎖

⁂ 만드는 방법

1. 양파를 주사위 모양으로 썬 다음 냄비에 기름을 두르고 볶는다.
2. 양파가 익으면 물 2ℓ 를 붓고 끓인다.
3. 감자와 당근을 깍둑썰기 해서 넣고 완전히 익을 때까지 푹 삶는다(원하는 야채를 얼마든지 더 넣어도 된다).
4. 또 다른 냄비에 버터를 녹인 후 마늘을 잘게 썰어 볶는다. 여기에 키시크를 넣고 1분 정도 더 볶는다.
5. 4에 2의 국물을 1컵 떠서 넣고 골고루 섞일 때까지 충분히 저어준다.
6. 5를 2의 냄비에 모두 넣고 소금과 후추로 간을 맞춘다.
7. 5~10분 더 익힌 후에 다진 파슬리를 뿌려 먹는다.

타라와 케피어

이 책을 막 쓰기 시작할 무렵, 초본 학자인 수전 S. 위드가 진행하는 강습회에 참석할 기회가 있었다. 몇 년 전 나는 수전의 책을 감명 깊게 읽었다. 수전은 직접 염소를 기르면서 집에서 염소젖으로 치즈를 만들어 먹는다고 했다. 나도 집에서 염소를 기르고 있다는 말을 계기로 우리는 오랫동안 요구르트와 치즈 만드는 법에 대해 대화를 나누었다. 강연이 끝나자 수전은 염소젖에 많이 넣는다는 타라tara라고 하는, 응유처럼 생긴 배양균 균체가 들어 있는 비닐봉지를 하나 건네주었다.

수전도 이 타라를 티베트 승려에게서 나눠받았다고 했다. 나는 집에 돌아와 배양균을 염소젖에 넣고 24시간 동안 발효시켜보았다. 그러자 아주 가벼운 느낌이 나는 거품이 가득한 음료수가 만들어졌다.

타라는 티베트 전통 발효식품인 케피어kefir와 사촌쯤 되는 발효식품이다. 원산지는 중앙아시아 카프카스 산맥으로 알려져 있다. 아마도 이 글을 읽는 독자 중에는 1970년대에 시판했던 '다농 요구르트Dannon yogurt'를 기억하

케피어 균체

는 사람도 있을 것이다. 그 제품을 광고할 때, 카프카스 산맥에 사는 그루지아 사람들은 요구르트와 우유를 발효시킨 케피어를 많이 먹기 때문에 장수한다고 했던 내용이 지금도 생각난다.

케피어와 타라를 발효시키는 방법은 요구르트를 발효시키는 방법과 많이 다르며 발효균의 종류도 다르다. 케피어와 타라를 만드는 발효균은 효모와 세균이 콜로니(균체)를 이룬다. 우유를 발효시킨 후에 다음 배양균으로 쓰기 위해 따로 보관하는 응유와 비슷하게 생겼다. 유산균과 함께 효모를 넣기 때문에 케피어에 거품이 생기고 1% 가량의 알코올이 만들어진다. 인터넷에는 케피어를 사랑하는 사람들이 모여 케피어 균체를 서로 나누거나, 타라를 비롯한 케피어 발효식품을 함께 나누는 커뮤니티가 있다.■■

한동안 나는 배양균의 순수함을 유지하기 위해서 타라와 케피어를 각각 다른 병에 보관했다. 하지만 두 균체의 차이점을 잘 느낄 수 없었기 때문에 어떤 병에 어떤 균체가 들어 있는지 몰라 결국에는 같은 병에 넣고 보관하게 되었다. 그래서 내가 사용하는 균체는 그 두 가지가 섞인 혼합 균체가 되었지만 그렇다고 해서 맛이 없거나 영양분이 줄어든 것은 아니다.

타라의 계보에 대해서는 아직 많은 자료를 찾아내지 못했는데, 그래도 2가지는 찾을 수 있었다. 그중 하나는 뉴욕 시에 있는 요구르트 스무디 전문

■■ 국내에도 여러 무료 분양 커뮤니티가 활동 중이다. 포털사이트에서 '케피어 분양' 또는 '티베트버섯 분양'으로 검색하면 된다.

점인 참파의 메뉴판이고, 또 다른 하나는 린징 도제가 지은 『티베트 삶 속에 담긴 음식』이다. 린징 도제는 메밀로 만드는 팬케이크에 타라를 집어넣으라고 했다.

반면 케피어의 역사는 정말 흥미진진하다. 케피어 균체는 알라신이 신의 부름을 받은 모하메드에게 준 선물로 알려져 있다. 그로부터 왕가의 가보가 되어 대를 이어 전해져 내려오고 있는데, 낯선 사람에게는 전혀 나누어주지 않았다고 한다.

20세기 초반 전국러시아의사협회는 케피어에 담겨 있는 영양분의 근원에 관심을 갖기 시작했다. 하지만 균체를 구할 수 없어 결국 속임수를 써서 빼올 수밖에 없었다. 협회는 매혹적인 러시아 여인 이리나 사카로바를 이용해 카프카스 왕의 마음을 빼앗기로 했다. 이리나가 케피어 균체를 나누어달라고 부탁했지만 왕은 그것만은 안 된다고 했다. 작전에 실패한 이리나는 카프카스를 떠나려고 하다가 이를 눈치 챈 왕에게 납치되고 말았다. 이에 러시아 사람들이 이리나를 탈출시켰고, 카프카스 왕은 러시아인을 납치했다는 죄목으로 러시아 법정에 서게 되었다. 이리나는 납치에 대한 보상으로 케피어 균체를 요구했고, 법정은 왕에게 카프카스의 귀중한 보물을 나누어주라고 명령했다. 이렇게 해서 1908년 케피어 균체가 모스크바에 도착했다. 이후 케피어 균체는 러시아 사람들이 즐겨 마시는 음료수의 재료가 되었다. 1973년 85살이 된 이리나는 러시아 사람들에게 케피어를 가져다준 공로로 소련 보건부 장관 표창을 받았다.[3]

타라와 케피어는 온도를 조절할 필요가 없기 때문에 정말 만들기 쉽다. 가장 어려운 부분은 배양균을 구입하는 일이다. 배양균은 앞서 말했듯이 인터넷 커뮤니티에서 구할 수 있다. 그중 한 곳이 www.egroups.com/group/kefir_making인데 위에 소개한 케피어의 역사를 알려준 도미니크 암피테아트로가 운영하는 사이트이다.

**** 소요시간**

- 며칠 정도

**** 재료(1*l* 기준)**

- 우유 1*l*
- 케피어 균체 15*ml*

**** 만드는 방법**

1. 병에 우유를 3분의 2쯤 채운 다음 케피어 균체를 넣고 뚜껑을 덮는다.
2. 상온에서 24~48시간 정도 놓아둔다. 가끔 병을 흔들어주어야 한다. 우유에 거품이 생기기 시작하면 응고가 시작되면서 우유가 분리된다. 그럴 때는 흔들어서 다시 잘 섞어주어야 한다.
3. 여과기로 케피어 균체를 걸러낸 나머지가 케피어이다. 케피어는 상온에서 보관하면서 계속 숙성시켜도 되고 냉장고에 넣어 보관해도 된다.

발효시킨 케피어가 들어 있는 병의 뚜껑을 꼭 닫아놓으면 다시 거품이 생긴다. 균체를 건져낸 케피어를 상온에서 며칠 정도 더 발효시키면 액체(유장)와 고체(응유)로 분리되기 시작한다. 윗부분에 있는 두꺼운 크림을 수저로 떠서 생크림처럼 먹으면 된다. 유장은 다른 발효식품을 만들 때, 즉 요리를 하거나 빵을 구울 때 물 대신 넣으면 좋다(192쪽 참고).

케피어를 음미하면서 남은 균체를 가지고 새로운 발효식품을 만들어보자. 건져낸 케피어 균체는 끈적거려 서로 엉길 수 있으므로 수저나 깨끗한 손가락으로 잘 저어준다. 시간이 흐를수록 케피어 균체는 점점 더 커지는데, 케피어 1ℓ를 만들 때 필요한 균체의 양은 15㎖ 정도면 충분하다. 따라서 나머지 균체는 먹거나 친구들에게 나누어주거나, 다른 발효식품을 만들 때 사용하면 된다. 케피어 균체는 정말 쓰임새가 많은 친구다.

케피어 균체는 우유에 넣어서 냉장고에 보관하면 몇 주 정도 보관할 수 있고 얼려서는 몇 달, 말려서는 몇 년까지도 보관할 수 있다. 우유를 먹지 않는 사람이라면 콩이나 쌀, 땅콩으로 만든 음료수나 주스, 꿀물에 균체를 넣어 발효시켜도 된다. 채식주의자들을 위한 '케피어 발효 방법은 뒤에 나오는 채식주의자들을 위한 우유 대체 식품' 편에 따로 실었다.

드로웨 쿠라

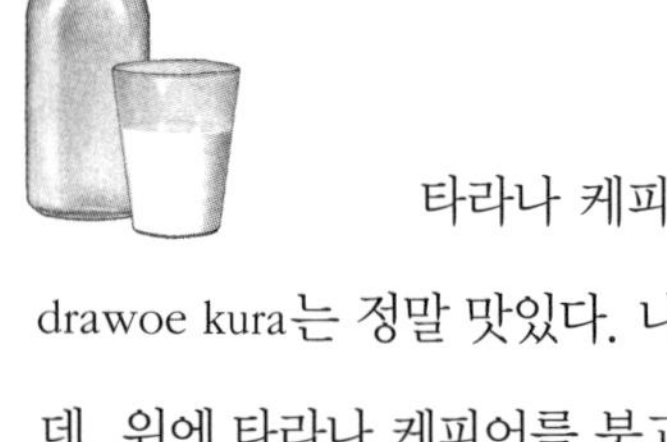

타라나 케피어에 메밀을 넣어 만든 팬케이크 드로웨 쿠라 drawoe kura는 정말 맛있다. 나는 보통 아침마다 이 팬케이크를 만들어 먹는데, 위에 타라나 케피어를 붓고 간단히 소금과 후추 간만 해도 정말 맛이 있다. 이 팬케이크를 메이플 시럽과 함께 먹는 사람들도 있다. 아래 소개하는 요리법은 린징 도제가 지은 『티베트 삶 속에 담긴 음식』을 참고했다.

**** 재료(큰 팬케이크 5개 분량)**

- 메밀가루 250*ml*
- 타라나 케피어 250*ml*
- 소금 2*ml*
- 물 250*ml*
- 식물성 기름

＊＊ 만드는 방법

1. 메밀가루, 소금, 타라를 커다란 용기에 넣고 잘 섞는다.
2. 물을 조금씩 넣고 저어서 국자로 떴을 때 흘러내릴 정도로 반죽한다.
3. 프라이팬에 기름을 두르고 뜨겁게 달군 후 국자로 반죽을 떠 넣는다. 노릇노릇하게 익으면 뒤집어주고 새로 반죽을 올리기 전에 기름을 조금 더 두른다.

버터밀크

버터밀크는 팬케이크나 비스킷 같은 제과 요리와 아주 잘 어울리는 음식이다. 버터밀크의 산성이 베이킹소다의 알칼리성과 반응해 근사한 결과를 만들어낸다. 버터밀크도 케피어와 같은 방법으로 만들 수 있다. 버터밀크 만드는 법은 정말 간단하다. 먼저 가게로 나가 배양균이 그대로 살아 있는 버터밀크를 사온다. 이 버터밀크를 우유 1ℓ당 125㎖ 비율로 넣고 24시간 동안 상온에 두기만 하면 된다. 그러면 우유가 모두 버터밀크로 변해 있을 것이다. 이 버터밀크를 냉장고에 넣으면 몇 달 동안 보관할 수 있다.

치즈 만들기

치즈는 다양한 방법으로 만들 수 있다. 만드는 방법에 따라 단단한 체더chedder치즈, 말랑말랑한 카망베르camembert치즈, 곰팡이가 피어 있는 블르bleu치즈나 벨비타velveeta 등 다양한 치즈가 될 수 있다. 치즈의 종류는 그야말로 수천 가지가 넘는다. 전통적으로 치즈는 지역에 따라 아주 다른 형태로 만들어져 왔다. 치즈는 젖을 생산하는 동물의 종류와 상태, 먹이에 따라 독특한 특성을 지닌다. 또 그 지역의 기온, 분포하는 미생물의 종류, 주위 환경, 숙성 기간에 따라서도 각기 다른 치즈가 된다.

오랫동안 숙성시킨 치즈에는 맛과 질감에 영향을 주는 다양한 미생물들이 서식한다. 최근 벅하드 빌거는 자신이 현미경으로 관찰한 생넥테르Saint-Nectaire치즈를 숙성시키는 곰팡이들에 관해 다음과 같은 시를 〈뉴요커The New Yorker〉지에 실었다.

빠르게 성장하는 대륙처럼,

새로운 종의 침략을 거듭해서 받고 있는 숙성된 치즈의 겉면은,

황금색에서 회색으로 결국에는 얼룩덜룩한 갈색 반점으로 변해간다.

고양이털 같은 곰팡이가

고대 양치류처럼 사방으로 뻗어나가다가 어느 순간 몰락해버리면,

그 자리는 벨벳처럼 보이는 여러 곰팡이들의 차지가 된다.

이내 푸른곰팡이penicillium들이 도착하지만,

푸른곰팡이의 균사는 너무나 가늘어서 일반 현미경으로는 잘 보이지도 않는다.

이들 푸른곰팡이는 베개처럼 푹신하고 희미한 회색 반점들을 차례로 공략해 나간다.

마지막으로 희미한 붉은색을 띠며

저녁노을처럼 고개를 드는 존재들은

곰팡이들의 꽃, 트리코테키움 로세움Trichothecium roseum이다.[4]

그렇지만 지역에 따라 다른 치즈를 생산하던 전통도 지구촌 시장이 요구하는 단일화에 밀려 사라져가고 있다. 인류학 잡지 〈음식과 요리 방법Food and Foodways〉에는 치즈 제조법을 둘러싸고 전통 방식과 현대 산업 방식 사이에 벌어지고 있는 갈등을 다룬 피에르 부아자의 글이 실려 있다. '전통의 미래-프랑스의 대표 치즈 카망베르치즈를 만드는 두 가지 방식'이라는 글에서 부아자르는 프랑스 치즈 제조업자 미셸 와로퀴르의 말을 인용하고 있다. "인간이 직접 치즈를 만들어야 한다. 기계는 미묘한 요소들을 파악해 정확하게 판

단을 내리지 못한다. 치즈 제조업자들의 경험과 코와 눈의 번뜩임만이 바른 판단을 이끌어 낼 수 있으며, 그들의 원숙한 솜씨만이 유일한 측정 도구다. 치즈에 영향을 미치는 날씨와 우유의 상태, 그 해의 계절, 필요한 응유효소의 양, 우유가 최상의 상태로 응고될 때까지의 시간 등을 판단하는 능력은 오직 치즈 제조업자의 손에 달려 있다."[5]

집에서 직접 치즈를 만들기 위해 시중에서 파는 배양액을 사와서 치즈 제조법에 적힌 방법을 그대로 따라하는 것도 한 방법이 될 것이다. 하지만 나는 여러 가지 방법을 시도해보고 결과를 관찰하는 방법을 택했다. 그 결과 집에서 만드는 치즈는 모두 독특하며 맛이 있다는 사실을 알게 되었다. 지금부터 쉽게 만들어볼 수 있는 치즈 제조 방법을 몇 가지 소개하려 한다. 만드는 방법과 넣는 재료에 따라 정말 다양한 치즈가 탄생한다.

집에서 치즈를 만들 때 필요한 재료는 치즈 천으로 쓰는 무명뿐이다. 치즈 천은 촘촘한 것부터 성긴 것까지 아주 다양한데, 나는 촘촘한 천을 사용한다.

파머 치즈

가장 쉽게 만들 수 있는 치즈다. 너무 쉽고 간단해서 사실 발효식품이라고도 할 수 없을 정도다. 단, 숙성시키려면 발효균이 들어가야 한다.

인도 요리에서는 깍둑썰기 한 이 치즈를 파니르paneer라 부른다. 이 치즈 위에 향신료를 뿌려 구운 다음 시금치를 곁들여 사그saag 파니르를 만들어 먹거나 맛난 스튜로 만들어 먹는다. 크래커에 올려서 먹어도 된다.

⁂ 소요시간

- 20분에서 몇 시간 정도

⁂ 필요한 도구

- 치즈 천

**** 재료(0.75~1*l* 기준)**

- 우유 4*l*
- 식초 125*ml*

**** 만드는 방법**

1. 약한 불에 우유를 가열하되, 타지 않도록 잘 저어주어야 한다.
2. 불을 끄고 식초를 넣는다. 조금 저어주면 우유가 굳기 시작한다.
3. 여과기에 치즈 천을 걸치고 2를 부어 건더기를 거른다.
4. 응유가 천 속에 쏙 들어가도록 말아 쥐고 천을 비틀어 나머지 물기를 짜낸다. 응유가 담긴 치즈 천을 돌돌 말아 고리에 걸어놓고 물이 빠지기를 기다려도 된다.

바로 이렇게 만든 치즈가 파머 치즈다. 파머 치즈는 이탈리아에서 즐겨 먹는 리코타ricotta■■와 비슷하기 때문에 이탈리아식 치즈 케이크를 만들 때나 라자냐lasagna■■, 블린츠blintzes■■를 만들 때 사용해도 된다. 좀 더 단단한 치즈를 만드는 방법은 다음과 같다.

5. 치즈 천에 응유를 받친 후 들어올리기 전에 소금 15*ml*를 골고루 뿌리고 잘 섞는다. 소금이 응유의 수분 배출을 돕기 때문에 좀 더 단단한 치즈가 만들어진다. 이때 허브나 양념을 집어넣으면, 양념 맛이 치즈 속으로 빠르게 녹아든다. 지금까지 내가 만들어본 치즈 가운데 가장 보기 좋은 치즈는 베르가모트의 꽃이나 향수박하를 넣은 치즈다. 둘 다 정말 매력적인 붉은빛을 띠고 있었다.

■■ 남부 이탈리아에서 시작되어 유럽의 많은 나라들로 전해진 전통 치즈
■■ 치즈, 토마토 소스, 다진 고기를 넣은 이탈리아 요리
■■ 치즈와 과일을 넣은 팬케이크

6. 응유가 담긴 치즈 천을 비틀어 짜 남은 물기를 제거한다. 무거운 물체를 올려놓고 물기가 빠져나가게 해도 된다. 도마처럼 평평한 물체의 한쪽 끝을 다른 물체로 받쳐 비스듬하게 한 뒤 천째 둘둘 말아 올려놓는다. 그 위에 또 다른 평평한 물체를 올리고 무거운 물체로 눌러준다. 몇 시간 정도 지난 후에 천을 펼쳐 굳은 치즈를 꺼내면 된다.

손으로 짜거나 고리에 매달아 물기 짜내기

비스듬하게 놓고 무거운 물체를 올려놓아 물기 짜내기

레닛치즈

레닛rennet■■은 응유효소가 들어 있는 송아지의 제4위 내막 물질이다. 레닛으로 응고시킨 우유는 식초나 기타 산을 사용하는 방식과는 다른 방식으로 우유를 응고시키기 때문에 치즈가 훨씬 더 부드럽다. 레닛의 가장 좋은 점 가운데 하나는 낮은 온도에서도 우유를 응고시킬 수 있다는 점이다. 따라서 레닛을 이용하면 우유를 끓여 세균을 죽이지 않고도 치즈를 만들 수 있다.

전통적으로 레닛은 젖을 생산하는 동물의 내막에서 채취했다. 이런 동물의 내막에는 효소를 만드는 미생물이 살고 있기 때문이다. 많은 목축 문화권에서는 가축의 위장에 젖을 보관하는데, 이를 통해 위장이 젖을 응고시킨다는 사실이 자연스럽게 알려졌다. 지금도 여전히 많은 곳에서는 동물의 위장 내막에서 얻은 레닛으로 치즈를 만들고 있지만, 내가 쓰는 레닛은 채소에서 채취한 물질을 이용해 실험실에서 만든 것이다. 뉴잉글랜드 치즈메이킹서플라이 사에서는 동물과 식물을 원료로 2가지 레닛을 만들어 공급하고 있다.

레닛으로 치즈를 만들 때는 차근차근 진행해야 하는데, 나는 이 방법을 데이비드 J. 핀커톤에게서 배웠다. 그는 쇼트 마운틴에서 가장 뛰어난 치즈 제조가이자 진정한 우상반대론자이다. 평화와 사랑이 가득한 영혼을 추구하는 그의 모토는 '평화와 사랑 그리고 모든 것들' 이다.

✻✻ 소요시간

- 며칠~ 몇 달

✻✻ 재료

- 우유 4*l*
- 요구르트나 케피어 250*ml*
- 레닛 3~10방울■■
- 소금 45*ml*

✻✻ 만드는 방법

1. 우유에 배양균을 넣어 숙성시킨다. 치즈 제조업자들 중에는 한 나무통에서 계속해서 발효를 시켜 통 안쪽에 묻어 있는 배양균을 활용하는 사람들이 많다. 집에서 치즈를 만드는 방법 가운데 가장 쉬운 방법은 우유를 스테인리스 스틸 냄비에 붓고 요구르트나 케피어를 넣어 잘 섞은 다음 상온보다 조금 높은 온도로 열을 가해주는 것이다. 불을 끈 후에는 냄비 뚜껑을 덮고 담요 등으로 잘 싸서 열이 빠져나가지 않게 하거나, 가끔씩 데워서 온도가 내려가지 않도록 한다. 1~2시간 동안 38℃를 유지해주면 가장 좋지만, 32~43℃를 유지해도 유산균이 충분히 번식한다. 온도계는 깨지기 쉬워 하나 장만한다고 해도 복잡한 부엌에서는 오래 버티지 못할 것이다. 따라서 온도계보다는 몸의 감각을 이용하는

■■ 레닛 대신 두부 만들 때 쓰는 간수나 식초를 넣어도 된다.

편이 더 낫다. 손가락을 넣어봤을 때 미지근한 정도면 된다. 사실 이 과정이 꼭 필요한 것은 아니지만, 이 과정을 거치면 더 맛있고 몸에 좋은 치즈를 만들 수 있다.

2. 사온 레닛을 작은 플라스틱 용기에 담아놓고, 한 방울씩 떨어뜨릴 수 있는 스포이트 같은 도구를 준비한다. 레닛은 조금만 있어도 된다. 우유 4ℓ에 3~10방울로 충분하다. 3방울 정도 떨어뜨리면 부드러운 치즈가 만들어지고 10방울이면 단단한 치즈가 된다. 우유가 38℃ 정도일 때 레닛을 넣는데, 물 60㎖에 넣어 미리 희석시킨 후 잘 저어주면서 넣어야 한다. 레닛을 희석시킨 물을 우유에 모두 넣는 순간 젓기를 중지한다. 레닛이 우유를 응고시키는 마술을 부리고 있을 때는 고요하게 정지되어 있어야 한다. 30분 정도 있으면 우유가 굳기 시작한다. 응고된 우유는 커다란 덩어리로 변하기 때문에 냄비에 달라붙은 덩어리를 떼어내야 한다.

3. 우유가 완전히 응고되면 긴 칼이나 주걱으로 덩어리를 잘라낸다. 응유 덩어리는 단단해지면서 부피가 줄어들지만 조각을 내주면 레닛과 맞닿는 표면적이 넓어진다. 응유는 부서지기 쉽기 때문에 조심조심 다루면서 1㎝ 정도의 네모꼴로 잘라준다. 자르는 동안 응유가 가라앉지 않도록 계속 약하게 흔들어주고, 잘라내는 동안에도 38℃를 유지할 수 있도록 살짝 가열해준다.

4. 계속 따뜻한 상태를 유지해주어야 한다. 부드러운 치즈를 만들려면 응유를 자른 후 10분 정도만 체온보다 조금 높은 온도를 유지해주면 된다. 열을 가할수록 응유가 점점 더 단단해지기 때문에 1시간 정도 계속해서 가열하면 단단한 치즈를 만들 수 있다. 그러나 40℃는 넘지 않도록 조심한다. 온도가 너무 높을 경우 배양균이 죽을 수 있기 때문이다. 또 온도를 너무 갑작스럽게 올리면 치즈가 푸석푸석해지고 잘게 부서진다. 따라서 부드럽고 고른 질감이 느껴지는 치즈를 만들고 싶다면 1분당 1℃ 정도로 조금씩 높여가야 한다. 핀커톤은 "아주 작은 차이가 큰 차이를 낳는다"고 했다.

5. 다 만들어진 치즈를 걸러내고 소금을 뿌린다. 아직 부서지기 쉬운 상태이기 때문에 아주 조심해서 다루어야 한다. 여과기에 치즈 천을 올려놓은 다음 구멍 뚫린 수저 같은 도구

를 이용해 조심스럽게 응유를 떠서 담는다. 치즈를 만들 때는 보통 응유만 소중하게 생각하는데 거르고 남은 유장도 다양하게 쓸 수 있기 때문에 꼭 보관해둔다(220쪽 유장으로 발효하기 편 참고). 응유를 옮겨 담을 때마다 소금을 뿌린다. 소금을 뿌리면 응유 속의 수분이 더 잘 빠져나오고, 이 수분이 소금을 녹이면서 떨어지기 때문에 많은 소금을 뿌려도 염분 걱정은 할 필요가 없다. 이때 좋아하는 허브나 여러 가지 향신료를 첨가해도 된다. 내 친구 토드는 볶아서 빻은 참깨를 넣어 맛있는 치즈를 만든다.

6. 다 옮겨 담았으면 여과기에서 치즈 천을 들어올려 천의 모서리들을 맞물리게 한 뒤 비틀어서 물기를 짜낸다. 고리에 걸어두고 물기가 흘러나오게 해도 된다.
7. 몇 시간 동안 매달아놓으면 치즈가 제 형태를 갖추게 된다. 이 치즈를 그대로 먹어도 되고 좀 더 숙성시켜서 먹어도 된다. 그대로 먹어도 아주 맛있지만 1~2주일 더 숙성시키면 아주 근사한 맛과 질감을 가진 치즈로 새롭게 태어난다.

숙성시킬 때는 마른 천을 사용한다. 치즈를 만들고 하루가 지나면 깨끗하고 마른 치즈 천으로 바꿔준다. 그래야 파리가 달려들어 알 낳는 일을 막을 수 있다. 마른 천은 치즈의 수분을 빨아들이는 역할도 하므로 물기가 묻어나지 않을 때까지 매일 천을 갈아준다. 더 이상 물기가 배어나오지 않으면 깨끗한 타월로 싸서 차가운 장소에 보관한다. 더 오래 보관하려면 밀랍으로 완전히 밀봉해놓는다. 치즈를 오랫동안 보관할 수 있는 또 한 가지 방법은 피클을 만들 때처럼 소금물에 넣는 것이다. 소금물에 넣으면 짭짤한 페타 feta■■ 같은 치즈가 만들어진다. 어떤 식으로 만들든 멋진 치즈를 만들 수 있다는 사실과 그 과정이 정말 재미있다는 사실을 알게 될 것이다.

■■ 양이나 염소의 젖으로 만드는 희고 부드러운 그리스 치즈

생치즈 규제 논란

전통적으로 치즈는 대부분 앞에서 설명한 것처럼 생우유에 들어 있는 효소나 발효균을 이용해서 만든다. 미국에서 저온 살균 처리 방법을 통해 치즈를 만드는 과정에 대해 연구하기 시작한 때는 1907년으로, 위스콘신대학에서 처음 시작하였다. 그 뒤 1949년에 이르러 미국 의회는 숙성시킨 지 60일이 되지 않은 치즈를 포함해 모든 우유와 유제품에 저온 살균 처리를 해야 한다는 법을 통과시켰다.

그리고 반세기가 넘도록 이 법은 계속해서 효력을 발휘하고 있다. 이 말은 다시 말해 세상에서 가장 맛있는 소프트 치즈를 미국에서는 더 이상 사먹을 수 없다는 말이다. 적어도 합법적으로는 말이다. 최근 국제식품규격위원회를 찾아간 미국 대표단은 치즈를 만들 때 반드시 저온 살균을 해야 한다는 국제 규격을 마련해달라고 요청했지만 받아들여지지 않았다. 현재 안전한 식품 유통을 책임지고 있는 미국식품의약국FDA은 좀 더 엄격한 규제를 위해서 숙성시킨 생치즈를 먹었을 때 발생할 수 있는 위험에 대해 연구하고 있다.

보다 강력한 규제가 만들어진다는 소식은 그 즉시 민초들을 자극해 행동에 나서게 했다. 미국 미생물학회는 FDA의 연구를 "인류의 가장 위대하고 전통적인 식품 가운데 하나에 대한 공격이다. … 멋지게 숙성될 생치즈에 인간이 제멋대로 끼어드는 일은 대가의 고대 미술 작품을 난도질하는 것과 같으며 고전 음악의 악보를 마음대로 찢어버리는 것과 같다"고 비판했다.[6]

치즈 제조업자들과 전문가들이 함께 모여 만든 '치즈 선택의 자유권을 원하는 사람들의 모임'은 생치즈 판매를 위해 애쓰고 있다. 모임의 회원이자 '전통방식 보존 및 거래 트러스트'의 K. 던 지포드는 "생치즈는 수천 년 동안 인류와 함께 해온 음식이다. … 그런데도 FDA는 미국을 벨비타 치즈를 먹는 사람들의 나라로 만들려 하고 있다"고 규탄했다. 미국치즈협회의 루스 플로어는 "저온 살균 처리법은 치즈 제조 과정을 규격화해 결국 한 종류의 치즈만 만들 수 있도록 하겠다는 것을 의미한다. 저온 살균 처리를 하면 살균 처리를 하지 않은 치즈에서 나는 깊고 풍부한 향미가 모두 없어지고, 맛없는 치즈만 만들어진다"고 했다. '생우유 치즈장인 및 전통을 위한 유럽연합EAT'은 이렇게 말했다. "우리는 음식을 사랑하는 세상 모든 사람들에게 도움을 요청한다. 수백 년 동안 인류에게 영감과 기쁨과 영양분을 주었지만 이제 전 세계 요리법을 규제하려는 헛된 일을 하는 사람들 때문에 위협받고 있는 이 음식을 지켜달라고 말이다."[7]

그렇다면 정말 살균하지 않은 치즈는 건강에 해로울까? 미국질병통제센터는 〈1973년부터 1992년까지 미국에서 치즈 때문에 발병한 질환들〉이라는 제목의 논문을 발표했다. 센터는 오염된 치즈를 먹고 죽은 사람은 58명이며, 그중 48명이 캘리포니아에 있는 한 치즈 공장에서 살균 처리 우유로 만든 멕시코식 치즈 퀘소 프레스코queso fresco를 먹고 리스테리아병listeriosis에 걸려 죽었다고 밝혔다. 음식 전문작가인 제프리 슈타인가튼은 이 연구 결과를 보고, 생치즈를 먹고 죽은 경우는 단 1명뿐인데 그것도 생치즈 때문이 아니라 살모넬라균 때문임을 알아냈다.[8]

살모넬라균 때문에 1명이 죽었다고 해서 해당 음식을 법으로 금지하다가는 아마 먹을 수 있는 음식이 거의 남아나지 않을 것이다. 플로어는 미생물학자 한 명이 "조그만 위험이라도 감수할 수 없다는 입장이라면… 소를 총으로 쏴버리고 전혀 먹지 말아야 할 것이다. 대량 생산과 국제 표준화에 맞지 않는다고 해서 생치즈를 희생양으로 삼으려는 태도는 과학적인 근거가 없을 뿐만 아니라 건강상의 이유로도 타당하지 않다"고 말했다고 전했다.[9] 각 지역의 소규모 치즈 제조업자들이 오랜 세월 숙성시켜 만드는 치즈는 국제 시장에서 그다지 경쟁력을 발휘하지 못한다. 문화를 획일화하려고 하는 사람들이 안테나를 세우고 위반자를 찾아내기 위해 혈안이 되어 있기 때문이다.

유장으로 발효하기
고구마 플라이

유장은 영양가가 높고 쓰임새도 많은 음식이다. 수프 국물이나 빵을 구울 때 써도 되고 밭을 가꿀 때 써도 된다. 유장은 발효시킨 우유에서 나오는 유산균이 풍부한 재료다. 으깬 감자부터 케첩에 이르기까지 다른 음식들을 발효시키는 원료로 사용할 수 있다. 샐리 팔론은 『전통의 양성』에서 유장을 이용한 다양한 발효법에 대해 소개하고 있다. 그중 가이아나에서 먹는 고구마 플라이sweet potato fly라는 소프트드링크 요리법을 응용하여 나는 다음과 같이 만들어보았다. 이 음료는 약간 시큼한 맛이 나면서도 가볍고 달콤하기 때문에 아이들에게도 인기가 높으며 발효식품을 싫어하는 사람들도 무척 좋아한다.

**** 소요시간**

- 3일

** 재료

- 메이스[■■] 가루 5㎖
- 고구마 큰 것 2개
- 설탕 500㎖
- 유장 125㎖
- 레몬 2개
- 계피 조금
- 너트메그[■■] 조금
- 계란 껍데기 1개분 (유산균이 만드는 산을 중화시키기 위해 넣는다)

** 만드는 방법

1. 물 250㎖에 메이스를 넣고 끓인다. 불을 끄고 식힌다.
2. 고구마를 간 다음 여과기로 전분을 걸러낸다.
3. 커다란 그릇에 간 고구마를 넣고 물 4ℓ, 설탕, 유장, 레몬 즙과 잘게 다진 레몬 껍질, 너트메그와 계피를 조금씩 넣고 섞는다.
4. 깨끗한 계란 껍데기를 부수어 3에 넣고 섞는다.(이 요리법을 보고 있자니 끈적끈적한 흰자도 섞어보면 어떨까 하는 생각이 들었다. 물론 나는 날계란을 먹지 않으니 직접 넣어보지는 않았지만 한번 넣어봐도 괜찮을 것 같다.)
5. 4에 1을 넣어 잘 저어준 후 파리와 먼지가 들어가지 않도록 잘 덮는다.
6. 따뜻한 곳에서 3일 동안 발효시킨다.
7. 병이나 단지에 옮겨 담아 냉장고에 보관하고 맛있게 먹는다.

■■ 말린 육두구 껍질
■■ 육두구 씨앗

채식주의자를 위한 우유 대체 식품

이 책을 쓰는 동안 쇼트 마운틴에서 외롭게 살고 있는 채식주의자 리버가 우유를 쓰지 않은 여러 가지 케피어를 가지고 발효식품을 만들었다. 그가 만든 발효식품은 모두 멋지고 맛도 훌륭했기 때문에 여러분에게도 소개해주려고 한다. 리버를 말할 때는 어떤 인칭 대명사를 택해야 할지 망설이게 된다. 누군가를 언급할 때 she라고 부를 것인가 he라 할 것인가는 굳이 고민하지 않아도 된다. 그런데 리버의 경우에는 어떤 대명사를 써야 할지 상당히 고민스럽다. 생물학적으로는 여성이지만 자신이 남성이라고 믿고 있기 때문이다. 리버는 트래니다. 트래니 혹은 트랜스젠더는 남성과 여성으로 구분하는 일반적인 성 구별 방식을 적용할 수 없는 사람들이다.

시대를 막론하고 자신을 정해진 성 범주 안에 넣지 못하는 독특한 감성을 가진 사람들이 있어 왔다. 성이라는 개념은 시대와 문화에 따라 달라지는 추상적 개념이라는 사실을 한번 생각해보는 것은 어떨까? 미생물의 세계에서는 언제나 그랬다. 미생물들은 환경에 맞게 언제나 자신들은 변화시켜왔다. 왜

유독 인간들만 자신의 성을 자신이 직접 결정할 권리를 인정하지 않는 것일까? 나는 성의 자유와 다양한 성이 존재할 수 있다고 믿으며, 자신이 직접 성 정체성을 결정해야 한다고 생각하는 사람이다. 보편과는 거리가 먼 사람이라 해도 분명히 존중받고 인정받아야 한다고 생각한다.

리버는 우유가 아닌 다양한 대체 재료로 케피어를 만들었는데 하나같이 맛있었다. 그중에서도 가장 맛있는 음식은 코코넛 밀크 케피어coconut milk kefir였다. 정말 섬세하면서도 풍부한 맛이 나는 새콤달콤한 거품 음료였다. 이 음료를 만들기 위해 리버가 한 일은 타라나 케피어 균체 15㎖를 캔에 담긴 코코넛 밀크에 섞은 것뿐이다. 이것을 항아리에 붓고 상온에서 하루나 이틀 정도 두었더니 이런 맛이 났다. 캔에 균체를 넣지 않고 항아리에 옮겨 담은 이유는 발효식품 속에 들어 있는 산이 금속과 반응하기 때문이다.

전통적으로 케피어는 우유로 만드는 음식이지만 균체 자체는 동물성 식품이 아니다. 균체는 화학 용어로 다당류polysaccharide라고 하는 끈적끈적한 물질로, 효모와 세균이 함께 덩어리로 뭉쳐 있다. 이 균체는 물에 씻거나 녹여 영양분이 들어 있는 다른 용액에 집어넣을 수 있다. 이런 성질을 이용해서 과일 즙이나 채소 즙으로 케피어를 만들 수 있고 쌀유나 두유, 땅콩유 등을 물에 섞어 만들 수도 있다. 덩굴월귤주스로 균체를 붉게 물들일 수도 있고 게토레이로 형광 빛이 나는 푸른색으로 물들일 수도 있다. 우유처럼 빨리 증식하지는 않지만 케피어와 타라 균체는 어떠한 용액에서도 제 할 일을 해낼 것이다. 다른 음료를 써서 케피어를 만드는 방법도 앞에서 설명한 일반 케피어를 만드는 방법과 같다.

호박씨유 케피어

리버가 만드는 케피어 중에 가장 인기가 많은 것은 호박씨유로 만든 케피어다. 호박씨로 만든 케피어는 맛좋고 영양분이 풍부한데, 물론 호박씨가 아니더라도 먹을 수 있는 다른 씨앗이나 견과류로 만들어도 된다. 리버가 호박씨유 케피어를 만드는 방법은 두유 만드는 방법보다 훨씬 간단하면서도 맛이 아주 좋다. 시중에서 파는 두유를 대체할 음식을 찾아냈다는 사실은 쓸데없이 버려지는 포장지를 절약할 수 있다는 점에서도 아주 좋은 일이다. 항아리에서 직접 만든 음료는 쓰레기를 만들어낼 염려가 전혀 없기 때문이다. 리버는 다음과 같은 방법으로 만들었다.

**** 소요시간**

- 호박씨유를 만들 때 : 20분
- 케피어를 만들 때 : 1~2일

✻✻ 재료(1 *l* 기준)

- 호박씨 250㎖(다른 씨앗을 사용해도 된다)
- 물
- 레시틴 5㎖(좀 더 단단하게 결합시키기 위해 넣는 것으로 없어도 된다)

✻✻ 호박씨유 만드는 방법

1. 분쇄기에 호박씨를 넣고 곱게 간다.
2. 간 호박씨에 물 125㎖를 부어 걸쭉한 페이스트를 만든다.
3. 2에 물 750㎖를 더 넣고, 레시틴을 준비했다면 레시틴도 넣고 잘 섞어준다.
4. 치즈 천에 3을 거른다. 액체 성분이 많이 빠져나오도록 꾹꾹 눌러 짜준다. 남은 찌꺼기는 빵을 구울 때 사용하면 된다.
5. 원하는 농도가 나올 때까지 물을 조금씩 더 넣어가면서 잘 저어준 후 냉장고에 넣어 보관한다.

✻✻ 케피어 만드는 방법

6. 냉장 보관한 5를 사용하기 전에 잘 저어준다.
7. 항아리에 호박씨유 1 *l* 와 케피어 균체 15㎖를 넣어 상온에서 하루나 이틀 정도 발효시킨다.
8. 발효가 끝나면 케피어 만드는 방법에서 설명한 것처럼 균체를 걷어낸다. 호박씨유로 만든 케피어도 유산균이 풍부하기 때문에 톡 쏘는 맛이 나는 아주 맛있는 음료가 된다.

두유

나는 쌀이나 씨앗을 가지고 우유 대체 식품을 만들어내지는 못했지만 요구르트 배양균으로 두유는 만들어봤다. 건강식품 가게 중에는 콩을 발효시킬 수 있는 배양균을 파는 곳도 많다. 두유를 만들 때는 요구르트를 만들 때처럼 두유 1ℓ 당 배양균 15㎖를 넣으면 된다(190쪽 참고). 직접 발효시켜 만든 두유는 유제품 판매점에서 팔고 있는 요구르트보다 훨씬 더 진하며 맛도 좋다.

해바라기 사워크림

씨앗은 쓰임새가 아주 많은 재료다. 우유처럼 다양한 질감과 농도를 가진 여러 가지 음식을 만들 수 있다. 우리 공동체는 우리가 먹을 음식들을 대부분 공급하는 바잉클럽에 가입해 있다. 이 편리하고 저렴한 클럽을 운영하는 우리의 이웃 바바라 조이너는 매달 소식지를 보내주는데 거기에는 새로운 요리법이 몇 가지씩 소개된다. 해바라기 사워크림은 소식지를 통해 알게 된 요리법이다. 나는 연보라색을 자랑하는 사워크림을 보자 그 즉시 케피어 균체를 넣어보고 싶다는 생각이 들었다. 그렇게 해서 만들어낸 시큼한 크림은 우유가 아닌 다른 재료로 만들어본 크림 가운데서 신맛이 가장 강했다. 이 해바라기 사워크림은 구운 감자와 정말 잘 어울린다.

**** 소요시간**

• 2일

** 재료(625ml 기준)

- 생해바라기씨 250ml
- 아마씨 30ml
- 요리하고 남은 곡물 60ml
- 올리브유 45ml
- 꿀 5ml(채식주의자들은 단맛이 나는 다른 재료를 넣어도 된다)
- 얇게 다진 양파나 파 혹은 쪽파 15ml
- 셀러리 씨앗 1ml
- 레몬주스 80ml
- 케피어 균체■■ 15ml

** 만드는 방법

1. 해바라기씨와 아마씨가 잠길 정도로 물을 부어 8시간 동안 불린다.
2. 씨앗을 걸러 물기를 제거한 다음 균체를 제외한 나머지 재료와 씨앗을 분쇄기나 만능 조리기에 넣고 갈아 퓌레를 만든다. 걸쭉한 크림 상태가 될 때까지 조금씩 물을 넣어가며 저어준다.
3. 2를 항아리나 병에 넣고 케피어 균체를 넣는다. 금속 용기는 사용하면 안 된다.
4. 1~3일 발효시킨다.
5. 케피어 균체가 보이면 그 균체를 걷어내고 만약 보이지 않으면 걱정하지 말고 그대로 먹는다. 균체도 안전하고 영양가가 풍부한 식품이기 때문이다. 감자에 발라먹거나 찍어 먹으면 맛있다.

■■ 약재상이나 재래시장, 인터넷에서 구입할 수 있다.

Chapter 08

생명의 양식, 문명화의 상징

빵과 팬케이크

서양 문화에서 빵은 생명의 양식이며 문화의 상징이다 • 빵은 굽거나 튀기거나 찌는 등 지역마다 만드는 방법은 다르지만 발효라는 과정을 거쳐야 완성된다는 사실만은 예외가 없다 • 빵을 만들 때는 효모를 넣는데, 19세기 중반까지는 순수효모를 추출하지도 효모의 존재를 알지도 못했다 • 공장에서 효모를 배양해 팔기 전까지 다양한 방법으로 효모를 배양했는데 가장 대표적인 것이 사워도 또는 자연효모다 • 건강을 생각하는 이들이 늘어나면서 자연효모 즉 사워도를 이용한 제빵법이 다시 주목받고 있다 • 사워도를 만드는 법과 사워도를 이용한 다양한 빵 제조법을 소개한다

부드러움 속에 숨어 있는 천연효모의 힘

서양 문화에서 빵은 생명의 양식이라 할 수 있다. 그 영향으로 빵을 뜻하는 도우dough나 브레드 bread는 돈을 이르는 속어로 쓰이며, 둥근 빵인 번bun은 예쁜 엉덩이를 가리키기도 한다. 기도할 때도 빵이 등장한다. "오늘도 우리에게 일용할 양식을 주시고"에서 일용할 양식은 'bread'이다. 서양인들에게 빵은 단순한 음식이 아니다. 마이클 폴란은 『욕망의 식물학』에서 밀을 기르고 빵을 만드는 정교한 과정은 '자연을 뛰어넘은 문명화의 상징'이라고 했다.[1] 빵은, 또는 빵의 결여는 혁명을 불러일으키기도 했다. 프랑스 혁명이 일어난 원인 가운데 하나가 빵 값의 상승이었다. 여러 곳에서 빵을 주식으로 하고 있으며 빵을 만드는 방법도 지역마다 다르다. 빵이라고 해서 모두 굽는 것만은 아니다. 기름에 튀긴 빵도 있고 찐 빵도 있듯 아주 다양하다.

빵을 만들 때 효모를 넣으면 부풀어오른다. 효모는 일종의 곰팡이다. 빵 만들 때 가장 많이 집어넣는 효모는 맥주효모균 Saccharomyces cerevisiae으로 사카로saccharo는 당, 미세스myces는 곰팡이, 세레비시아cerevisiae는 맥주를 뜻한다. 스페인어로 맥주를 세르베자 cerveza라고 한다는 사실을 생각해보면 좀 더 쉽게 이해할 수 있을 것이다. 맥주를 만들 때도 이 효모를 넣는다.

맥주와 빵을 만드는 기술은 중앙아시아에 있는 비옥한 초승달 지역에서 거의 비슷한 시기에 발전하였다. 빵을 만들 때는 맥주를 넣으면 되고 맥주를 만들 때는 빵을 넣으면 발효가 시작된다. 만드는 과정과 재료를 섞는 비율은 다르지만 맥주나 빵 모두 같은 재료료 만든다. 빵과 맥주에 들어간 효모는 양쪽에서 같은 일을 하는데, 어떻게 해야 빵과 맥주를 만들 수 있는지 잘 알고 있다. 탄수화물을 먹은 효모는 대신 알코올과 이산화탄소를 뱉어낸다. 효모가 만들어내는 두 가지 물질 가운데 빵을 만들 때 중요한 물질은 이산화탄소다. 이산화탄소는 빵을 부풀어오르게 해서 좀 더 가볍고 부드러운 질감을 갖게 해준다. 빵을 만들 때 나오는 알코올은 굽는 동안 증발한다.

19세기 중반까지는 순수한 효모를 추출해내지도, 효모의 존재도 알지 못했지만 '효모 yeast' 라는 단어는 인도유럽어인 중세 영어에서도 사용되었다. 미생물학이라는 과학이 탄생하기 전부터 효모는 도우를 부풀게 하거나 반죽이나 맥주에 거품이 생기게 하는 등의 형태로 인류의 눈에 띄면서, 눈으로 확인할 수 있는 변형 과정으로서 발효 현상을 진행시키는 힘을 일컫는 말로 쓰였다.

1870년대까지 우리가 현재 구입해서 쓰는 순수한 효모를 파는 곳은 한 곳도 없었다. 산업이 발달하기 전에도 인류는 수천 년 동안 자연에 존재하는 효모를 이용해 다양한 발효식품을 만들었다. 효모는 빵을 만들기 위해 사오는 밀가루 속에 이미 들어 있을지도 모른다. 효모는 공기 중에 떠돌아다니며, 탄수화물이 풍부한 음식 속에 자리 잡고 언제든지 증식할 준비를 하고 있다. 우리가 가게에서 사오는 효모와 우리 주변에서 늘 접할 수 있는 효모의 차이점은 바로 순도다. 기업체는 단 한 종류의 효모를 선택한다. 가장 우세한 종을 선택하고 그 종을 추출해 집중적으로 배양한다. 프랑스 역사학자 브로노 라투르는 세간에 화제가 된 자신의 책 『프랑스의 파스퇴르화The Pasteurization of France』에서 이렇게 말했다. "균일한 집단을 배양하는 일은 우리에게나 그들 미생물에게나 생전 처음 있는 일이었다. … 조상들은 이런 일은 꿈도 꾸지 못했을 것이다."[2]

현재 기업들은 각 효모의 특성에 맞춰 십여 가지 정도 되는 효모를 배양해서 판매하고 있다. 효모는 종에 따라 증식하는 온도도 다르고 증식 속도도 다르며, 만들어내는 알코올의 농도와 생산하는 효소의 종류와 맛도 모두 다르다. 과학자들이 실험실에서 좀 더 나은 종을 만들기 위해 애쓰고 있기 때문에 소비자들의 선택의 폭이 점점 더 넓어지고 있기는 하다.

그렇지만 자연에 존재하는 효모는 한 종으로 이루어진 순수한 집단이 아니다. 공기 중의 효모는 잡다한 종이 한꺼번에 같이 움직인다. 자연 상태일 때 효모는 언제나 다른 미생물들과 함께 섞여 있다. 종 다양성을 자랑한다. 독특한 맛을 내는 천연 효모들은 어디에나 있다.

순수한 효모, 즉 가게에서 사온 효모는 다른 천연 미생물들에게 기회를 빼기기 전에 재빨리 제 할 일을 해내야 한다. 그래서 발효가 빨리 진행된다. 이에 반해 천연 미생물은 속도가 더디다. 그러나 이 더딘 친구들에게 반죽의 발효를 맡기면 반죽 속에 들어 있는 소화하기 어려운 글루텐이 훨씬 더 소화하기 쉬운 형태로 분해되면서 비오틴이 만들어진다. 천연 효모는 유산균을 비롯해서 산을 생산하는 여러 세균과 협력해 복합적인 신맛을 만들어낸다. 우리 부엌에서는 오븐에서 막 구운 빵을 꺼내는 순간 시큼한 냄새로 온 부엌이 가득 찬다.

공장에서 효모를 배양해서 팔기 전까지만 해도 사람들은 효모를 번식시키는 여러 방법 가운데 한 가지 방법을 택해서 자신이 쓸 효모를 배양했다. 가장 간단한 배양 방법은 사용한 용기를 씻지 않고 계속해서 사용하는 방법이다. 많은 제과업자들이 그랬듯이 반죽을 조금씩 남겨 새로운 반죽을 만들 때 넣는 것도 효모를 배양하는 한 방법이다. 그렇게 하면 처음에 넣었던 배양균을 계속 사용할 수 있으며 대대로 물려줄 수도 있다. 이런 배양균은 이민자들의 짐에 실려 새로운 땅으로 이주하기도 한다.

우리는 다음에 쓰려고 남겨두는 반죽을 '사워도sourdough' 또는 '자연 효모natural leaven' 라고 부른다. 많은 요리책과 가게, 제과점에서 이 사워도를 미식가들의 새로운 기호식품인 양 이야기하고 있지만 사실 이것은 130년 전까지만 해도 인류가 빵을 만들 때면 언제나 넣던 재료다. 슈퍼마켓 진열장을 가득 채우고 있는 이것저것을 혼합해 만든 질퍽거리는 빵을 제외하고는 당신이 좋아하는 모든 빵을 자연 효모로 충분히 만들 수 있다.

인류는 빵 만드는 기술을 발전시키기 위해 애써왔다. 조금씩 미묘한 차이가 있는 다양한 제빵 기술에 대해서 알려주는 멋진 책들이 지금까지 많이 출판됐다. 실제로 내가 알고 있는 제빵사 중에는 빵을 만들 때 생명의 힘을 느낀다는 사람이 많다. 나도 마찬가지다. 모든 발효식품이 그렇듯이 빵을 만들 때도 생명의 힘을 이용해 부드럽게 배양해주어야 한다. 또 빵을 만들 때는 골고루 반죽해주어야 한다. 그래야 밀가루 속에 들어 있는 탄성을 지닌 글루텐이 효모가 만들어내는 이산화탄소를 빠져나가지 못하게 막아주어 부드럽고 가벼운 빵이 만들어진다. 지금부터 사워도를 만들고 보관하는 방법을 먼저 알려준 후에 여러 가지 빵 만드는 법을 제시하려 한다. 일단 사워도를 만들고 나면 여러 가지를 시도해보고 싶다는 생각이 들 것이다. 직접 만든 사워도로 자신이 만들고 싶은 빵을 직접 만들어보자.

사워도 원종 만들기

사워도 원종 만드는 법은 정말 간단하다. 큰 그릇에 밀가루와 물을 넣고 섞은 후 며칠 동안 부엌 한곳에 놓고 생각날 때마다 저어주면서 기다린다. 효모는 어디에나 있으니 곧 모습을 나타낼 것이다. 문제는 사워도를 제대로 관리해서 그 속에 들어 있는 효모가 계속해서 살아 있게 하는 일이다. 사워도 원종은 애완동물들처럼 정기적으로 먹이를 주고 돌봐주어야 한다. 잘만 관리하면 당신이 만든 사워도를 손자에게도 물려줄 수 있다. 사워도를 만드는 방법은 다음과 같다.

**** 소요시간**

• 1주 정도

**** 재료**

• 밀가루

• 물

• 유기농 서양자두나 포도 혹은 딸기(없어도 된다)

** 만드는 방법

1. 항아리나 그릇에 밀가루와 물을 각각 500㎖씩 넣는다. 염소 냄새가 강하게 나는 물은 쓰지 말아야 한다. 맹물 대신 효모가 좋아하는 전분이 많이 든 감자 삶은 물이나 국수 삶은 물을 넣어도 된다(이때는 반드시 식힌 후에 써야 한다). 나는 호밀빵을 좋아하기 때문에 호밀가루를 주로 사용하지만 밀가루 종류는 상관없다.
2. 반죽을 힘차게 젓는다. 씻지 않은 작은 과일을 통째로 넣으면 천연 효모가 빨리 찾아들게 만들 수 있다. 포도나 서양자두, 딸기 같은 과일을 넣어두면 단맛에 이끌린 효모들이 많이 찾아온다. 바나나나 감귤류는 그렇지 않지만, 껍질째 먹을 수 있는 다른 과일들은 효모가 빠른 속도로 증식하게 도와준다. 이때 과일은 유기농이어야 한다. 과일 껍질에 묻어 있는 농약 성분이 효모의 성장을 방해할 수도 있기 때문이다.
3. 파리는 막되 공기가 통할 수 있도록 치즈 천 등으로 항아리를 덮는다.
4. 반죽을 따뜻한 장소에 보관한다. 21~27℃가 적당하지만 꼭 온도를 맞출 필요는 없다. 단 공기는 잘 통해야 한다. 적어도 하루에 한 번쯤은 잊지 말고 반죽을 점검하고 힘차게 저어주어야 한다. 반죽을 저어주면 효모의 활동이 활발해져 발효가 촉진된다.
5. 며칠이 지나면 반죽 표면에 생긴 작은 거품이 보일 것이다. 바로 효모가 활동하고 있다는 증거다. 반죽을 저어주면 거품이 좀 더 많이 생긴다. 반죽을 잘 저어주지 않아도 거품이 생기는데 그것과 혼동하면 안 된다. 반죽을 만들고 나서 효모가 활동을 시작하는 시기는 반죽이 놓인 환경에 따라 다르지만 보통 며칠 정도 걸린다. 모든 생태계는 저마다 독특한 미생물 환경을 갖추고 있다. 지역에 따라 발효되는 반죽의 성질이 다른 이유도 바로 그 때문이다. 요리책에는 반죽을 아주 빨리 발효시키기 위해 시중에서 파는 효모균을 사다 넣으라는 경우가 많다. 그러나 나는 천연 효모들이 스스로 반죽을 찾아와 증식하는 쪽이 더 좋게 느껴진다. 3~4일 지났는데도 거품이 생기지 않으면 반죽을 좀 더 따뜻한 장소로 옮기거나 시중에서 파는 사워도 원종 또는 효모를 조금 넣어준다.
6. 효모가 활동을 시작했다는 사실이 확인되면 과일을 꺼낸다. 그때부터 3~4일 동안은 매

일같이 반죽에 밀가루를 15~30ml 더 넣고 반죽을 잘 저어준다. 다양한 곡물 가루와 먹고 남은 곡물, 맷돌에 간 귀리, 통 곡식 등을 넣어주어도 된다. 그 정도 시간이 되면 반죽을 맛보아도 된다. 반죽이 점점 더 걸쭉해지면서 부풀어오르기 시작하면 효모가 방출하는 가스를 머금고 있게 될 것이다. 그러나 당신은 좀 더 물기가 많은 반죽을 만들고 싶을지도 모르겠다. 사워도가 너무 걸쭉하면 단단해질 수도 있으니 물을 좀 더 넣어준다.

7. 반죽에 거품이 생기고 걸쭉해지면 사워도가 완성된 것이다.

빵을 만들기 위해 사워도를 쓸 때는 쓸 만큼만 떼어내고 일부는 항아리에 넣어 계속해서 효모가 증식할 수 있게 한다. 항아리 끝에 조금 묻을 정도로 아주 조금만 남겨놓아도 된다. 항아리에 조금 남겨둔 사워도 원종을 배양할 때는 맨 처음 그랬던 것처럼 물과 밀가루를 똑같은 분량으로 담아놓으면 된다. 보통 이 책에서는 빵을 만들 때 물과 밀가루를 각각 500ml 기준으로 설명하고 있으니 그만큼씩만 담아놓으면 된다. 밀가루와 물을 더 넣었으면 잘 저어서 따뜻한 곳에 보관한다.

1주일에 1번 정도 빵을 굽는다면 매일같이 밀가루를 조금씩 넣어주어야 한다. 빵을 만들 일이 그다지 많지 않다면 사워도 원종의 활동이 줄어들도록 냉장고에 넣어 보관한다. 냉장고에 넣는 시기는 사워도 원종에서 거품이 생기고 나서 4~8시간 흘렀을 때가 좋다. 냉장고에 넣었더라도 1주일에 1번 정도는 밀가루를 넣어주어야 한다. 빵을 만들려면 1~2시간 전에 냉장고에 있는 사워도 원종을 꺼내 따뜻한 곳에 놓고 밀가루를 넣어둔다. 그래야 반죽의 온도가 올라가 효모가 다시 활동을 시작하기 때문이다.

사워도 원종 간직하기

사워도는 정기적으로 관리만 해주면 영원히 간직할 수 있다. 사용할 때마다 물과 밀가루만 더 넣어주면 되고, 평소에는 하루나 이틀에 한 번씩 밀가루를 추가해주면 된다. 멀리 떠나야 할 일이 생기면 사워도에 밀가루를 더 넣고 몇 시간 정도 발효시킨 다음 뚜껑을 닫고 냉장고에 넣어둔다. 냉장고에 넣어두면 몇 주일 정도는 보관할 수 있고 얼려놓으면 몇 년도 보관할 수 있다. 사워도를 관리하지 않고 내버려두면 신맛이 강해지다가 결국에는 썩고 만다.

하지만 어느 시기까지는 밀가루만 더 넣어주면 사워도를 되살릴 수 있다. 효모가 먹을 수 있는 영양분을 모두 먹고 난 후에는 다른 미생물들이 효모의 자리를 차지해버린다. 그러나 효모가 완전히 사라진 것은 아니기 때문에 다시 적절한 영양분을 공급하면 새로 증식해나가는 경우가 대부분이다.

곡물 재활용 빵 만들기

음식 재활용에 푹 빠져 있는 나는 먹고 남은 음식을 버리는 법이 없다. 그렇기 때문에 내 빵은 대부분 먹고 남은 곡물을 이용해서 만든다. 그 밖에 채소, 수프, 유제품 같은 다양한 음식을 활용해서도 빵을 만들 수 있다.

빵을 만들기 전에 한 가지 고백을 해야겠다. 나는 빵을 만들면서 한 번도 재료의 양을 재본 적이 없다. 그저 감촉으로 적절한 양을 찾아냈을 뿐이다. 그러나 초심자들은 소금 알갱이를 하나 넣을까 두 개 넣을까를 가지고도 고민한다. 이 때문에 적당한 양을 알려줄 방법이 없을까 강구하다가 결국 이처럼 얼마큼을 넣으라는 식으로 제시하게 되었다. 그러나 정해진 양보다는 질감과 농도를 고려해서 재료의 양을 정하는 것이 좋다. 특히 밀가루와 물의 양은 습도에 따라 달라진다는 사실을 명심해야 한다.

** 소요시간

- 2일 정도(온도에 따라 시간은 달라진다. 그러니 인내심을 가지고 기다려야 한다. 음식이 발효되려면 시간이 필요하다. 사워도가 풍기는 향기를 음미하면서 맛난 빵을 먹을 수 있다는 기대를 가지고 기다리자)

** 필요한 도구

- 재료를 섞을 커다란 그릇
- 타월
- 빵을 구울 팬

** 재료(빵 2덩어리 기준)

- 먹고 남은 밥이나 귀리, 기장, 메밀 같은 곡물 500㎖
- 사워도 원종 500㎖
- 물 500㎖(절반 정도는 수프 국물이나 맥주, 신 우유, 케피어, 유장 또는 파스타나 감자 삶은 물을 사용해도 된다)
- 곡물 가루 2ℓ (반 정도는 밀가루를 섞는다)
- 소금 5㎖

** 만드는 방법

1. 스펀지■■를 만든다. 발효되어 부풀어 있는 사워도 원종과 남은 곡물을 커다란 그릇에 넣고 섞는다(다음을 위해 사워도 원종을 채워 넣는 일을 잊어서는 안 된다). 반죽이 걸쭉해지도록 미지근한 물과 곡물 가루 1ℓ 를 섞는다. 곡물 가루 중 적어도 반 정도는 밀가루

■■ 효모를 넣어 발효시킨 반죽

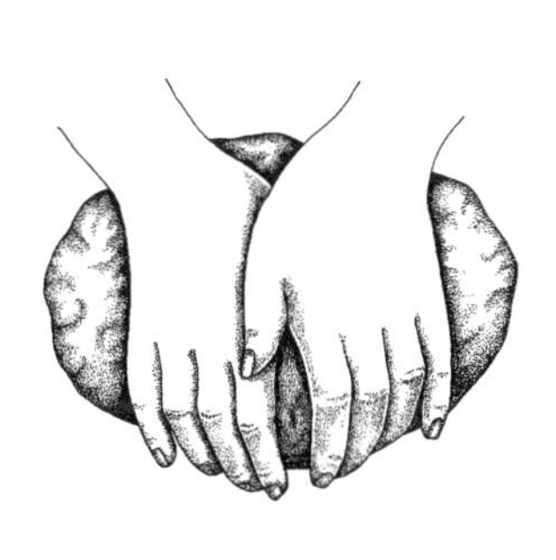

손바닥에 힘을 주어 반죽하기

반죽 접어 누르기

를 섞는 것이 좋다. 물론 메밀이나 호밀, 옥수수가루 등 넣고 싶은 가루를 마음껏 넣는다. 다 넣었으면 반죽을 잘 젓는다.

2. 따뜻한 장소에 놓고 젖은 타월이나 천으로 덮어 8~24시간 동안 둔다(당신의 일정에 맞게 시간은 조정하면 된다). 가끔씩 저어주어야 한다.
3. 거품이 나기 시작하면 소금을 넣어준다. 소금은 우리가 지금까지 촉진시키고자 노력했던 효모의 활동을 억제하는 역할을 한다. 소금은 효모가 지나치게 활동하는 것을 막아주면서 반죽이 계속해서 숙성하도록 도와준다. 또 소금을 넣지 않으면 조금은 밋밋한, 어딘가 부족한 맛이 나기도 한다. 재활용하는 곡물에 이미 소금이 들어 있다면 조금만 넣어도 된다.
4. 곡물 가루 나머지 1l를 조금씩 저어가며 넣는다. 반죽이 수저로는 저어지지 않을 정도로 걸쭉해질 때까지 집어넣는다.
5. 평평한 곳에 밀가루를 뿌리고 4를 올려 잘 반죽한다. 한 번도 반죽을 해본 적이 없는 사람이라면 손목 쪽 손바닥에 힘을 주어가며 반죽을 눌러 편 다음 반죽을 접어 다시 힘을 주어 꾹 눌러 펴는 일을 반복하면 된다. 단 반죽을 하는 동안 반죽과 반죽 밑에는 밀가루를 뿌리면서 해야 한다. 반죽에서 생기는 수분을 밀가루가 흡수해야만 들러붙지 않기 때문이다. 글루텐의 탄성이 느껴질 때까지 충분히 반죽해주는데, 10분 정도는 걸린다. 반죽이 잘 됐는지는 손가락으로 눌러보면 알 수 있다. 손가락이 잘 들어가지 않고, 손가락을 떼자마자 원래대로 돌아오면 제대로 된 것이다.
6. 깨끗하게 씻어서 살짝 기름을 두른 그릇에 5를 담고 따뜻하게 적신 타월이나 천으로 덮

은 다음 반죽이 부풀어오를 수 있도록 따뜻한 장소에 놓아둔다.

7. 따뜻한 곳에 몇 시간 두어 부피가 50% 정도 늘어날 때까지 기다린다. 부피가 늘어나는 시간은 보관 장소와 반죽의 특성, 그 속에 들어 있는 효모의 상태에 따라 달라진다. 기온이 높지 않은 장소에서는 며칠이 걸리기도 한다. 하지만 차가운 장소에 두어도 결국 부풀어오르기는 할 것이다.

8. 반죽이 부풀어오르면 빵의 형태를 만든다. 먼저 빵 구울 팬에 기름을 조금 두른다. 반죽이 질면 밀가루를 조금 더 뿌리고 살짝 더 치댄다. 나는 주로 반죽을 타원형이나 직사각형으로 편 다음에 돌돌 말아서 기름을 두른 팬에 집어넣는다.

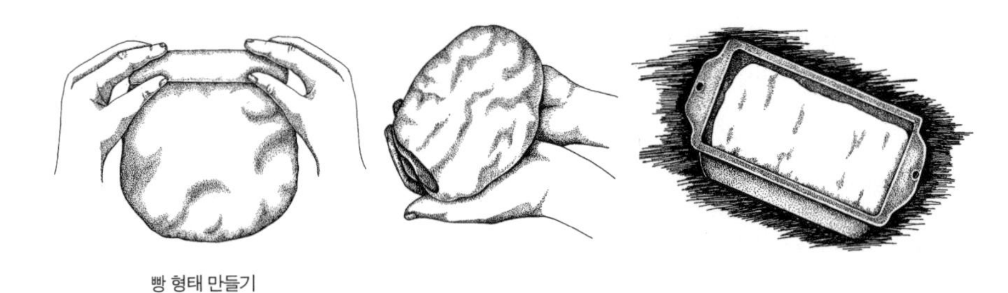

빵 형태 만들기

9. 반죽이 충분히 부풀어오를 때까지 1～2시간 그대로 둔다.

10. 오븐을 205℃ 정도로 미리 예열해두었다가 굽는다(오븐마다 음식을 익히는 방법이 다 다르다는 사실을 명심해야 한다. 어떤 오븐은 높은 온도로 요리하면 안이 채 익기도 전에 바깥쪽이 타기도 한다. 만약 집에 있는 오븐이 그렇다면 175℃ 정도로 맞추고 10분 정도 더 오래 굽는다).

11. 40분 후에 빵 상태를 확인한다. 빵 굽는 시간은 45분에서 50분 정도이며, 좀 더 길어질 수도 많이 길어질 수도 있다. 다 익었는지 알아보는 방법은 오븐에서 팬을 꺼내 뒤집어서 빵을 뺀 다음, 빵 바닥을 두드려보면 된다. 다 구워진 경우에는 북소리처럼 낮게 울리는 소리가 난다. 그런 소리가 나지 않으면 빨리 오븐에 다시 넣고 좀 더 구워야 한다.

12. 빵이 다 구워졌으면 팬에서 꺼내 선반이나 차가운 표면에 올려놓고 식힌다. 빵은 식는 동안에도 계속해서 익어간다. 구수한 냄새를 맡으면 참기 힘들겠지만 15분만 기다렸다가 잘라 먹으면 훨씬 더 맛있을 것이다.

양파 · 캐러웨이
호밀빵

나는 호밀로 만든 빵을 가장 좋아한다. 정말 풍부한 향미를 느낄 수 있기 때문이다. 요리책에서는 대부분 호밀빵을 만들 때 반 정도는 곱게 간 밀가루를 넣으라고 하지만 나는 호밀로만 만든 빵이 좋다. 역사적으로 호밀빵은 온도가 낮고 습도는 높은 북유럽에서 만들어 먹던 빵으로, 사람들이 거친 기후에 맞설 수 있을 만큼 영양분이 풍부하다. 하지만 가톨릭교회가 북으로 세력을 넓히면서 함께 전해진 밀가루 빵이 지배 계층의 주식으로 자리 잡자 전통적인 호밀빵은 땅에서 일하는 민초들의 주식으로 밀려나고 말았다.

호밀은 밀과 몇 가지 다른 점이 있는데 그중 하나는 발효하는 동안에 생기는 이산화탄소를 붙잡아둔다는 점이다. 호밀에는 다당류인 펜토산pentosan이 많이 들어 있다. 펜토산은 점성이 강하기 때문에 반죽의 기체가 달아나지 못하도록 잡아두는 역할을 한다.[3] 밀가루 반죽에서 글루텐이 하는 역할과 같다. 그러나 글루텐이 제 역할을 할 수 있기 위해서는 충분히 반죽을 해줘야 하지만 펜토산은 점성이 강해 반죽을 하지 않아도 된다.

✻✻ 소요시간

- 2일 정도

✻✻ 재료(빵 2덩어리 기준)

- 양파 4개
- 식물성 기름 30*ml*
- 사워도 원종 500*ml*
- 물 750*ml*
- 캐러웨이씨 15*ml*
- 호밀가루 2 *l*
- 소금 5*ml*

✻✻ 만드는 방법

1. 양파를 다진 다음 식물성 기름을 두르고 노릇노릇해질 때까지 볶아 식힌다.
2. 스펀지를 만든다. 1과 사워도 원종, 물, 캐러웨이 씨, 준비한 호밀가루 1 *l* 를 그릇에 넣고 잘 섞는다.
3. 2를 따뜻한 장소에 놓고 젖은 타월이나 천으로 덮어 8~24시간 놔둔다. 가끔씩 저어주어야 한다.
4. 거품이 나기 시작하면 호밀가루와 소금을 더 넣는다. 반죽이 수저로 저어지지 않을 정도로 걸쭉해질 때까지 저어가면서 호밀가루를 조금씩 집어넣는다.
5. 물기가 있는 천을 덮어 반죽이 눈에 띄게 부풀어오를 때까지 8~12시간 따뜻한 곳에 둔다.
6. 빵의 형태를 만든다. 호밀 반죽은 손에 묻지 않는 밀가루 반죽과 달리 끈적끈적하게 달라붙기 때문에 반죽을 뭉칠 때는 미리 손에 물을 묻히고 시작한다.

7. 빵 모양을 만들었으면 기름 두른 팬에 올려놓는다. 수저로 반죽을 떠서 젖은 손으로 팬에 떼 넣어도 된다. 반죽이 충분히 부풀어오를 때까지 1~2시간 기다린다.

8. 오븐을 150℃ 정도로 예열해두었다가 굽는다.

9. 빵이 익는 데는 2시간이 족히 걸리지만 그보다 조금 먼저 확인해본다. 다 익었는지를 확인하는 방법은 팬을 오븐에서 꺼내 뒤집어서 빵을 꺼낸 후 빵 바닥을 두드려보는 것이다. 북소리가 나면 다 익은 것이고 그렇지 않으면 아직 덜 익은 상태이니 재빨리 오븐에 넣고 좀 더 굽는다.

10. 선반에 빵을 놓고 식힌다. 대부분 효모를 넣고 구운 빵은 빨리 먹어야지 그렇지 않으면 말라버리고 만다. 그렇지만 호밀빵은 수분이 많기 때문에 몇 주 정도는 마르지 않고 끄떡없이 버틸 수 있다(절대로 농담이 아니다). 표면은 점점 더 딱딱해지고 말라가지만 톱니 같은 날을 가진 빵칼로 자르면 부드럽고도 약간 시큼한 맛이 나는 속살이 나온다. 호밀빵은 얇게 잘라 먹어도 풍부한 질감을 느낄 수 있는 빵이다.

펌퍼니클
검은 호밀빵

펌퍼니클pumpernickel은 거칠게 간 호밀에 검은색 당밀, 에스프레소, 캐러브carob■■가루, 코코아가루 같은 검은색 재료를 넣고 만든 검은 호밀빵이다. 앞에서 소개한 호밀빵에 이런 재료를 1가지 이상 넣으면 검은 호밀빵을 만들 수 있다. 이때 양파와 캐러웨이씨는 빼도 되고 함께 넣어도 된다. 물 250㎖ 대신 만져도 될 정도로 식힌 에스프레소를 넣고, 호밀가루 양의 절반 정도는 캐러브가루나 코코아가루를 넣는다. 여기에 검은색 당밀을 30㎖ 정도 넣은 후 호밀빵 만드는 방법대로 하면 된다.

■■ 쥐엄나무 또는 구주콩나무의 열매로 지중해가 원산지이며 당분이 많다.

존넨블루멘케른브로트

유럽 국가들 가운데 가장 맛있는 빵을 만드는 국가로 찬사를 받는 곳은 프랑스와 이탈리아다. 빵이 부드럽고 폭신하기 때문일 것이다. 그러나 내가 가장 좋아하는 빵은 독일 빵이다. 그중에서도 수분이 많이 들어 있는 존넨블루멘케른브로트Sonnenblumenkernbrot는 내가 정말 좋아하는 빵이다.

**** 소요시간**

• 2일 정도

**** 재료(빵 2덩어리 기준)**

• 사워도 원종 500*ml*

• 미지근한 물 500*ml*

• 해바라기씨 1 *l*

• 밀가루 1.5 *l*

• 호밀가루 500㎖

• 소금 5㎖

✻✻ 만드는 방법

1. 그릇에 사워도 원종과 미지근한 물, 준비한 밀가루 반, 호밀가루 반, 해바라기씨를 넣고 잘 섞어 스펀지를 만든다.
2. 따뜻한 장소에 8~24시간 놔둔다.
3. 거품이 생기고 적당한 상태가 되면 소금과 남은 밀가루와 호밀가루를 모두 넣고 잘 섞어준 다음 반죽한다. 그 다음부터는 241쪽에 나오는 '곡물 재활용 빵 만들기' 처럼 하면 된다.

칼라

사워도를 이용하면 지금까지 알려진 곡식으로 만드는 모든 빵을 만들 수 있다. 유대인들이 안식일에 먹는 전통 빵인 칼라challah는 끈을 꼬아놓은 것처럼 생긴 빵으로, 계란이 들어가 부드럽다. 유대인인 우리 가족은 안식일을 잘 지키지는 않았지만 칼라는 즐겨 먹었다.

렌 삼촌의 어머니 토비에 홀란더 할머니는 금요일이 되면 안식일에 먹을 칼라를 만들었다. 19세기에 태어난 토비에 할머니와 할아버지는 내가 어렸을 때 내 주위에 계시는 분 가운데 나이가 가장 많은 분들이었다. 토비에 할머니의 칼라 만드는 법은 〈뉴욕 타임스〉에도 실릴 정도로 유명했다. 칼라 만드는 법을 소개하는 요리책들은 모두 시중에서 파는 효모를 이용해서 만들라고 하지만 나는 다재다능한 천연 효모가 발효시킨 내 사워도로 칼라를 만든다.

** 소요시간

- 12~24시간

** 재료(커다란 빵 1덩어리 분량)

- 사워도 원종 250㎖
- 물 310㎖(나누어서 쓴다)
- 밀가루 1.75 ℓ
- 설탕 15㎖
- 소금 10㎖
- 식물성 기름 45㎖
- 계란 3개

** 만드는 방법

1. 스펀지를 만든다. 미지근한 물 250㎖에 발효시킨 사워도 원종과 체로 거른 밀가루 500㎖를 넣고 잘 섞어 스펀지를 만든다.
2. 1을 덮은 후 적당한 상태로 발효될 때까지 몇 시간 정도 따뜻한 장소에 보관한다. 24시간 정도 발효시켜도 된다.
3. 열을 가해도 되는 컵이나 작은 금속 그릇에 물 60㎖와 설탕, 소금, 기름을 넣고 섞은 다음 그릇째 소스 팬에 넣고 낮은 불에서 물로 중탕한다.
4. 3이 미지근해지면 잘 풀어놓은 계란을 추가한다(이때 다 만든 빵에 바를 계란을 조금 남겨둔다). 커스터드 소스처럼 응어리가 없어질 때까지 저어가면서 은근한 불에 중탕으로 익힌다. 손가락을 넣었을 때 뜨겁지 않을 정도로 하되 46℃를 넘으면 안 된다.
5. 4를 2의 스펀지와 섞는다.
6. 남은 밀가루 1.25ℓ 를 체에 걸러 그릇에 담고 가운데 부분을 우물처럼 움푹 판 다음 그곳에 5를 붓고 반죽한다.

7. 토비에 할머니는 조리대에서 반죽을 치대지 말고 그릇에 넣어서 하라고 했다. 그래야 씻기 편하다는 것이다. 반죽은 10분 정도 해야 한다. 할머니는 "반죽을 할 때는 위아래, 바깥쪽과 안쪽을 고르게 문대줘서 죽은 생명이 떠나게 해야 한다. 부드럽게 토닥여주고 기도를 해주어야 한다"고 했다. 반죽하는 과정은 정말 중요하다. 반죽이 빵의 성격을 결정하기 때문이다.

8. 반죽이 끝났으면 반죽 표면에 기름을 조금 바르고 그릇에 담는다. 할머니는 〈뉴욕 타임스〉에 소개된 글에서 일단 부드럽고 탄력이 있는 반죽을 다 만들었으면 그 다음엔 혁명이 일어나야 한다고 했다. 따뜻한 물에 적신 타월로 덮어 2배로 부풀어오를 때까지 3시간 정도 따뜻한 곳에 놓아둔다.

9. 부풀어오른 반죽을 주먹으로 치고 치댄 후 똑같은 양으로 3등분 한다. 이것을 굴리고 다듬어 길이가 45㎝ 정도 되는 끈처럼 만든다. 이 3개의 반죽을 나란히 놓고 한쪽 끝을 뭉친 다음 머리를 땋을 때처럼 서로 엇갈리게 꾼다. 완전히 다 꼬았으면 끝을 하나로 합쳐 보이지 않게 밀어넣는다.

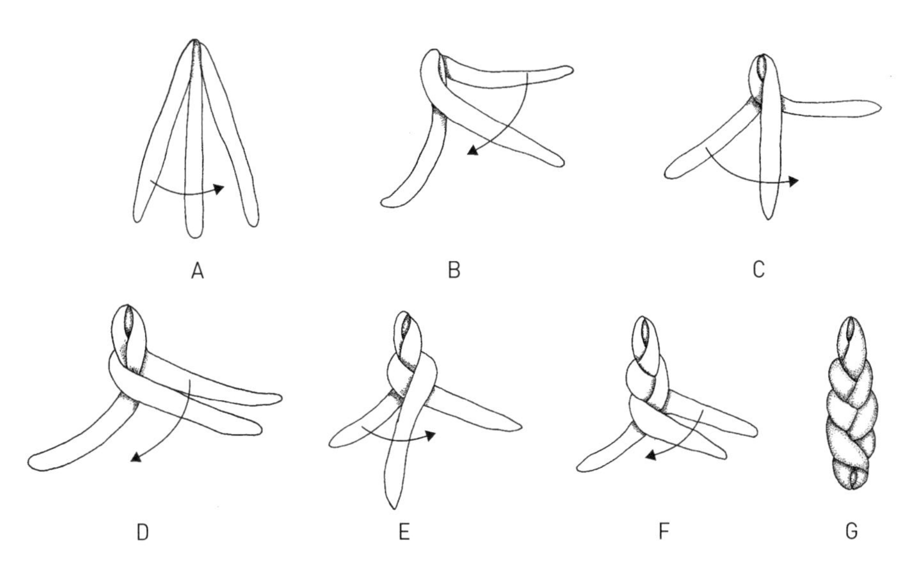

칼라 모양 만들기

10. 쿠키 시트■■에 기름을 조금 두르고 9를 올려놓은 후 부풀어오를 때까지 1~2시간 따뜻한 장소에 놓아둔다.

11. 오븐을 250℃로 예열한다.

12. 남겨두었던 계란을 빵 반죽 위에 바른다.

13. 40~45분 동안 약간 노릇노릇해질 정도로 굽는다. 껍질이 바삭해지도록 창문 가까이 놓고 식힌다.

14. 갓 구워낸 칼라를 맛있게 먹는다. 칼라가 마르면 맛있는 프렌치토스트를 만들어 먹으면 된다.

■■ 비스킷 따위를 굽는 철판

아프가니스탄빵

한참 이 책을 집필하고 있던 2001년 9월 11일에 미국에서는 유례없는 끔찍한 비극이 일어났다. 나는 그 테러 사건이 불러일으킨 여러 가지 파문을 지켜보면서 아무 것도 할 수 없다는 사실에 마음이 아팠고, 결국 미국이 아프가니스탄에 대규모 공격을 감행하는 모습을 지켜보면서 그 곳의 요리와 그들의 문화를 알아야겠다는 생각이 들었다.

아프가니스탄에도 전 세계 모든 나라가 그렇듯이 전통적인 발효식품이 있다. 아프가니스탄에서 먹는 빵에 대해 읽고 있자니 어렸을 때 뉴욕에서 먹어본 기억이 났다. 아프가니스탄빵은 어머니가 발견해 우리 집으로 가져온 신비한 이국 음식 가운데 하나였다. 아프가니스탄빵은 중동 아시아에서 나는 검은 커민Nigella sativa 씨앗을 넣은 얇은 빵이다. 이 검은 커민은 미국이나 멕시코, 인도에서 쓰는 커다란 커민 씨앗과는 많이 다르다.

＊＊ 소요시간

- 4~8시간

＊＊ 재료(6~8인분)

- 사워도 원종 250*ml*
- 통밀가루 500*ml*
- 표백하지 않은 밀가루 500*ml*
- 소금 5*ml*
- 식물성 기름 60*ml*
- 미지근한 물 125*ml*
- 계란 노른자 1개
- 검은 커민 씨앗 15*ml*

＊＊ 만드는 방법

1. 믹싱 볼에 밀가루와 소금을 넣고 잘 섞은 다음 중앙에 홈을 판다.
2. 1번 홈에 발효시킨 사워도 원종과 기름을 넣고 잘 섞어 반죽을 만든다. 밀가루가 완전히 섞여 탄력이 생길 때까지 물을 조금씩 부어가면서 잘 반죽한다.
3. 평평한 표면에 밀가루를 뿌리고 5~10분 정도 반죽을 잘 치댄다.
4. 반죽을 다시 그릇에 넣고 젖은 타월을 덮은 후 부풀어오를 때까지 따뜻한 장소에 놓아 둔다.
5. 반죽의 부피가 2배로 커질 때까지 기다린다. 부풀어오를 때까지의 시간은 온도와 사워도 원종의 활동력에 따라 달라진다. 2~3시간이면 부풀어오를 수도 있고 훨씬 오래 걸릴 수도 있다.
6. 오븐을 175℃로 예열한다.

7. 평평한 곳에 밀가루를 뿌리고 반죽을 2.5㎝ 두께로 민다. 중앙에서 바깥쪽으로 밀어 전체적으로 균일한 두께가 되게 한다. 모양은 직사각형이어도 되고 타원형이어도 되고 아메바처럼 특정한 모양이 없어도 된다.

8. 반죽을 다 밀었으면 기름을 두르지 않은 쿠키 시트 위에 올려놓는다.

9. 물 15㎖에 계란 노른자를 푼다. 반죽 위에 계란 섞은 물을 뿌리거나 바른 후 검은 커민씨를 그 위에 뿌린다.

10. 반죽이 황금색이 될 때까지 20～25분 굽는다. 커다란 피타pita■■처럼 부풀어올라도 절대 놀라지 말라.

■■ 중동과 지중해 지역에서 먹는 납작한 빵

발아된 곡식과 에세네파 전통 빵(에신빵)

에세네파 전통 빵은 촉촉하고 달콤한 매우 독특한 빵이다. 이 빵은 싹이 튼 곡식을 갈아 반죽한 다음, 굽지 않고 아주 낮은 온도에서 건조시켜 만든다. 단맛이 나는 이유는 발아시킨 곡식을 넣기 때문이다. 곡식이 발아할 때 분비하는 효소 디아스타아제diastase는 녹말을 당으로 분해한다. 11장에서 좀 더 자세히 다루겠지만 싹을 틔운 곡식은 주로 맥주를 만들 때 사용하는데 에네세파 전통 빵을 만들 때는 언제나 싹 튼 곡식을 집어넣는다. 그러나 꼭 에네세파 전통 빵이 아니더라도 싹 튼 곡식을 넣으면 근사한 맛이 날 것이다.

에세네파는 기원전 2세기경부터 서기 2세기까지 활동한 금욕주의 유대교의 한 종파이다. 상업에 종사하지 않고 공동체 구성원들이 모두 똑같이 재산을 공유했던 이 평화주의자들은 음식에 대해서도 특별한 규칙을 지켰다. 전통적으로 에세네파 전통 빵은 발효된 재료를 사용하지 않는다. 그렇지만 곡물에 사워도를 넣어 하루나 이틀 정도 놓아두었다가 빵을 만드는 경우도 있다. 조금은 시큼한 맛에 단맛을 더하고 빵을 좀 더 부드럽게 만들기 위해서다.

곡물 싹 틔우기

앞으로 소개할 요리법 중에는 싹 튼 곡식을 넣는 요리법이 많이 나올 것이다. 물론 각 요리법마다 집어넣는 곡물의 종류와 양은 다르겠지만 기본적으로 곡물을 싹 틔우는 방법은 이 '곡물 싹 틔우기'를 참고하면 될 것이다. 에세네파 전통 빵에는 밀이나 호밀, 스펠트밀, 귀리 등 곡식의 종류에 상관없이 넣고 싶은 곡식을 넣으면 된다.

**** 소요시간**

- 2~3일

**** 필요한 도구**

- 발아 도구(집에 곡물을 발아시키는 기구가 있다면 그것을 사용하면 된다. 나는 입구가 넓은 4*l* 짜리 단지에 망사나 치즈 천을 덮고 고무줄로 묶어서 사용한다.)

** 발아시키는 방법

1. 단지에 곡물과 곡물이 잠길 만큼 물을 넣은 다음 천이나 망사를 씌워 상온에서 12~24 시간 불린다.
2. 단지에서 물을 뺀다(이 물은 308쪽에 나와 있는 레주벨락rejuvelac처럼 마실 수 있다). 단지를 작은 그릇이나 계량컵에 거꾸로 뒤집어 놓되, 단지가 안전하게 세워지도록 주의를 기울인다. 이때 곡물이 물에 잠겨 있으면 발아되기 전에 썩고 만다.

망사를 덮은 발아 단지에서 물 빼기

3. 물을 줄 필요가 있다고 느낄 때마다 깨끗한 물로 씻어 내린다. 아침저녁으로 한 번씩은 매일 물을 주어야 한다. 날씨가 더울 때는 더 자주 주어야 곡식이 마르지 않고 곰팡이가 생기지 않는다.
4. 곡식에 조그만 꼬리 같은 것이 생기면 발아한 것이다. 발아 후 2~3일 지났을 때 쓰거나 건조시켜야 단맛이 가장 많이 난다.

에세네파 전통 빵

✻✻ 소요시간

- 4~5일(곡식 발아 시간 포함)

✻✻ 재료(커다란 빵 1덩어리 분량)

- 곡물 750㎖(싹을 틔웠을 때의 양)
- 사워도 원종 60㎖
- 소금 2㎖

✻✻ 만드는 방법

1. '곡물 싹 틔우기'에서 설명한 대로 곡물의 싹을 틔운다.
2. 싹 튼 곡물을 간다. 나는 만능 조리기를 사용하는데 에세네파 사람들은 돌로 만든 도구를 사용하지 않았을까 싶다. 곡식을 갈 수 있는 적당한 도구를 이용하면 된다. 완전히 다 갈지 않아 조금 거칠어도 된다.
3. 사워도와 소금을 넣고 완전히 섞일 때까지 잘 젓는다. 해바라기씨나 허브, 건포도, 다진 당근 등을 넣어도 된다. 언제나 그렇듯이 넣고 싶은 재료를 마음껏 넣어보자.
4. 빵 굽는 팬에 기름을 조금 두르고 3을 넣는다.

5. 파리가 달려들지 않도록 덮개를 덮고 1~2일 상온에서 발효시킨다.

6. 빵을 건조시킨다. 에세네파 사람들은 햇볕에 말렸다고 한다. 뜨겁고 화창한 여름에는 그렇게 해도 되는데, 그대로 한나절 말린 다음 뒤집어서 반대쪽을 말린다. 오븐의 온도를 95℃로 놓고 4시간 정도 말려도 된다. 반죽이 팬에서 떨어질 정도로 오그라들면 다 된 것이다.

인제라

에티오피아에서 주식으로 먹는 스펀지빵인 인제라 Injera도 사워도로 만든 빵인데 정말 좋아한다. 에티오피아 식당에 가면 인제라가 가득 놓인 접시에 음식이 담겨 나온다. 이 인제라를 반으로 쪼개 함께 나온 음식을 그 안에 넣어 먹으면 된다. 인제라는 미리 요리해두었다가 상온으로 식혀서 내놓는다. 바로 뒤에 소개하는 땅콩 고구마 스튜와 함께 먹으면 무척 맛있다. 인제라는 이처럼 모든 소스와 잘 어울리는 음식이다. 인터넷에는 맛있는 에티오피아 요리가 많이 소개되어 있으니 한번 찾아보기 바란다.

**** 소요시간**

- 24시간 정도

**** 재료(인제라 18~24개 분량)**

- 사워도 원종 500㎖
- 미지근한 물 1.25 ℓ

- 통밀가루 500㎖
- 테프가루 500㎖(테프는 에티오피아에서 자라는 곡물이다. 시중에서 구입할 수 없다면 기장이나 조 혹은 밀가루를 대신 넣으면 된다)
- 소금 5㎖
- 베이킹소다 혹은 베이킹파우더 5㎖(안 넣어도 된다)
- 식물성 기름

**** 만드는 방법**

1. 커다란 단지나 그릇을 이용해서 반죽을 만든다. 발효시킨 사워도 원종을 넣고 물과 밀가루를 넣어 잘 젓는다. 반죽은 얇은 팬케이크를 만들 때처럼 묽어야 한다. 필요하면 물을 더 넣는다.
2. 위를 덮어 따뜻한 곳에 놓고 생각날 때마다 저어준다. 24시간 정도 발효시킨다.
3. 2가 발효되었으면 소금을 넣는다.
4. 다음은 기호에 따라 조금씩 달라지는 과정이다. 시큼한 맛을 좋아하는데 발효가 덜 됐다면 자연 효모를 좀 더 이용한 후에 빵을 만들어 먹으면 된다. 이때는 효모가 성장할 수 있도록 반죽에 신선한 밀가루 15㎖를 넣은 후 잘 저어준다. 신맛이 덜하게 만들고 싶다면 반죽에 베이킹소다 5㎖를 넣은 후 잘 저어준다. 베이킹소다는 알칼리성이기 때문에 효모가 만드는 산과 반응해 산성을 없애준다. 베이킹소다 대신 베이킹파우더를 5㎖ 넣어도 된다. 베이킹파우더에도 젖었을 때 산과 반응해 신맛을 없애주는 중탄산나트륨이 들어 있다. 이런 물질들은 산성을 중화시키기 때문에 신맛이 나는 반죽에 비해 거품이 그다지 많이 발생하지 않는다.
5. 4에서 어떤 물질을 넣었건 간에 잘 저어준 다음 몇 분 정도 가만히 둔다.
6. 팬케이크를 구울 수 있는 잘 달라붙지 않는 팬을 중간 세기 정도의 불에 달군다. 브러시나 종이 타월에 기름을 묻혀 팬에 살짝 바른다.
7. 뜨겁게 달군 팬에 반죽을 붓고 가능한 한 얇게 편다. 반죽이 얇게 펴지지 않으면 물을 좀

더 부어 묽게 만들어야 한다. 반죽을 떨어뜨렸을 때 지글거리는 소리가 나야 하지만, 곧바로 갈색으로 변할 만큼 뜨겁지는 않은 중간 불에서 굽는다.

8. 빵을 굽는 동안 팬 뚜껑을 덮어둔다. 빵 전체에 구멍이 생기고 윗부분이 완전히 마를 때까지 굽는다. 인제라는 뒤집지 않고 한 쪽만 굽는 빵이다. 다 구웠으면 타월 위에 올려놓고 식힌다.
9. 다 식은 인제라는 겹겹이 쌓아올린 후 타월로 감싸둔다.

땅콩 고구마 스튜

내 친구 맥스진은 몇 년 동안 굵직굵직한 맛있는 발효식품 축제를 열어 내가 발효식품에 빠져들게 만든 주인공이다. 그는 언젠가 200명이 먹을 로이벤 샌드위치를 만들기도 했는데, 해마다 한 번씩 '에티오피아의 밤'이라는 축제를 연다. 에티오피아의 밤 축제가 열리는 날이면 내가 인제라와 떼찌를 만들고 땅콩 고구마 스튜는 맥스진이 만든다(에티오피아 벌꿀 술인 떼찌 만드는 법은 81쪽에 나와 있다). 이 책에 실은 땅콩 고구마 스튜 만드는 법은 그가 『무스우드 식당에서의 일요일 Sundays at Moosewood Restaurant』이라는 요리책을 보고 알아낸 방법이다.

⁂ 소요시간

• 30～40분

⁂ 재료(6～8인분)

• 잘게 다진 양파 500*ml*

- 식물성 기름 30㎖
- 깍둑썰기 한 고구마 750㎖
- 잘게 다진 마늘 3쪽
- 고추 2㎖
- 생강 10㎖
- 커민 5㎖
- 파프리카 15㎖
- 호로파 15㎖
- 소금 5㎖
- 계피와 정향 조금
- 생이나 통조림 토마토 1ℓ
- 사과주스 250㎖(또는 물 250㎖에 꿀 15㎖를 넣은 꿀물)
- 땅콩버터 185㎖
- 얇게 썬 예루살렘 아티초크 500㎖(안 넣어도 된다)
- 잘게 썬 양배추 750㎖(또는 짙은 녹색 채소 잎)

**** 만드는 방법**

1. 깊게 파인 커다란 냄비 안에 기름을 두르고 양파를 넣어 투명해질 때까지 5분 정도 볶는다.
2. 고구마, 마늘, 계피를 넣고 뚜껑을 덮은 상태로 5분 정도 익힌다.
3. 땅콩버터와 예루살렘 아티초크, 녹색 채소를 뺀 나머지 재료를 모두 냄비에 넣는다. 팔팔 끓으면 불을 줄이고 약한 불로 10분 정도 더 끓인다.
4. 3의 뜨거운 국물을 125~250㎖ 덜어내 그 속에 땅콩버터를 넣어 크림 같은 페이스트를 만든다. 이 페이스트와 예루살렘 아티초크, 녹색 채소를 함께 3에 넣고 채소의 숨이 죽을 때까지 5분 정도 약한 불에서 익힌다. 스튜가 너무 걸쭉하면 물을 더 넣고 간을 맞춘다.
5. 인제라나 기장 같은 곡물과 함께 먹는다.

알래스카 개척자들의 사워도 핫케이크

사워도는 하나의 신화를 이룬 미국 개척자들의 중요한 식량이었다. 개척자들은 영양이 풍부하고 생명력이 끈질긴 사워도를 아주 중요하게 생각했다. 게다가 사워도는 식료품 가게가 없는 곳에서도 쉽게 보충할 수 있는 장점이 있었다. 샌프란시스코의 상징인 사워도는 캘리포니아 골드러시의 유물이다. 알래스카에서는 개척자들을 가리킬 때 '사워도'로 부르기도 했다. 그만큼 자신들의 필수 양식으로서 사워도를 소중히 여겼다. "진정한 알래스카 사워도만 있다면 총이 없어도 그곳에서 1년을 보내겠지만 발효 중인 사워도가 담긴 냄비 없이는 견디지 못할 것이다"라는 말이 나올 정도였다.

이 말은 루스 올맨이 직접 손으로 쓴 『알래스카 사워도 : 알래스카 원주민의 건강식Alaska Sourdough: The Real Stuff by a Real Alaskan』에 나오는 글이다.[4] 올맨은 사워도의 인기에 얽힌 여러 가지 재미있는 이야기들을 기록으로 남겼다. "어찌된 일인지 베이킹파우더가 질산칼륨 같은 성욕 억제제라는 소문이 돌았다. 그러자 알래스카인의 피 속에 남성다운 기질이 흐르고 있다고 믿는 한 건장한 북부인이 아주 의기양양해 했다. 그의 성욕은 줄어드는 법이 없었기 때문이다. 예로부터 알래스카 사람들은 빵을 만들 때 베이킹파우더를 넣지 않았는데, 이로 인해 사워도의 명성이 널리 알려지면서 사람들의 인기를 얻게 되었다."

그렇지만 사실 알래스카의 추운 날씨는 사워도를 보관하기에 알맞지 않다. 올맨은 "알래스카에서는 기온이 영하 50℃까지 떨어지는 일이 비일비재하기 때문에 문제가 많았다. 겨울에 이곳을 여행하는 사람들은 다음 날 먹을 사워도가 어는 것을 막기 위해 빳빳한 방수 천으로 사워도 냄비를 꽁꽁 싸맨 후 침대 밑에 보관했다. 영하의 날씨를 넘나드는 추위 속에 개썰매로 여행을 할 때면 남편인 잭은 낡은 프랭스 알베르Prince Albert 담배통에 사워도를 보관했다. 그 담배통을 모직물로 만든 셔츠 안주머니 안에 넣어두어야 어는 걸 방지할 수 있었다. 하지만 사워도는 아주 조금만 있어도 충분히 다시 발효시킬 수 있다"고 적고 있다.

올맨은 또 사워도 팬케이크의 신맛을 없애려면 베이킹소다를 넣으라고 충고한다. "사워도는 신맛이 강하게 날 필요가 없다. 그저 향긋한 누룩의 향취만 나면 된다. … 소다로 달콤하게 만들 수 있다는 사실을 기억하라."

⁂ 소요시간

- 8~12시간(팬케이크를 만들기 전날 밤에 반죽을 미리 해놓는다)

⁂ 재료(16개 정도 만들 분량)

- 발효시킨 사워도 원종 250㎖
- 미지근한 물 500㎖
- 통밀로 만든 파이용 밀가루 625㎖(도정한 밀가루도 괜찮다)
- 설탕 30㎖(단맛을 내는 다른 물질을 사용해도 된다)
- 계란 1개
- 식물성 기름 30㎖
- 소금 2㎖
- 베이킹소다 5㎖

⁂ 만드는 방법

1. 커다란 용기에 사워도 원종과 미지근한 물, 밀가루, 설탕을 넣고 응어리가 없어질 때까지 잘 섞는다.
2. 용기를 덮어 따뜻한 장소에서 8~12시간 발효시킨다.
3. 발효가 되면 반죽에 계란과 기름, 소금을 넣는다. 완전히 섞일 때까지 잘 저어준다.
4. 따뜻한 물 15㎖에 베이킹소다를 풀어 3에 넣는다.
5. 기름을 두르고 달군 팬에 국자로 반죽을 떠 넣어 원하는 크기의 팬케이크를 부친다. 반죽 표면에 거품이 생기면 뒤집어서 다른 쪽을 익힌다. 노릇노릇해질 때까지 잘 익힌다.
6. 식사를 하면서 구워 먹거나 모두 다 구울 때까지 오븐 속에 넣어두어 따뜻하게 먹으면 맛있다. 요구르트나 메이플 시럽과 함께 먹는다.

로즈마리 · 마늘 · 사워도 · 감자 팬케이크

이 근사하고 독특한 감자 팬케이크는 쇼트 마운틴의 신기한 음식 개발자 오키드의 작품이다.

＊＊ 소요시간

- 8～12시간(더 길어도 된다)

＊＊ 재료(8㎝ 팬케이크 30개 분량)

- 고구마나 감자 2～3개(갈았을 때는 500㎖ 정도면 충분하다)
- 사워도 250㎖
- 미지근한 물 500㎖
- 통밀로 만든 파이용 밀가루 250㎖
- 호밀가루 250㎖
- 흰 밀가루 125㎖
- 으깬 로즈마리 15㎖

- 계란 1개
- 식물성 기름 30㎖
- 소금 2㎖
- 다진 마늘 75㎖(더 넣어도 된다)

✻✻ 만드는 방법

1. 감자에 물을 붓고 포크로 찔렀을 때 푹 들어갈 정도로 15분 정도 삶는다. 다 삶았으면 식힌 후 으깬다.
2. 커다란 항아리나 그릇에 발효시킨 사워도 원종과 미지근한 물, 으깬 감자, 밀가루, 로즈마리를 넣고 잘 섞는다.
3. 잘 섞었으면 그릇을 덮어 8~12시간 발효시킨다.
4. 반죽이 발효가 다 됐으면 계란과 기름, 소금을 넣는다.
5. 프라이팬을 달구고 기름을 두른다. 국자로 반죽을 떠서 8㎝ 정도 되는 작은 팬케이크 모양을 만든다. 그 위에 잘게 썬 마늘을 골고루 뿌린다. 표면에 거품이 생기기 시작하면 뒤집어서 반대쪽을 굽는다. 노릇노릇해질 때까지 잘 익힌다.
6. 식사를 하면서 구워 먹거나 모두 다 구울 때까지 오븐 속에 넣어두어 따뜻하게 먹으면 맛있다. 요구르트나 케피어, 발효시킨 크림과 함께 먹는다.

참깨 · 쌀 · 사워도 크래커

크래커는 만들기 쉬운 음식이다. 특히 사워도를 이용해 직접 만든 가지각색의 크래커는 정말 맛이 있다. 공동체에서 함께 지내는 친구 중 한 명은 내가 만든 크래커를 보고 유기물질의 차원 분열 도형■■이라고 불렀다. 이 책에 실은 요리법은 에드워드 에스페 브라운의 『타사자라빵 만들기 The Tassajara Bread Book』에 실려 있는 방법을 응용한 것이다.

＊＊ 소요시간

• 16～24시간(더 길어도 된다)

＊＊ 재료(50개쯤 만들 수 있는 분량)

• 먹고 남은 밥 250*ml*

• 사워도 원종 125*ml*

• 물 125*ml*

■■ 인간 세상이나 자연계에 나타나는 불규칙적인 형상을 설명하는 도형으로, 카오스 이론을 응용한 것이다.

- 식물성 기름 30㎖
- 참기름 30㎖
- 통밀로 만든 파이용 밀가루 250㎖
- 소금 15㎖
- 다진 마늘 4쪽
- 쌀가루 250㎖
- 참깨 45㎖

** 만드는 방법

1. 밥과 사워도 원종, 기름, 물, 통밀가루를 섞어 반죽을 만든다. 걸쭉한 상태가 될 때까지 잘 저어준다.
2. 8~12시간 발효시킨다.
3. 적당한 상태로 발효가 됐으면 소금, 마늘, 쌀가루를 넣어 잘 반죽한다. 반죽이 질면 밀가루를 좀 더 넣는다. 너무 오래 반죽할 필요는 없다.
4. 반죽을 다 했으면 다시 한 번 8~12시간 발효시킨다.
5. 오븐을 160℃로 예열한다. 쿠키 시트에 기름을 바른다. 평평한 면에 밀가루를 뿌리고 반죽을 야구공 크기 정도로 떼어낸 후 아주 얇게 편다. 얇게 편 반죽을 적당히 잘라 쿠키 시트 위에 올려놓는다. 쿠키가 부서지지 않고 바삭하게 구워지도록 포크로 반죽에 구멍을 낸다.
6. 반죽에 기름을 바르고 참깨를 뿌린 후 바삭하게 익을 때까지 25분 정도 굽는다.

** 이 책에 나와 있는 또 다른 빵과 팬케이크 요리법

6장 - 도사와 이들리

7장 - 드로웨 쿠라(티베트 타라 · 메밀 팬케이크)

9장 - 옥수수빵

Chapter 09

발효시킨 곡물로 만든 죽과 음료

빵을 만들 수 있는 곡물은 밀, 호밀과 같은 몇 가지 곡물밖에 없다 ● 빵은 만드는 데도 많은 시간이 걸리지만 굽는 시설을 갖추기도 쉽지 않다 ● 따라서 빵은 오랜 기간 상류층의 전유물이었다 ● 밀, 호밀 등 빵에 필요한 곡물 외에 귀리, 기장, 옥수수 등 곡물도 발효시켜 먹을 수 있다 ● 서아프리카의 오기, 일본의 감주처럼 곡식을 발효시킨 음식은 얼마든지 있다 ● 체로키족은 옥수수를, 러시아 사람들은 오래된 빵을 사용해 죽이나 빵, 감주, 푸딩 등 다양한 형태의 발효식품을 만들어 먹고 있다

생활의 지혜가 담긴 곡물 발효식품의 발견

빵은 아주 곱게 간 곡물로 만들 수 있는 음식이지만, 좋은 빵을 만들 수 있는 곡물은 밀이나 호밀 같은 몇 가지 곡물밖에 없다. 귀리나 기장 등을 주재료로 해서 만든 빵이 있다는 이야기는 들어본 적이 없을 것이다. 또 빵을 만들기 위해 곡물을 빻고 반죽하고 열에 굽는 과정은 아주 오랜 시간이 걸린다. 게다가 빵을 굽는 오븐 자체도 누구나 가지고 있는 도구는 아니었다. 그 때문에 모든 문명에서 빵을 만들어 먹은 것은 아니며, 오래전부터 빵을 만들어 먹은 사회라 하더라도 대부분 상류 사회의 전유물이었다. 그러나 모든 계층마다 저마다의 발효식품은 있었다.

빵이라든가 팬케이크라는 말은 쓰지 않아도 누구나 곡물을 발효시켜 먹었다. 빵에 쓰이는 사워도를 만들 특권은 밀가루와 물이 가지고 있지만 기장과 물을 섞어도 발효식품은 얼마든지 만들 수 있다. 서아프리카에서 기장과 물을 섞어 만들어 먹는 오기ogi나 일본의 감주처럼 곡식을 발효시켜 죽처럼 만들어 먹는 발효식품은 얼마든지 있다.

11장에서 좀 더 자세히 다루겠지만 곡물을 발효시키면 맥주처럼 알코올이 생기는 음료뿐 아니라 여러 가지 영양분이 풍부한 산성 음료를 만들 수 있다. 지금 내가 살고 있는 테네시 주에서 살던 체로키족은 옥수수를 발효시켜 만든 거-노-헤-너 Gv-no-he-nv를 마셨다. 러시아 사람들은 오래된 빵을 다시 발효시켜 만든 크바스를 즐긴다. 그리고 진짜 음식을 사랑하는 사람들은 강렬한 발효 음료인 레주벨락을 아주 좋아한다.

닉스타말화 옥수수

옥수수는 유럽 사람들이 도착하기 전에 북아메리카와 남아메리카에 살던 원주민들의 주식이다. 지금도 그렇지만 옥수수가 많이 나는 곳에는 사람들이 몰려들게 마련이다. 아메리카 대륙에 살던 원주민들이 옥수수를 먹는 방법과 유럽 사람들이 먹는 방법에는 한 가지 커다란 차이점이 있다. 바로 닉스타말화 과정이다. '닉스타말화 nixtamalization' 라는 단어는 아스테크 언어에서 유래했다. 닉스타말화의 가운데 음절은 '타말레 tamale' ■■를 가리킨다. 타말레를 비롯한 여러 멕시코 옥수수 제품이 이 닉스타말화 과정을 거친다. 멕시코 시장에서 파는 닉스타말화 과정을 거친 옥수수가루는 '마사 masa', 통 옥수수 낟알은 '포솔레 posole' 이다. 하지만 북아메리카에서는 닉스타말화 과정을 거친 옥수수가루를 '호미니 hominy' 로 부른다.

닉스타말화 과정은 아주 간단하다. 옥수수를 물에 불려 알칼리성인 석회나

■■ 옥수수가루에 다진 고기와 고추를 넣어 만드는 멕시코 요리

잿물에 담가 익힌 뒤 씻어내면 된다. 옥수수를 알칼리성 용액에 담그면 영양분이 풍부해진다. 닉스타말화 과정을 거치는 동안 옥수수 속에 들어 있는 단백질의 성질이 바뀌어, 몸에 잘 흡수되는 아미노산의 비율이 높아지고 나이아신이 생성된다.[1] 역사학자 소피 D. 코는 "중앙아메리카에서 많은 문명이 발생할 수 있었던 이유는 높은 영양가를 자랑하는 닉스타말화를 알아냈기 때문이다"고 했다.[2] 유럽 사람들은 옥수수를 수입해갔지만 닉스타말화에 대해서는 알지 못했다. 이 때문에 아메리카 대륙 밖에서 생산되는 옥수수를 주식으로 하는 문명에서는 나이아신 결핍증인 펠라그라병과 단백질 결핍증인 소아 영양실조증으로 끊임없이 시달려야 했다. 이런 질병은 닉스타말화 처리를 하고 먹는 곳에서는 거의 생기지 않는다.

사실 닉스타말화는 발효 과정이 아니다. 그러나 전통적인 방법으로 옥수수빵을 만들 때는 먼저 닉스타말화 과정을 거쳐야 하기 때문에 먼저 소개하도록 한다.

✻✻ 소요시간

- 12～24시간

✻✻ 재료(포솔레 1*l* 기준)

- 옥수수 알 500*ml*
- 물
- 잿물 125*ml*나 석회수 30*ml*(수산화칼슘으로 부르기도 하는 석회수는 발효식품 전문점이나 농산물 전문점에 가면 구할 수 있다. 석회수를 구입할 때는 식용인지 반드시 확인해야 한다. 순도가 낮은 똑같은 화학물질을 공업용으로 쓰기도 하기 때문이다)

** 만드는 방법

1. 옥수수를 12~24시간 물에 불린다.
2. 물에서 건져낸 옥수수를 압력솥이나 다른 커다란 냄비에 옮겨 담는다.
3. 옥수수가 들어 있는 냄비에 물을 2ℓ 붓고 수산화칼슘 수용액을 붓는다. 나무 난로처럼 재를 구할 수 있는 방법이 있다면 재를 넣어도 되는데 이때는 한 가지 주의할 점이 있다. 재는 반드시 진짜 나뭇재여야 한다. 합판이나 파티클 보드처럼 접착제로 붙이거나 압축 처리한 나무를 태운 재는 안 된다. 덩어리가 져서 씻어내기 어려운 재도 사용하면 안 된다.
4. 3을 끓인다. 압력솥에서는 1시간 정도, 일반 냄비에서는 가끔씩 저어주면서 3시간 정도 끓인다.
5. 옥수수 알갱이를 손가락으로 문질러봐서 뭉개지면 다 익은 것이니 불을 끈다. 뭉개지지 않으면 더 익힌다.
6. 5를 물에 씻는다. 옥수수를 잘 비비고 문질러서 껍질이 완전히 벗겨져나가게 한다. 재를 넣는 경우 잿물이 나오지 않을 때까지 씻는다. 이로써 닉스타말화가 끝났다.
7. 이렇게 만든 포솔레는 다음과 같이 사용한다. 칠리 chili■■나 폴렌타 polenta■■, 수프, 스튜로 만들어 먹을 때는 으깨지 않고 통 알갱이를 사용한다. 가루로 빻아서는 토르티야 tortillas■■나 타말레 같은 빵으로, 발효시켜서는 11장에 소개하는 항아리 술처럼 만들어 먹는다.

■■ 아메리카가 원산지인 매운 칠리고추 혹은 칠리고추를 넣은 향신료
■■ 옥수수나 보리로 만들어 먹는 이탈리아식 죽
■■ 옥수수를 재료로 얇게 구운 멕시코빵

거-노-헤-너

체로키족은 1838년 오클라호마에 있는 인디언 거주지로 강제 이주당하기 전까지는 내가 살고 있는 테네시 주의 우거진 수풀을 누비며 생활했다. 18세기 말부터 19세기 초까지 체로키족 중 많은 이들이 유럽 이주민들의 생활 방식을 받아들여 그 지역 남동쪽에서 유럽 사회와 아주 유사한 공동체를 형성했다. 그러나 그 같은 전략도 체로키족의 운명을 구해주지는 못했다. 결국 체로키 족은 '눈물의 길 Trail of Tears'을 따라 다른 동부 부족들과 함께 서부로 강제 이주를 당해야 했다.

이 땅을 사랑하고 이 땅의 강력한 보살핌을 받고 있는 나는 이제는 이곳에 없는 원주민들의 부재를 강하게 느낄 때가 많다. 그래서 이 책을 쓰는 동안 체로키족의 발효식품에 대해 알아보기로 결심했다. 인터넷을 뒤지던 나는 남동쪽에 있는, '체로키족의 땅'이라는 뜻의 '키투와 네이션Kituwa Nation'이라는 웹사이트를 찾아냈다. 그곳에는 지금 설명할 거-노-헤-너gv-no-he-nv를 포함한 몇 가지 음식 요리법이 올라와 있었다(v는 but에서 모음 u와 비슷

하게 발음된다).[3]

이 걸쭉하고 우윳빛 나는 음료는 1주일 정도 발효시키면 달콤한 옥수수 냄새에 시큼한 냄새가 은은하게 배어나온다. 몇 주 정도 더 발효시키면 치즈처럼 아주 시큼한 냄새가 난다. 쇼트 마운틴의 주방장인 버피는 거-노-헤-너가 '물에 섞어 걸쭉하게 만든 께사디야 quesadilla■■ 퓌레맛'이 난다고 했다. 하지만 옥수수 발효식품인 거-노-헤-너에는 치즈가 전혀 들어가지 않는다.

거-노-헤-너는 고대인들의 지혜와 역사를 알려주는 풍부한 맛을 지니고 있다. 하지만 음료로 먹기에는 너무 강하다고 생각되면 다음에 소개할 옥수수빵이나 폴렌타에 넣어 먹거나 칠리, 스튜, 수프, 찜 요리, 빵 등의 재료로 활용해도 된다.

✻✻ 소요시간

- 1주 이상

✻✻ 재료 (2*l* 기준)

- 닉스타말화 처리를 한 옥수수 500*ml*
- 물

✻✻ 만드는 방법

1. 만능 조리기나 분쇄기, 절구 등을 이용해서 옥수수를 빻는다.

2. 물 2.5*l* 에 빻은 옥수수를 넣고 1시간 정도 익힌다. 옥수수가 부드러워지고 국물이 걸쭉

■■ 치즈를 토르티야로 싸서 구운 멕시코 요리

해질 때까지 삶는데 타지 않도록 자주 저어주어야 한다.

3. 항아리에 2를 넣고 따뜻한 장소에 놓아두어 발효시킨다. 가끔씩 저어주며 맛을 본다. 처음에는 단맛이 나다가 차츰 신맛이 날 것이다. 거-노-헤-너는 옥수수 알갱이째 그냥 마셔도 되고 걸러 마셔도 된다. 옥수수를 걸러내고 국물만 마실 생각이라면 걸러낸 옥수수는 빵이나 폴렌타 같은 음식을 만들 때 넣어 먹는다.

옥수수빵

거-노-헤-너와 거기서 걸러낸 옥수수를 가지고 만드는 옥수수빵은 시대를 초월한 일종의 퓨전 음식이다. 이 빵을 소개하는 것은, 자신들의 땅을 빼앗은 백인 거주자들에게 옥수수를 소개한 체로키족이 다시금 자신들의 전통 옥수수 음식을 세상에 소개하는 것이나 다름없다. 거-노-헤-너는 남부 지방의 주식인 옥수수빵에 새콤한 맛을 더해줄 것이다.

✻✻ 소요시간

- 40분 정도

✻✻ 재료(옥수수빵 1덩어리 기준)

- 옥수수가루 310*ml*
- 통밀로 만든 파이용 밀가루 185*ml*
- 베이킹파우더 10*ml*
- 소금 5*ml*

- 계란 1개(없어도 된다)
- 식물성 기름이나 녹인 버터 45㎖
- 꿀 30㎖
- 거-노-헤-너 185㎖
- 케피어나 버터밀크 125㎖(이 재료를 빼고 대신 거-노-헤-너를 더 넣어도 된다)
- 거-노-헤-너에서 걸러낸 옥수수 250㎖
- 다진 양파 3～4개

** 만드는 방법

1. 오븐을 220℃로 예열한다. 달궈진 오븐에 주철로 만든 냄비를 넣는다.
2. 그릇에 옥수수가루와 밀가루, 베이킹파우더, 소금을 넣고 잘 섞는다.
3. 계란을 넣을 생각이라면 다른 그릇을 준비해 계란을 깨 넣고 기름이나 버터와 꿀, 거-노-헤-너를 넣는다. 케피어나 버터밀크를 넣을 생각이라면 이때 넣는다. 모두 잘 섞일 때까지 저어준다.
4. 3에서 만든 혼합물을 2에 붓고 걸쭉한 반죽이 될 때까지 잘 젓는다. 완전히 다 저었으면 거-노-헤-너에서 걸러낸 옥수수와 양파를 넣고 잘 섞는다.
5. 1의 달궈진 냄비를 오븐에서 꺼내 기름이나 버터를 두르고 4를 부어 다시 오븐에 넣는다.
6. 20～30분 굽는다. 포크를 가운데까지 찔러보았을 때 아무 것도 묻어나지 않으면 다 익은 것이다.

다문화
옥수수 푸딩

풍부한 질감을 자랑하는 이 이탈리아식 옥수수 푸딩은 중앙아메리카 사람들의 전통 식품인 닉스타말화 옥수수와 체로키족의 거-노-헤-너, 카프카스 지방의 케피어, 오랫동안 숙성시킨 이탈리아 파르메산 parmesan 치즈가 들어가는 다문화 음식이다.

**** 소요시간**

- 1시간 30분

**** 재료(6~8인분)**

- 닉스타말화한 통 옥수수 알 250*ml*
- 거-노-헤-너에서 거른 옥수수 250*ml*
- 폴렌타(말린 후 입자가 굵게 빻은 옥수수)■■ 250*ml*

■■ 그것으로 만든 음식을 가리키기도 한다.

- 거-노-헤-너 250㎖
- 백포도주 125㎖
- 소금 5~10㎖
- 마늘 6~8쪽(거칠게 다진다)
- 케피어나 요구르트 250㎖
- 리코타 치즈 250㎖
- 잘게 썬 파르메산 치즈 60㎖
- 토마토소스 0.75~1ℓ (싱싱한 허브와 마늘, 포도주를 넣어 집에서 직접 만든 소스가 좋다)

**** 만드는 방법**

1. 물 500㎖를 끓인다.
2. 끓는 물에 닉스타말화 옥수수를 넣는다. 닉스타말화 처리를 한 후 어느 정도 시간이 흘러 거품이 생긴 옥수수라면 더 좋다.
3. 옥수수를 넣고 15분 정도 끓인 후 거-노-헤-너에서 건져낸 옥수수를 집어넣는다. 불을 줄이고 한 번 더 끓어오를 때까지 잘 저어준다.
4. 거-노-헤-너에 폴렌타와 포도주를 넣어 잘 섞은 후 3에 넣는다. 여기에 소금을 넣고 걸쭉해질 때까지 10~15분 잘 저어준다. 이때 오븐을 175℃로 미리 가열해놓는다.
5. 냄비의 불을 끄고 마늘과 요구르트, 케피어, 리코타 치즈, 준비한 파르메산 치즈의 절반을 넣는다.
6. 5를 24~40㎝ 되는 제빵용 팬에 담고 그 위에 토마토소스를 얹은 후 남아 있는 파르메산 치즈를 뿌린다.
7. 20~30분 구운 후 내놓는다.

유전자조작 옥수수

아메리카 대륙의 문명과 함께 해온 옥수수는 유전공학에서 가장 많이 다루는 주요 농산물 가운데 하나다. 현재 옥수수는 몬산토 사가 개발한 화학 살충제인 라운드업에 내성을 갖도록 유전자를 조작해, 농부들이 화학 살충제를 대량으로 뿌려 잡초들을 죽일 때도 꿋꿋하게 살아남을 수 있는 종으로 개량되고 있다.

또 전 세계적으로 악명 높은 유전자조작 콩 말고도 다국적기업의 이익을 위해 여러 가지 주요 농산물의 유전자가 조작되고 있다. 곧 유전자조작 밀도 판매될 예정이라고 한다. 유전자조작 종자들은 자연의 힘을 빌려 씨앗이 스스로 발아하게 했던 농부들의 일을 기업이 대신하게 함으로써 농업 문화를 획일적으로 바꾸고, 나아가 농부들을 다국적기업에 의존하게 만듦으로써 결국 모든 일을 기업의 뜻대로 움직이게 만들 것이 확실하다.

유전공학자들 자신은 우량종자를 선택하는 것일 뿐이라고 주장한다. 그러나 자연이 여러 세대를 거치면서 선택한 형질들 가운데 인간에게 이롭다고 생각하는 형질만을 골라 새로운 종을 만든다는 것은, 자연 상태에 존재하는 종과는 전혀 다른 새로운 종을 만들어내는 것을 의미한다. 그 결과가 어떻게 나올지는 누구도 알 수 없다.

오늘날 우리가 먹는 옥수수도 사실은 테오신트teosinte라고 하는 조상종이 수많은 세대를 거치면서 자연의 선택을 받아 탄생한 결과물이다. 하지만 유전공학계가 지속적으로 자행해 온 유전자 오염으로 인해, 고대부터 가장 다양한 옥수수 종들이 자라온 멕시코 지역의 토착 옥수수들은 심각한 위협에 직면해 있다. 오래전부터 자연에서 자라온 옥수수들의 유전자가 유전공학으로 탄생한 새로운 옥수수의 DNA에 감염되고 있는 것이다. 그 결과는 아무도 장담할 수 없다. 아주 무서운 일이 발생할지도 모른다. 〈뉴욕 타임스〉에는 "강력한 유전자를 가진 외래종은 토착 식물들을 누르고 개체수가 가장 많은 우세종이 된다. 이렇게 되면 유전자 다양성을 자랑하던 토착 식물들도 그런 유전자가 없다는 이유로 개체수가 줄어들거나 완전히 사라지고 말 것이다"라는 글이 실리기도 했다.[4]

수천 년 동안 진화의 결과로 탄생한 생물 종들이 실험실에서 특허받은 식물들 때문에 사라지고 있다. 유전공학자들과 농약 제조업체, 정부 관료들은 여전히 생체공학의 선두주자가 되어야 한다는 헛된 망상에 사로잡혀 있다. 반다나 시바는 자신의 책 『누가 세계를 약탈하는가Stolen Harvest: The Hijacking of the Global Food Supply』(도서출판 울력, 2003)에서 "우리는 식량 제국주의가 도래하고 있다고 생각한다. 소수의 국제기업들이 전 세계 식량 공급망을 통제한 채 사람들이 다양하고 안전하며 환경친화적인 자연식품을 먹

지 못하도록 막고 있다"고 했다.[5]

어떤 식물이 유전자를 오염시키는 식물인지는 알 수 없다. 멕시코는 유전자조작 옥수수의 재배를 금지하고 있지만 유전자조작 옥수수로 만든 미국 식품은 수입해 먹는다. 유전자를 조작한 유전자가 일단 밖으로 나오면 더 이상 통제할 수도 완전히 수거할 수도 없다. 몇 년 전 미국에서는 동물 사료로만 승인해준 유전자조작 스타링크 옥수수가 옥수수 칩에 들어 있다는 사실이 밝혀져 리콜 사태가 일어난 적도 있다.

내가 종자를 주문하는 곳에서 보내준 카탈로그에는 다음과 같은 글이 적혀 있었다. "페드코 사는 절대 고의로 유전자조작 종자를 판매하지 않습니다. 고의라는 말에 주의해주시기 바랍니다. 왜냐하면 오염의 문제는 우리가 통제할 수 없기 때문입니다. 그러나 품질에 이상이 있을 경우에는 곧바로 공급을 중단하겠습니다. … 법적 조치를 마련하지 못한 점은 사과하지만, 유전자를 조작한 사실을 알게 되면 그 사실을 공개할 것을 약속합니다."[6]

우리 모두는 현실을 똑바로 보아야 한다. 정확한 정보를 바탕으로 우리 자신의 건강과 생물학적 다양성을 위해 적극 나서야 한다. 그린피스는 유전자조작을 한 제품과 상품, 환경운동연합 등에 대한 정보를 제공하는 웹사이트 www.truefoodnow.org를 운영하고 있다.

유전자조작식품경보가 운영하는 www.gefoodalert.org와 유기농소비자연합에서 운영하는 www.organicconsumers.org에서도 다양한 관련 정보와 활동 단체에 대한 정보를 알 수 있다.

포리지

소화기관의 활동을 촉진하고 하루에 필요한 활기를 제공해 주는 음식 가운데 죽보다 좋은 음식은 없을 것이다. 그래서 요리책들 대부분이 죽은 아침 식사로 소개한다. 내게 일본식 된장 만드는 법을 가르쳐준 크레이지 아울 박사는 중국식 죽인 칸지congee를 만들어 먹는다. 그는 밤마다 칸지를 만드는데, 스테인리스 스틸 보온병에 다양한 허브와 함께 통 곡식을 집어넣고 뜨거운 물을 붓기만 하면 된다. 외부 공기가 들어가지 않도록 뚜껑을 닫아 하룻밤 동안 놔두면 아침에 먹기 딱 좋은 죽이 된다.

칸지는 몸에 좋은 건강식품이다. 공동체에서 함께 생활하고 있는 버피는 최근 아침을 죽으로 먹는다는 방침을 세웠다. 덕분에 나도 그가 만든 옥수수죽을 마음껏 즐기게 됐다. 매일 눈을 뜨면 버피가 부엌에서 분쇄기(우리가 직접 만든)에 곡식을 갈아 죽을 만드는 소리가 들린다. 그는 여러 곡식을

기장

섞어 주철로 만든 냄비에 볶은 다음 물을 넣고 익힌다. 곡식과 물의 비율을 1 대 5로 섞고 20분 정도 끓이면 걸쭉하고 맛있는 죽이 만들어진다.

곡물로 만든 죽을 발효시키면 또 다른 새로운 맛이 나는데, 12~24시간 물에 불려놓으면 양념을 넣지 않아도 걸쭉하고 소화가 잘되는 죽을 만들 수 있다. 샐리 팔론은 발효식품에 관한 유명한 책 『전통의 양성』에서 곡물을 물에 불리면 소화가 잘되는 음식으로 바뀐다고 했다. 그는 책에서 우리 조상들은 곡식을 정제하거나 빻지 않았다며 다음과 같이 적고 있다. "통 곡식을 그대로 먹어야 한다는 수많은 영양학자들의 충고는 아무리 좋은 의도에서 한 말이라 해도 오해의 소지가 있으며, 잘못하다가는 좋지 않은 결과를 낳을 수도 있다. 우리 조상들은 통 곡식을 먹었지만, 단시간에 빵 또는 그라놀라를 만들어 먹는 법이나 신속하게 끝낼 수 있는 찜 요리법 등과 같이 현대인들이 요리책에서 소개하는 방법과는 차이가 있다. 우리 조상들은, 좀 더 정확하게 말해서 산업화가 되기 전까지 우리 인류는 빵이나 포리지, 케이크, 찜을 만들어 먹을 때 곡식을 충분히 물에 불려 사용했다."[7]

폴 피치포드는 자신의 책 『모든 식품의 치유력Healing with Whole Foods』에서 샐리 팔론의 주장을 뒷받침해주는 과학적 근거를 제시했다. 그는 "모든 곡식의 가장 바깥층에는 소화가 진행되는 동안 무기질의 흡수를 방해하는 피트산이 다량 함유되어 있다"고 했다.[8] 하지만 곡식을 물에 불려 발효를 시킨 후에 요리를 하면 피트산이 중화되기 때문에 무기질 흡수를 도와준다는 것이다. 온도가 낮을 때는 24시간 정도, 온도가 높을 때는 8~12시간만 물에 담가두면 좋은 향미는 그대로 유지하면서도 영양분의 흡수율은 높아진다.

오기

아프리카 사람들은 주식으로 걸쭉하고 전분이 많이 들어 있는, 곡식을 빻아 만든 죽을 먹는다. 그래서 여성들이 곡식과 카사바 뿌리를 빻는 모습을 흔히 볼 수 있다. 유엔식량농업기구FAO는 “아프리카 국가들의 열량 공급원 가운데 77%를 차지하고 있는 식품은 곡물이며 가장 중요한 단백질 공급원도 곡물이다. … 아프리카는 곡식을 대부분 발효시켜 먹는데 영유아들의 유아식이자 어른들의 주요 영양 공급원인 아주 귀중한 음식이다”라고 했다.[9]

기장으로 만든 죽을 서아프리카에서는 오기ogi, 동아프리카에서는 우지uji라고 한다. 아프리카에서 먹는 죽은 일반적으로 걸쭉하며, 손으로 집어먹을 수 있는 단단한 건더기가 들어 있는 경우가 많고, 맛있는 스튜가 곁들여지기도 한다. 만드는 방법도 간단하다. 버터와 마늘, 케피어, 소금, 후추와 함께 내어 아침에 먹는다.

** 소요시간

- 딱히 정해진 시간은 없다. 1일부터 1주 이상까지 다양하다.

** 재료(8인분 기준)

- 기장 500㎖
- 물
- 소금

** 만드는 방법

1. 분쇄기 등을 이용해 약간 거칠게 기장을 간다.
2. 물 1ℓ 에 1을 넣어 불린다. 물에 불리는 시간은 24시간부터 1주일까지 마음대로 선택하면 된다. 불리는 시간이 길어질수록 신맛이 강해진다. 나는 1주일 정도 발효시키는 편이다.
3. 1인분당 물 125㎖씩 소금을 조금 치고 끓인다.
4. 2의 발효시킨 기장을 저어서 균일하게 섞은 후 1인분당 160㎖씩 떠서 3에 넣는다. 불을 줄이고 타지 않도록 저어가면서 몇 분 동안 걸쭉한 상태가 될 때까지 끓인다. 너무 걸쭉하다 싶으면 물을 더 넣으면 된다. 원하는 정도로 끓여서 맛있게 먹는다.

귀리죽

귀리는 정말 마음을 온화하게 만들어주는 음식이다. 이 부드럽고 말랑말랑한 음식은 오래전 내가 아기였을 때 수저로 받아먹던 부드럽고 사랑이 가득했던 음식을 연상시킨다. 엘리자베스 메이어 렌시하우젠은 문화 인류학 잡지 〈음식과 요리 방법〉에서 근대 유럽에서는 포리지를 만들어 먹을 때 발효시킨 신맛이 나는 수프를 만들어 먹었다고 했다.[10] 귀리를 요리해 먹기 전에 발효시키면 영양가도 높아지고 소화도 잘 되며 훨씬 더 부드러워진다.

귀리를 가장 신선하고 영양가가 풍부한 상태로 먹고 싶다면 요리할 때마다 갈아서 사용하면 된다. 거칠게 빻거나 롤로 으깨서 사용해도 된다.

** 소요시간

• 24시간

✻✻ 재료(3~4인분)

- 입자를 굵게 빻거나 롤로 으깬 귀리 250㎖
- 물 1.25 l
- 소금

✻✻ 만드는 방법

1. 통 귀리를 거칠게 간다.
2. 항아리나 병에 물 500㎖를 붓고 1을 넣어 24시간 이상 불린다. 먼지나 파리가 들어가지 않도록 덮개를 덮는다. 귀리가 대부분의 물을 흡수할 것이다.
3. 물 750㎖에 소금을 조금 넣은 다음 끓인다. 물이 끓으면 불을 줄이고 2와 물을 조금 더 넣는다. 귀리가 물에 완전히 풀릴 때까지 10분 정도 저어가면서 더 끓인다. 타지 않도록 조심하면서 걸쭉해질 때까지 잘 젓는다.

감주

감주あまざけ는 내가 먹어본 발효식품 가운데 가장 신기한 일본식 음료다. 이 음식의 가장 놀라운 점은 곡물을 달콤하게 만들기 위해 굳이 설탕이나 다른 당분을 넣어주지 않아도 된다는 점이다. 곰팡이가 담백한 맛의 밥을(또는 다른 곡물들을) 발효 과정에서 아주 달콤하게 만들어주기 때문이다. 된장을 만드는 황국균Aspergillus oryzae■■이 이번에도 솜씨를 발휘해 다당류인 녹말을 단당류인 당으로 만들어주어 소화를 돕는다.

전통적으로 감주는 단맛이 나는 쌀로 만드는데 쌀에는 글루텐이 많이 들어 있기 때문에 밥을 지으면 끈적끈적하게 된다. 감주는 쌀이 아니더라도 곡물이면 모두 만들 수 있으며, 나는 기장으로 만든 감주를 아주 좋아한다.

✻✻ 소요시간

- 24시간 미만

■■ 발효 술이나 된장, 간장 등을 만드는 데 사용하는 누룩곰팡이

** 필요한 도구

- 4 *l* 짜리 입구가 넓은 단지
- 단지가 쏙 들어가는 보온 기구

** 재료(4*l* 기준)

- 쌀 500*ml*(다른 곡물도 괜찮다)
- 누룩 500*ml*
- 물

** 만드는 방법

1. 쌀에 물 1.5*l* 를 붓고 삶는다. 물과 쌀의 비율을 3 대 1로 하면 더 차지게 삶아진다. 압력솥에 삶으면 더 좋다.
2. 쌀을 삶는 동안 보온 기구와 단지에 뜨거운 물을 부어 미리 온도를 높여둔다.
3. 1이 다 익으면 불을 끄고 열이 빠져나갈 수 있도록 몇 분 정도 저으면서 식힌다. 이때 완전히 차가울 정도까지 식히면 안 된다. 누룩은 60℃ 정도에서 가장 활발하게 활동하기 때문에 이 정도로 온도를 맞춰주어야 한다. 온도계가 없다면 손가락으로 살짝 만질 수는 있을 정도로 상당한 열기가 느껴져야 적당하다.
4. 3에 누룩을 넣고 잘 저어준다.
5. 4를 미리 데워놓은 단지에 옮겨 담는다. 단지 뚜껑을 닫고 역시 미리 데워놓은 보온 기구에 넣는다. 보온 기구가 단지보다 훨씬 크다면 열이 빠져나가지 않도록 남은 공간에 따뜻한 물을 채워 넣는다(만지기 힘들 정도로 뜨거우면 안 된다). 보온 기구의 뚜껑을 덮고 따뜻한 장소에 놓는다.
6. 8~12시간 지난 후에 감주의 상태를 확인한다. 보관 온도가 60℃ 정도라면 8~12시간, 32℃ 정도라면 20~24시간 후에 상태를 확인한다. 감주에서 아주 단맛이 나면 다 된 것이다. 아직 단맛이 나지 않는다면 뜨거운 물을 더 넣어 온도를 조금 올려주고 몇 시간 정도 더 발효시킨다.

7. 6에서 단맛이 나면 살짝 끓여 더 이상 발효되지 않게 한다. 단맛이 난 후에도 계속해서 발효시키면 산이 만들어진다. 감주를 끓여 살균할 때는 타지 않도록 조심해야 한다. 나는 먼저 물 500㎖를 끓인 후에 감주를 조금씩 부으면서 바닥이 타지 않도록 잘 저어준다.
8. 이때 감주는 아주 걸쭉하며 곡물 알갱이가 그대로 남아 있는데, 이 상태로 먹어도 되고 여기에 물을 조금 붓고 만능 조리기에 갈아 곡물 알갱이와 국물을 완전히 섞어서 먹어도 된다.

감주는 뜨겁게 먹으나 차갑게 먹으나 모두 맛있는데 양념을 더 넣어 먹어도 된다. 육두구나 럼주를 조금 넣어 먹으면 독특한 풍미를 즐길 수 있다. 나는 바닐라나 다진 생강, 구운 아몬드, 에소프레소 등을 넣어 먹기도 하고 빵 만들 때도 사용한다. 감주는 냉장고에 넣고 몇 주 정도 보관할 수 있다.

감주 · 코코넛 밀크 푸딩

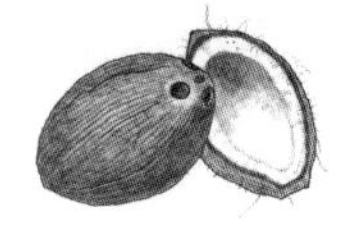

감주와 코코넛 밀크로 단맛을 내는 이 맛있는 푸딩에는 다른 감미료를 넣을 필요가 없다.

**** 소요시간**

- 3시간

**** 재료(6~8인분)**

- 코코넛 밀크 1캔
- 쌀유(또는 우유나 두유) 250*ml*
- 칡가루 30*ml*
- 소두구■■가루 5*ml*
- 감주 1 *l*
- 말려서 부순 코코넛 250*ml*

■■ 약재나 향료로 쓰이는 생강과의 식물 혹은 그 열매

• 바닐라 추출물 5㎖

• 소금

⁂ 만드는 방법

1. 냄비에 코코넛 밀크와 제시한 쌀유 분량의 반인 125㎖를 붓고 끓인다.
2. 나머지 쌀유 125㎖를 다른 용기에 붓고 칡가루와 소두구가루를 넣고 젓는다. 칡가루가 완전히 녹으면 끓이고 있는 1에 넣는다.
3. 냄비가 끓으면 감주를 넣는다. 불을 약하게 줄이고 걸쭉해지기 전까지 10분 정도 저으면서 더 끓인다.
4. 냄비를 끓이는 동안 부순 코코넛을 볶는다. 코코넛이 노릇노릇해질 때까지 약한 불에서 저어가면서 볶는다.
5. 냄비에 바닐라 추출물과 볶은 코코넛 절반을 넣고 잘 젓는다.
6. 5가 걸쭉하게 끓어오르면 불을 끄고 그릇이나 제빵용 팬에 쏟아 붓는다.
7. 남은 코코넛을 만들어진 푸딩 위에 뿌린다. 상온에서 식힌 후 먹기 전에 냉장고에 넣어 시원하게 만든다.

크바스

크바스kvass는 아주 멋진 재활용 과정을 거치는 식품으로 딱딱해진 빵을 다시 발효시켜서 먹는 음료다. 톨스토이의 『안나 카레니나』를 보면, 대저택에서 생활하는 안나는 고급 포도주를 마시지만 영지를 순찰하는 동안 크바스를 마시는 소작농을 본다는 이야기가 나온다. 크바스는 지금도 도시와 시골을 불문하고 인기가 있는 러시아 음료로 뉴욕에서 사는 러시아 사람들도 즐겨 마신다.

크바스는 영양분도 풍부하고 힘을 솟게 하는 음식이다. 크바스 속에는 유산균이 풍부하고, 약간의 알코올이 있으며, 끈끈하고 걸쭉한 느낌에 우윳빛이 난다. 브루클린에 있는 브라이튼 비치에서 사먹은 크바스는 당밀 맛이 나는 소다처럼 단맛이 강한 탄산 음료였다. 지금 소개하는 크바스 요리법은 러시아 시골 농부들이 실제로 즐겼을 것 같은 달지 않고 약간 시큼하게 만드는 방법이다. 나는 이 맛을 정말 좋아하지만 신맛이 강해서 움찔하는 사람이 있을지도 모르겠다.

** 소요시간

- 3~5일

** 재료(2ℓ 기준)

- 딱딱해진 빵 750g(전통적으로 크바스는 통 호밀이나 보리를 굵게 갈아 만든 러시아 흑빵으로 만들지만 꼭 그럴 필요는 없고, 사실 딱딱해진 빵이 아니어도 된다)
- 말린 박하가루 45㎖
- 레몬 즙(레몬 1개 분량)
- 설탕이나 꿀 60㎖
- 소금 1㎖
- 사워도 60㎖(사워도 대신 효모 1팩을 써도 된다)
- 건포도 약간

** 만드는 방법

1. 빵을 주사위 모양으로 잘라 150℃로 예열해놓은 오븐에서 습기가 마를 때까지 20분 정도 굽는다.
2. 항아리나 입구가 넓은 단지에 1과 박하, 레몬 즙, 끓인 물 3ℓ를 넣고 잘 저은 후 뚜껑을 닫고 8시간 이상 놓아둔다.
3. 2에서 건더기를 걸러낸 후 꾹꾹 눌러 가능한 한 많은 즙을 짜낸다. 빵이 물을 흡수하기 때문에 처음에 넣은 물보다는 부피가 줄어들었을 것이다.
4. 3에서 짜낸 즙에 설탕이나 꿀, 소금, 사워도나 효모를 넣고 잘 섞은 후 뚜껑을 닫고 2~3일 발효시킨다.
5. 다 만들어진 크바스를 1ℓ짜리 병들에 옮겨 담는다. 병의 끝까지 모두 채우지 말고 4분의 1 정도는 공간을 남겨둔다. 각 병에 건포도를 조금씩 넣고 뚜껑을 닫는다. 건포도가 표면으로 떠오를 때까지 상온에서 1~2일 가만히 둔다. 냉장고에 넣으면 몇 주 정도 보관할 수 있다.

오크로슈카

오크로슈카okroshka는 차갑게 먹는 러시아 수프로, 여름철 원기 회복에 좋다. 이 음식은 크바스로도 만들어 먹지만 피클 국물이나 자우어크라우트 국물로도 만들 수 있다. 익히지 않는 음식이기 때문에 천연 배양균이 살아 있다. 여기 소개하는 요리법은 레슬리 챔벌레인의 『러시아 음식과 요리법The Food and Cookery of Russia』에서 발견했다.

**** 소요시간**

- 2시간

**** 재료(4~6인분)**

- 감자 2개
- 당근 1개
- 순무 1개
- 버섯 250g

- 계란 3개(없어도 된다)
- 양파 4개
- 사과 1개
- 오이 1개
- 크바스 1*l*
- 피클 국물이나 자우어크라우트 국물 125*ml*
- 겨자가루 10*ml*
- 말린 소회향 15*ml*
- 파슬리 15*ml*
- 소금과 후추 약간

**** 만드는 방법**

1. 감자, 당근, 순무, 버섯 같은 제철 채소(넣고 싶은 채소를 마음대로 넣어도 된다)를 한입 크기로 잘라 숨이 죽을 때까지 10분 정도 찌거나 삶는다.
2. 계란을 넣고 싶다면 다른 냄비에서 완숙이 되게 삶는다.
3. 양파, 사과, 오이를 한입 크기로 썬다.
4. 크바스나 피클 국물, 자우어크라우트 국물을 넣고 겨자, 소회향, 파슬리 같은 채소를 곁들여 잘 저은 후 1시간 정도 냉장고에 넣어둔다.
5. 계란은 껍데기를 벗기고 썬다.
6. 4에 계란을 넣고 소금과 후추로 간을 맞춘다. 각얼음과 함께 그릇에 담아 케피어나 요구르트, 사워크림 등을 곁들여 먹는다.

레주벨락

영양분이 풍부해 활력을 주는 레주벨락은 곡식을 발아시키는 과정에서 나오는 부산물이다. IDA에 살고 있는 내 친구 매트 데필러가 알려준 음식인데, 매트는 칸디다 효모균에 감염된 후 열렬한 발효식품 예찬론자가 되었다. 발효균이 살아 있는 음식은 몸속에 과다 증식한 칸디다 효모균의 균형을 맞춰준다. 만들기가 쉽다는 것도 장점이다.

**** 소요시간**

- 3일

**** 재료(2*l* 기준)**

- 통 곡물 1*l* (종류는 상관없다)
- 물

**** 만드는 방법**

1. $4l$ 항아리에 물 $3l$를 붓고 곡물을 넣는다.
2. 12~24시간 지난 후에 물을 따라낸다. 이 물이 바로 레주벨락이다(259쪽 '곡물 싹 틔우기' 참고).
3. 항아리에 레주벨락을 넣고 먼지와 파리가 들어가지 않도록 뚜껑을 닫은 다음 이틀 정도 상온에서 발효시킨다.
4. 냉장고에 넣어놓고 마시고 싶을 때마다 마신다.

콤부차

콤부차는 사실 곡물 발효식품은 아니기 때문에 9장에서 다룰 내용이 아닐지도 모른다. 그러나 딱히 어디에 속한다고 결정할 수 있는 식품이 아니어서 이 장에서 함께 소개하려 한다. 콤부차는 레주벨락이나 크바스처럼 신맛이 나는 강장 음료로 러시아에서 오랫동안 사랑 받아왔다. 러시아 사람들은 이 음료를 크바스차로 부르기도 한다. 달콤한 검은색 음료인 콤부차는 홍차버섯tea beast으로 부르는, 세균과 효모가 모여 만든 젤리처럼 생긴 콤부차 초모kombucha mother로 발효시킨다. 이 초모 균체는 케피어 균체처럼 번식해가면서 달콤한 차를 만들어낸다.

콤부차 초모

중국 원산으로 추정되는 콤부차 초모는 각기 다른 시기에 다른 곳에서 인기를 끌었다. 모든 발효식품이 그렇듯이 몸에 좋은 콤부차는 1990년대

중반 미국에서 몇 년 동안 큰 인기를 모았는데, 특히 만성 질환을 앓고 있는 사람들이 많이 찾았다. 내 친구이자 나처럼 에이즈에 걸린 스프리도 콤부차의 매력에 푹 빠져들었다. 필요한 양보다 더 많은 양의 초모를 갖고 있는 그는 만나는 사람마다 콤부차를 먹어보게 했는데, 대부분 달콤새콤한 콤부차 맛을 좋아했다.

발효 과정에는 정말 무궁무진한 다양성이 숨어 있다. 사람들은 풍부한 창의력을 발휘해 콤부차 초모로 여러 음료를 만들어 먹는다. 내 친구 브레트 러브는 콤부차 초모를 자신이 가장 좋아하는 소프트드링크인 마운틴 듀에 넣어 먹는다.

콤부차를 만들 때 가장 어려운 일은 콤부차 초모를 구하는 일이다. 근처에 있는 발효식품 전문점에 콤부차 초모를 판매하는지 물어보자. 콤부차를 사랑하는 사람들이 운영하는 웹사이트인 전 세계 콤부차 판매점(Worldwide Kombucha Exchange) www.kombu.de에서도 운항비만 주면 배편으로 콤부차 초모를 구입할 수 있다. G.E.M 컬처스에서도 콤부차 초모를 판매하고 있다.■■

✻✻ 소요시간

• 7～10일

■■ 한국에서도 인터넷으로 '콤부차' 또는 '홍차버섯'을 검색하면 무료로 분양해주는 사이트나 커뮤니티를 찾을 수 있다.

**** 재료(1ℓ 기준)**

- 물 1ℓ
- 설탕 60㎖
- 홍차 15㎖나 홍차 티백 2개
- 숙성시킨 콤부차 125㎖
- 콤부차 초모

**** 만드는 방법**

1. 작은 냄비에 물과 설탕을 넣고 끓인다.
2. 불을 끄고 차를 넣는 다음 뚜껑을 덮고 15분 정도 우려낸다.
3. 유리로 만든 용기에 차를 걸러내 체온 정도가 되게 식힌다. 차를 걸러낼 때는 공기와 접촉하는 면이 많아지도록 넓은 용기를 사용하는 것이 좋다.
4. 숙성시킨 시큼한 콤부차를 3에 넣는다(콤부차 배양균을 보관할 때는 바로 이 국물에 넣어 보관해야 하므로 배양균을 보관할 생각이라면 국물을 조금 남겨둔다).
5. 4에 콤부차 초모를 넣는다. 단단하고 불투명한 부분이 위로 향하게 한다.
6. 5를 천으로 덮고 21~29℃ 되는 따뜻한 장소에 놓아둔다.
7. 온도에 따라 다르지만 1주일 정도 지나면 콤부차 위쪽에 얇은 막이 생긴다. 이때 맛을 본다. 아직은 단맛이 날지도 모른다. 발효 기간이 길어질수록 신맛이 강해진다.
8. 적당한 정도로 신맛이 나면 냉장고에 넣어 보관한다.

이제 당신은 콤부차 초모를 2개 가지게 됐다. 하나는 콤부차를 만들 때 넣은 초모이고 또 하나는 숙성시킨 콤부차 위에 떠 있던 얇은 막이다. 새로운 콤부차를 만들 때는 그중에 하나만 쓰고 남은 초모는 친구에게 주거나 거름으로 쓴다. 새로운 초모를 만들 때마다 기존의 초모는 더 걸쭉해진다.

Chapter 10

곡물을 넣지 않는 발효음료

알코올은 오래전부터 어디에나 존재하는 대표적인 발효식품이다 ● 고대 부족사회에서 알코올 음료는 공동체의 종교의식을 위해 필요했다 ● 특히 사과주, 포도주, 맥주를 만드는 일은 발효의식을 되살리는 성스런 과정으로 생각했다 ● 이처럼 고대 인류가 신성하게 생각해온 알코올 음료 제조법은 크게 곡물을 넣지 않는 발효음료 제조법과 곡물로 만드는 발효음료 제조법의 두 가지로 나뉜다 ● 여기서는 먼저 곡물을 넣지 않는 알코올 음료 제조법을 소개한다

17%

전통 문화와 종교 의식이 깃든 알코올 음료

알코올은 분명히 가장 많은 곳에서 먹고 있는 오래되고 잘 알려진 발효식품이다. 어느 정도 논란의 여지는 있지만 발효시킨 알코올 음료는 인류가 있는 곳이라면 어디에나 존재하는 식품일 것이다. 20세기 초반, 수많은 민속고고학자들이 문명화되지 않은 사회에서는 발효음료를 먹지 않는다고 주장했지만 이는 결코 사실이 아니다.[1]

아메리카 대륙 원주민들은 유럽 정복자들이 도착하기 전까지 알코올 음료를 먹지 않았다는 것이 지금까지 알려진 가장 일반적인 견해이다. 그러나 당시 아메리카 대륙 원주민들은 여러 지역에서 여러 민족이 각각 다른 문화권을 형성하면서 모두 독자적인 발효음료를 먹었음이 분명하다. 단지 유럽 사람들이 아메리카 원주민들에게 전해준 알코올인 증류주가 원주민들이 발효시켜 먹던 천연 알코올보다 훨씬 강력하고 위험한 물질이었을 뿐이다.

아메리카 대륙 곳곳에 침입한 침략자들은 원주민들이 오래전부터 발효시켜 먹던 음료를 만들어 먹지 못하게 했다. 이 때문에 지금은 이에 대한 정보가 거의 남아 있지 않다. 실제로 대규모 학살과 문화 말살, 원주민들에 대한 가혹한 정책 등으로 인해 발효식품을 포함한 많은 전통이 사라지고 말았다. 하지만 아직까지 살아남은 알코올 발효식품이 아주 많다는 사실은, 아메리카 대륙 전역이라고까지는 할 수 없어도 수많은 아메리카 대륙 원주민들이 알코올 발효식품을 만들어 먹었음을 분명히 보여준다.

고대 부족들이 알코올 음료를 만들어 먹은 이유는 아마도 공동체의 종교 의식 때문이었을 것이다. 고대에는 흥분이나 분노와 같은 강렬한 에너지가 효모의 활동을 훨씬 더 촉진한다는 이유로 떠들썩한 의식을 치르던 문명도 있었고,[2] 반대로 효모가 활동하려면 조용하고 평화로운 분위기가 만들어져야 한다고 믿고 발효시키는 동안 아주 고요한 상태를 유지하면서 조그만 소리나 움직임에도 소스라치게 놀라곤 하던 문명도 있었다. 소리에 대한 생각은 다를지 모르지만 두 방식 모두 발효를 경건하고 신성한 의식으로 보았다는 점에서는 같다. 포도주나 맥주, 벌꿀 술, 사과주를 만드는 일은 경건했던 알코올 발효 의식을 되살리는 일이다.

처음에 나는 책을 보고 맥주와 포도주 만드는 법을 익히려고 했다. 그러나 만드는 방법이 너무 복잡해서 좌절하지 않을 수 없었다. 게다가 요리책에 실려 있는 방법은 화학물질로 살균해야 한다는 점을 강조하고 있어서 마음에 들지 않았다. 화학물질, 곧 검증된 상업용 효모로 발효시키면 과일 표면에 살고 있는 다양한 천연 효모들이 죽을 수밖에 없는데, 그 같은 방법은 천연 발효 작용을 좋아하는 내게는 맞지 않았기 때문이다.

발효식품에 대한 관심이 전혀 없었을 때, 그러니까 아프리카로 여행을 갔을 때 그곳 토착민들이 알코올 음료를 만드는 장면을 구경한 적이 있다. 그들은 아주 간단하고도 쉬운 방법으로 알코올 발효식품을 만들 수 있다는 사실을 내게 알려주었다. 그곳 사람들은 가는 곳마다 야자나 카사바, 기장으로 만든 술을 내게 대접했다. 아프리카 사람들은 술을 병에 넣고 오랫동안 보관하는 법이 없었다. 늘 새로 만든 음료를 먹었는데 박과 식물의 열매로 만든 통이나 커다란 발효 용기에 알코올 음료를 담아두곤 했다.

기술 문명이 발달하지 않은 아프리카에서 내가 직접 눈으로 확인한 토착민들의 알코올 발효 방법과, 책을 보고 집에서 직접 만들어 먹을 수 있다는 맥주와 포도주 제조 방법이 그렇게 다른 이유는 무엇일까? 유럽 사람들은 포도주와 맥주를 제조할 때 다양하게 존재하는 천연 효모들을 오염물질로 보고 완전히 제거한 후에 자신들이 좋아하는 효모 1종만을 이용해서 발효시킨 다음 병에 담아 오랫동안 보관하는 방법을 택하고 있다. 물론 그런 식으로 제조한 알코올 음료가 고상하고 우아한 기품을 지니고 있다는 사실을 부정할 생각은 없다. 그러나 나는 아프리카 여행 때 알게 된 방법이 훨씬 더 쉽다는 것을 알고 있다.

나는 오래전부터 인류가 활용해온, 기술 문명이 발달하지 않은 곳에서 이용하던 방법을 소개하려고 한다.

이 책에 실려 있는 알코올 음료 제조법은 아주 간단하다. 전문가가 보면 코웃음을 칠지도 모르겠다. 내 열악한 방법을 보충하기 위해 내 친구들의 제조 방법도 함께 소개한다. 만드는 방법이 아주 다양하고, 그중에는 그저 자신의 생각대로 만들어본 것도 있지만 모두 맛이 있었다. 여러분도 여러 방법을 과감히 시도해보고 자신에게 가장 어울리는 방법을 찾아냈으면 한다.

밀주

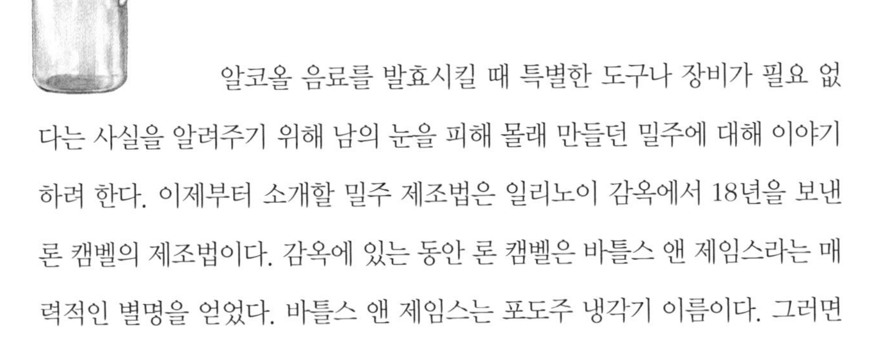

알코올 음료를 발효시킬 때 특별한 도구나 장비가 필요 없다는 사실을 알려주기 위해 남의 눈을 피해 몰래 만들던 밀주에 대해 이야기하려 한다. 이제부터 소개할 밀주 제조법은 일리노이 감옥에서 18년을 보낸 론 캠벨의 제조법이다. 감옥에 있는 동안 론 캠벨은 바틀스 앤 제임스라는 매력적인 별명을 얻었다. 바틀스 앤 제임스는 포도주 냉각기 이름이다. 그러면 어떤 식으로 술을 만들었는지 직접 그의 말을 들어보자.

먼저 두세 명을 식당으로 보내 과일 칵테일이나 복숭아를 얻어오게 한다. 그 속에 들어 있는 키커(알코올 성분)를 이용하기 위해서다. 하루나 이틀 정도 뚜껑을 열어놓고 키커가 주변에 있는 효모를 빨아들이게 한다. 그런 다음 오렌지주스 6팩과 설탕 500g을 뜨거운 물 1ℓ에 섞어 완전히 녹인다. 가끔 설탕을 지나치게 많이 넣을 때가 있었지만 그렇다고 만들어진 술맛에 대해 불평하는 사람은 아무도 없었다.

우리는 이 혼합물을 모두 200여ℓ짜리 쓰레기봉투에 넣고 다시 한 번 봉투에 넣어 냄새가 흘러나오지 않게 했다. 그러고는 따뜻한 곳에서 3일 동안 보관하면서 가스가 차지 않도록 가끔씩 봉지 속에서 가스를 빼주었다. 폭발하면 안 되기 때문이다. 그 다음은 그저 기다리기만 하면 되었다. 밤에는 가스를 빼기 위해 깨어 있어야 한다. 우리는 교대로 그 일을 했다. 자칫 관리를 잘못해서 버려버리기에는 너무나 소중한 보물이었기 때문이다. 그렇게 3일 정도 지나 더 이상 발효가 진행되지 않을 때가 되면 내용물에서 과일을 걸러낸다. 발효가 끝나는 순간은 쉽게 알 수 있다. 30분 정도마다 한 번씩 가스를 빼던 일이 2~3시간마다 한 번씩 빼도 되는 순간으로 바뀌면 발효가 끝난 것이다. 발효가 끝나면 한 모금을 살짝 머금어 오랫동안 음미하면서 맛을 본다. 알코올 맛을 볼 때는 그런 식으로 해야 한다.

술을 만드는 과정은 매 순간이 모험의 연속이다. 왜냐하면 술 만드는 일 자체가 불법이어서 잡혔다 하면 격리되어야 하기 때문이다. 몇 년 전만 해도 20ℓ이하로 만들면 잡혀도 중형은 받지 않았지만, 지금은 만드는 일 자체만으로도 법정에 서야 한다. 나는 단 한 번 잡혔는데 하필 그 시기가 석방을 몇 주 앞둔 1997년이었다. 결국 몇 달 동안 독방에서 지낸 후에야 집으로 돌아올 수 있었다. 내가 마지막으로 만든 술은 감옥 친구들과 함께 나누었다. 우리는 아침 식사로 나온 주스와 설탕, 젤리, 과일 등을 며칠 동안 모아서 술 12ℓ를 만들었다. 감옥 친구들 중에는 케첩이나 토마토퓌레로 만드는 사람도 있지만 나는 언제나 과일이 좋다. 과일 구하기가 쉽지는 않지만 노력할 만한 충분한 가치가 있다.

천연 사과주

내가 알고 있는 가장 간단한 방법으로 만들 수 있는 알코올 발효음료는 독한 사과주다. 조금 더 복잡한 기술을 활용해 훨씬 더 독하게 만드는 사과주는 343쪽에 나오는 '사과주 2'를 참고하기 바란다.

**** 소요시간**

• 1주일 정도

**** 재료(4 *l*)**

• 신선한 사과즙이나 사과주스 4 *l* (반드시 방부제가 들어 있지 않은 제품을 준비해야 한다. 방부제는 미생물의 성장을 억제하고 효모가 찾아드는 것을 방해하기 때문이다)

**** 만드는 방법**

1. 사과주스를 상온에 놓아둔다. 입구를 치즈 천이나 망사로 덮어 효모는 들어가고 파리는 들어가지 못하게 막는다.

2. 며칠이 지나면 약간의 간격을 두고 계속 맛을 본다. 내 경험으로는 3일 정도 지나니 거품

이 나고 약한 알코올 맛과 단맛이 났다. 5일이 지나니 단맛은 사라지고 여전히 거품이 났지만 시큼하지는 않았다. 1주일이 지나자 완전히 단맛이 없어지고 쌉쌀한 술맛이 났다. 하루 정도 더 지나자 시큼한 맛이 나기 시작했다. 집에서는 이렇게 간단한 방법으로 알코올 음료를 만들 수 있다.

카르보이와 에어로크

간단한 장비를 이용하면 알코올을 식초로 변화시키는 미생물의 활동을 최대한 억제할 수 있다. 카르보이 통과 플라스틱 에어로크가 그것이다. 카르보이는 입구가 좁은 커다란 통으로 정수기에 설치하는 물통과 비슷하게 생겼다. 목이 좁아 바깥 공기가 쉽게 안으로 들어가지 못하게 막아주기 때문에 식초를 만드는 미생물이 들어가지 못한다. 4ℓ 정도만 만들 생각이라면 유리로 만든 주스병을 대신 사용해도 된다. 그러나 아주 많은 양을 만들 생각이라면 카르보이를 이용하는 것이 좋다.

카르보이와 주스 병

에어로크는 발효할 때 나오는 이산화탄소는 밖으로 배출하고 바깥 공기는 안으로 들어가지 못하게 하는 장치다. 형태는 다양하지만 모두 물을 이용해 내부 압력을 조절한다. 에어로크를 쓸 때는 물이 모두 증발해 더 이상 바깥 공기를 막아주지 못할 수도 있으니 자주 살펴보고 필요하다면 물을 더 넣어준다.

에어로크가 없다면 통 입구에 풍선을 끼워두어도 된다. 풍선은 외부 공기를 막아주는 동시에 미생물이 만들어낸 이산화탄소가 빠져나갈 수 있는 공간을 제공해준다. 단 너무 크게 부풀어오르기 전에 공기를 빼주어야 한다. 그렇지 않으면 벗겨지거나 터져버린다.

알코올 발효식품 중에는 입구를 막지 않고 열어둔 상태로 발효시키는 음식들도 있다. 발효 초기, 곧 거품이 많이 나오는 시기에는 알코올을 만드는 효모가 대부분이어서 경쟁 상대가 거의 없다. 거품이 잦아지면 식초를 만드는 다른 미생물들이 왕성하게 번식해나가기 시작한다. 공기를 막지 않고 발효시키는 알코올 음료도 맛이 아주 좋지만, 알코올 발효가 아주 짧은 시간에 끝나기 때문에 식초를 만드는 미생물들이 번식하지 못하도록 정확한 시간에 발효를 끝마쳐야 한다. 일반적으로 아주 오랫동안 숙성시켜 마시는 알코올 음료는 에어로크로 공기를 차단하는 방법을 쓴다.

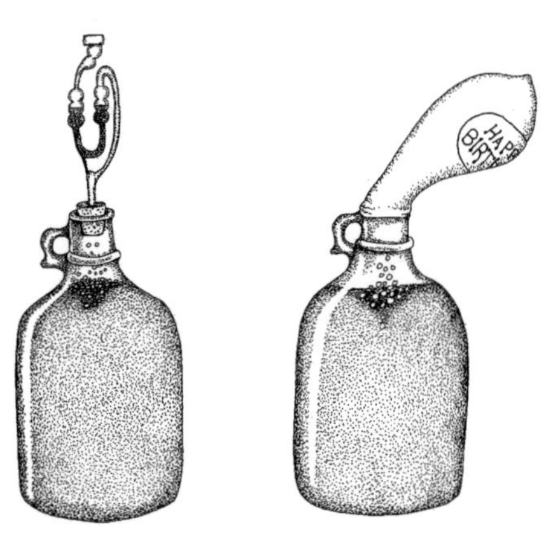

에어로크와 에어로크 대신 쓸 수 있는 풍선

여러 형태로 만들어 먹는 떼찌

떼찌를 만드는 방법과 필요한 재료는 81쪽에서 이미 소개했다. 떼찌는 내가 포도주를 만들어 먹을 때 사용하는 가장 기본적인 방법으로, 이 방법을 응용해 여러 가지 다른 재료를 첨가한 후 오랫동안 숙성시키면 다양한 발효음료를 만들 수 있다.

나는 다니엘 조트 메스핀이 쓴 『이국적인 에티오피아 요리Exotic Ethiopian Cooking』에서 떼찌를 처음 접했다. 나는 이 책에 실려 있는 여러 가지 방법을 응용해 아주 멋진 에티오피아 벌꿀 술을 많이 만들어보았다. 그중에서도 떼찌는 아주 오래전부터 에티오피아 사람들이 만들어 먹던 벌꿀 술이다. 떼찌는 일반적으로 발효가 끝난 뒤 숙성시키지 않고 마시지만, 유럽에서는 벌꿀 술도 오랫동안 숙성시킨 후에 먹는다. 떼찌 역시 유럽 술처럼 병에 넣고 에어로크 장치를 하면 몇 년 동안 숙성시켜 먹을 수 있다. 자세한 내용은 뒤에 소개할 '과실주 숙성시키기-사이펀으로 걸러내고 병에 담기' 편을 참고하기 바란다.

장과류 떼찌

81쪽에 나와 있는 비율대로 꿀과 물을 섞은 꿀물 4l에 서양자두나 딸기 같은 장과류 과일 1l를 섞는다. 머지않아 거품이 생길 것이다. 5일에서 1주일 정도 지나면 과일을 건져내고 깨끗한 4l 짜리 병에 국물을 옮겨 담아 떼찌가 만들어질 때까지 숙성시킨다. 과일은 넣고 싶은 종류를 마음껏 넣으면 된다.

허브 떼찌(메테글린metheglin)

81쪽에 나와 있는 비율대로 섞은 꿀물 4l에 레몬밤, 레몬버베나, 레몬타임, 레몬그래스, 레몬 바질 등을 섞은 다음 원하는 만큼 허브를 넣는다. 때때로 저어주면서 1주일 동안 발효시킨 후 4l 짜리 깨끗한 병에 옮겨 담아 떼찌가 만들어질 때까지 숙성시킨다.

커피 바나나 떼찌

커피 바나나 떼찌는 포도주 냄새가 난다. 항아리 속에서 꿀물이 발효되기 시작하면 굵게 갈아서 볶은 커피콩 125㎖와 껍질을 벗겨서 썬 바나나를 넣는다. 생각날 때마다 잘 저어주어야 한다. 그렇게 5일이 지나면 건더기를 걸러내고 국물을 깨끗한 4l 짜리 항아리에 옮겨 담는다. 떼찌가 만들어질 때까지 숙성시킨다.

과실주 숙성시키기

사이펀으로 걸러내고 병에 담기

몇 주가 지나면 떼찌는 아주 맛있는 알코올 음료가 된다. 과실주가 다 그렇듯이 몇 년이 지나면 훨씬 더 맛있어진다. 과실주를 오랫동안 숙성시키고 보관하려면 병에 넣어야 한다. 병에 옮겨 담기 전이라도 오랫동안 보관하고 싶다면, 발효가 끝날 무렵 사이펀을 이용해 앙금은 그대로 둔 채 떼찌만 깨끗한 다른 통으로 옮겨 담으면 된다. 이 과정을 래킹racking이라

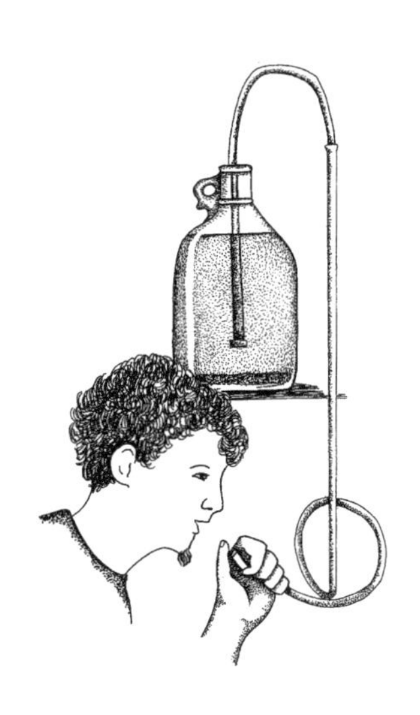

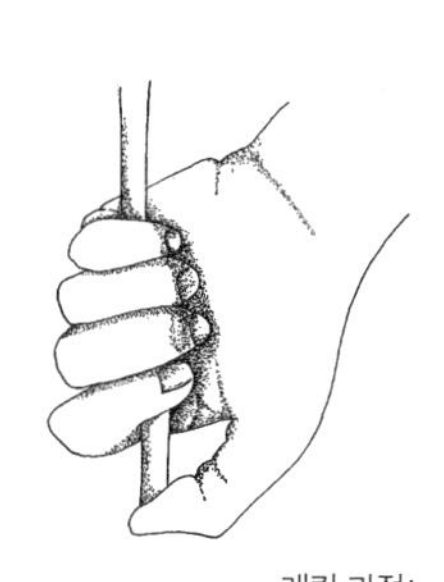

래킹 과정:
1. 사이펀 담그기
2. 사이펀의 비닐 관을 손가락으로 막기

고 한다. 다른 용기에 떼찌를 옮겨 담으면 떼찌가 골고루 섞이면서 공기가 공급되기 때문에 발효를 끝낼 수 있고, 앙금이 없어짐으로써 원치 않는 맛을 제거할 수 있다.

현대인들은 깔끔함을 가장 중요하게 생각한다. 시중에서 파는 과실주에는 불순물을 제거하기 위해 계란 흰자나 우유 카세인, 물고기 부레로 만든 부레 풀 같은 여러 가지 물질을 첨가한다. 물론 알코올 음료에는 다른 식품이나 음료가 첨가되어도 라벨에 표시할 의무가 없기 때문에 이런 재료가 들어가 있다는 사실을 모를 수도 있다.[3]

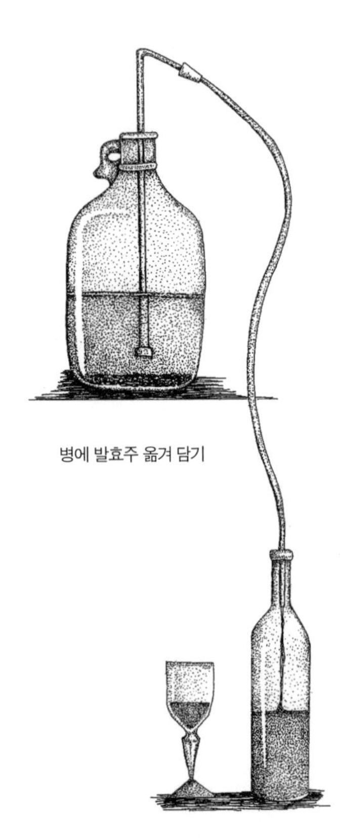
병에 발효주 옮겨 담기

개인적으로 나는 효모가 만드는 비타민, 그중에서도 비타민 B군이 풍부한 앙금을 무척 좋아한다. 그렇다고 앙금을 걷어내지 말라는 뜻은 아니다. 앙금을 걷어내면 훨씬 더 섬세하고 부드러운 맛을 즐길 수 있다. 단지 영양분이 풍부한 앙금은 샐러드드레싱이나 나중에 소개하는 과실주 찌꺼기 수프를 만들어 먹을 수도 있다는 뜻에서 한 말일 뿐이다.

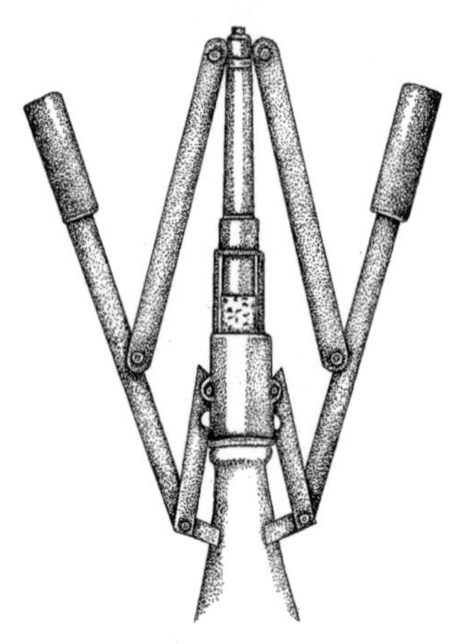
코르크 마개를 닫는 장치

포도주 재료 판매점에 가면 단단한 관에 연한

비닐 관을 연결한 사이펀을 구입할 수 있다. 사이펀이 없으면 적당한 기구를 찾아 이용해도 된다.

액체를 빨아들이기 전에 카르보이를 식탁이나 평평한 탁자 위에 올려놓고 몇 시간 동안 만지지 않고 그대로 두어 앙금이 바닥에 완전히 가라앉게 한다. 옮겨 담을 용기는 바닥이나 카르보이가 있는 곳보다 낮은 곳에 둔다. 중력에 의해 밑으로 떨어지는 성질을 이용하는 것이다. 이때 유리잔을 1개 준비해서 맛을 보도록 한다. 준비가 다 됐으면 카르보이 위에 꽂아둔 에어로크를 떼어내고 사이펀의 단단한 부분을 카르보이 속에 집어넣는다. 이때 사이펀의 끝부분이 앙금과 닿지 않아야 한다. 다른 사람이 카르보이에 넣은 사이펀을 잡아주면 좋겠지만 그럴 사람이 없다면 사이펀 끝이 앙금에 닿지 않도록 잘 붙잡고 있어야 한다. 사이펀의 부드러운 관 끝부분을 입에 물고 쭉 빨아들여 떼찌가 입속으로 빨려 들어오게 한다. 떼찌의 맛이 느껴지면 관 끝을 손가락으로 잘 막은 다음 옮겨 담을 용기 속으로 집어넣는다.

다 옮겨 담았으면 뚜껑을 닫고 좀 더 발효시킨다. 일반적으로 옮겨 담은 술을 병에 담기 전에 6개월에서 1년 정도 발효시켜야 한다. 완전히 발효시키기 전에 병에 옮겨 담으면 코르크 마개가 펑하고 튀어나올지도 모른다. 몇 주가 지나 더 이상 거품이 나오지 않는 상태가 되더라도 몇 달 정도는 더 발효가 진행된다는 사실을 명심하자.

떼찌가 숙성되는 동안 코르크 마개로 닫을 수 있는 포도주 병을 준비해 깨끗이 씻는다. 식탁이나 탁자 위에 발효시킨 술통을 놓고 그보다 낮은 곳에 병을 쭉 늘어놓는다. 첫째 병에 사이펀을 집어넣어 액체를 옮겨 담는다. 병에 과실주를 옮겨 담을 때는 완전히 다 채우지 말고 병 입구에서 5㎝ 정도 떨어진 곳까지만 담는다. 다음 병에 옮겨 담을 때는 손가락으로 비닐 관을 막거나 비닐 관을 단단히 쥐고 술이 새지 않도록 한다. 병에 과실주를 다 채웠으면 마개를 닫는다. 코르크 마개는 일반적으로 병보다 지름이 더 크기 때문에 병 속으로 밀어넣을 수 있는 도구가 필요하다.

과실주는 지하실처럼 서늘한 곳에서 보관해야 한다. 천연 코르크 마개로 막은 병은 1주일 정도 똑바로 세워 마개가 완전히 팽창해 단단하게 밀봉된 후에 포도주처럼 보관한다. 그래야만 코르크가 촉촉하고, 팽창 상태도 오래 유지할 수 있다. 인공 코르크 마개일 경우에는 그럴 필요가 없다. 제조 연도를 혼동하지 않으려면 병에 날짜를 적어놓는다. 이대로 숙성시키면 쓴맛이 부드러운 맛으로 변한다.

컨트리 와인

포도주, 즉 와인이라는 단어는 포도를 뜻하는 '바인vine'에서 온 말이다. 전통적으로 와인은 포도로 만들지만, 사실 단맛이 나는 과일이나 채소라면 종류에 상관없이 만들 수 있다. 심지어 꽃으로 만들기도 한다. 이런 와인을 모두 컨트리 와인country wines이라고 부른다.

내가 살고 있는 시골 공동체에는 간단한 방법으로 와인을 만들 수 있는 사람들이 아주 많아서 놀랍고도 다양한 컨트리 와인을 자주 맛볼 수 있다. 내 친구 스티븐과 사나는 토마토 와인을 만들었다. 시중에서 판매하는 고급 와인 같지는 않아도 정말 맛있고 끝내주는 와인이었다. 와인의 한계를 결정하는 요소는 각자의 상상력일 뿐이다. 다양한 재료로 만들 수 있는 와인 덕분에 우리 공동체의 지하 근채류 저장실은 일종의 실험실이 되었다.

쇼트 마운틴의 포도주 양조업자인 우리는 지난 몇 년간 정말 정신없이 바빴다. 우리는 월귤 와인, 월귤과 검은 딸기로 만든 와인을 비롯해 오디, 체리, 딸기, 사과, 서양자두, 머스카딘(포도의 일종), 감, 엘더베리, 옻나무 열매, 이름을 알 수 없는 과일, 히비스커스 딸기, 복숭아, 야생 포도, 선인장 열매, 바나나 같은 다양한 과일로 과실주를 만들어보았다.

그리고 꽃이나 풀로도 만들었다. 데이릴리, 민들레, 파셀리아 phacelia, 연령초, 나팔꽃 꽃잎, 라일락 꽃잎, 에키나세아 echinacea, 쐐기풀, 쑥, 야생 체리나무 껍질을 넣어보았고, 홉 · 카모마일 · 쥐오줌풀 · 개박하 · 수수에 꿀을 섞어 만든 와인, 마늘 · 아니스 · 생강을 넣어 만든 와인 등 다양한 와인을 만들어보았다. 또 채소로도 와인을 만들어 먹을 수 있고 과일과 채소를 한데 섞어 만들 수도 있다. 감자 와인, 사탕무 · 꿀 와인, 유일하게 익혀 만드는 단 양파 와인, 미국박태기나무에 오렌지와 서양자두를 섞어 만든 와인, 수박과 카모마일을 섞은 와인 등도 만들어보았다.

보다 다양한 와인이 있는지 찾아보기 위해 나는 이웃에 있는 IDA 지하 저장실을 탐험해보았다. 그곳에는 당근 와인, 신 체리 와인, 배 샴페인, 사과와 배 혼합 샴페인, 아몬드 와인, 엘더베리 꽃 와인, 승도복숭아 와인, 머스크멜론 와인, 박하 벌꿀 술, 옥수수 와인 같은 정말 신기한 와인들이 많이 있었다. 와인을 만들 때는 이렇듯 가장 쉽게 구할 수 있는 재료를 이용하면 된다.

컨트리 와인은 그 재료가 채소거나 꽃잎이거나 과일이거나 간에 단맛을 우려낸 후 발효시키는 과정을 거쳐야 한다. 단맛을 우려내는 방법은 여러 가지다. 과일을 익히거나 물에 담가 우려낼 수도 있고, 끓이면 향기가 달아나기 때문에 향기를 유지하기 위해 차를 끓일 때처럼 끓는 물을 부을 수도 있다. 30년 이상 와인을 만들어온 내 친구 헥터 블랙은 월귤을 쪄서 그 증기를 받아 식힌 즙으로 와인을 만드는 기발한 방법을 쓴다.

와인의 질은 발효시키지 않은 과즙에 넣어 단맛을 내는 머스트must의 양에 따라 달라진다. 나는 단맛이 나는 와인보다 쌉쌀하면서도 담백한 와인이 좋다. 단맛을 내는 물질을 적게 넣을수록 더 풍부한 맛이 난다. 머스트는 어느 정도까지는 알코올의 생산을 촉진하지만 너무 많이 넣으면 단맛이 지나치게 강해진다. 알코올 발효의 모순은, 효모가 알코올을 만들어 알코올 비율이 높아질수록 효모가 살 수 없는 환경으로 바뀐다는 점이다. 효모를 죽이는 알코올의 양은 효모에 따라 다르다. 샴페인을 만드는 효모의 경우 비교적 알코올 농도가 높은 곳에서도 살아갈 수 있다.

와인의 맛은 또 집어넣는 감미료의 종류에 따라서도 달라진다. 단맛이 나는 재료라면 무엇이든지 와인 감미료로 쓸 수 있다. 나는 설탕보다는 꿀을 좋아한다. 왜냐하면 꿀은 수입하거나 복잡하게 정제시킬 필요가 없는 자연식품이기 때문이다. 스티븐 해로드 버니어의 『신성한 약효가 있는 맥주들: 고대 발효의 비밀』에는 꿀에 대한 유용하고도 멋진 정보가 많이 실려 있다. 그는 이 책에 벌집의 구성 성분이 각각 어떤 식으로 건강에 도움을 주는지 자세히 설명해 놓았다. 고대인들은 꿀만이 아니라 벌집에서 채취할 수 있는 꽃가루, 봉랍, 로열 젤리, 독을 쏘는 화가 난 벌 같은 다양한 물질로 발효식품을 만들었다고 한다.

설탕은 값이 싸다는 점 외에도 맛과 색이 재료 속에 녹아들어가 다른 재료를 돋보이게 해주는 장점이 있다. 하지만 재료의 맛과 색에 영향을 준다는 점에서는 꿀이 설탕보다 매력적이다. 메이플 시럽이나 수수 시럽, 쌀 시럽, 당즙도 와인의 감미료로 사용할 수 있다. 넣는 감미료의 종류에 따라 발효 후에 만들어지는 알코올의 질감과 향미가 달라진다.

엘더베리 와인

10년 동안 공동체 생활을 하고, 지금은 우리 옆집에 살고 있는 내 친구 실반은 훌륭한 와인 제조자다. 실반은 해마다 8월이면 집 근처에서 많이 나는 잘 익은 엘더베리를 따와서 와인을 만든다. 실반의 와인 제조법을 응용하면 누구나 가장 구하기 쉬운 열매로 와인을 담글 수 있다.

**** 소요시간**

- 1년 이상

**** 재료(20*l* 기준)**

- 엘더베리 12*l*
- 물
- 시중에서 파는 와인 효모나 샴페인 효모
- 설탕 5~6kg

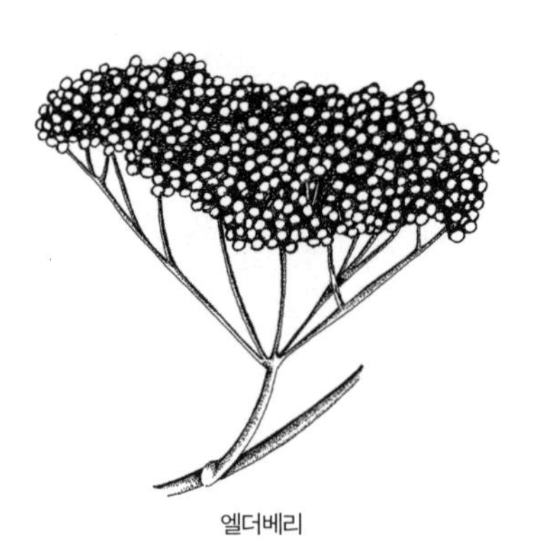

엘더베리

＊＊ 만드는 방법

1. 엘더베리를 물에 넣고 잘 저어준다. 물에 넣으면 잘 익은 열매는 밑으로 가라앉고 잎이나 곤충, 너무 많이 익은 열매는 위로 떠오른다. 물 위로 떠오른 건더기는 걷어내고 물을 쏟아 버린 다음 여러 번 깨끗이 씻어 20ℓ 짜리 깨끗한 항아리에 담는다. 열매의 양은 12ℓ는 되어야 하는데 실반은 "열매가 많을수록 더 진한 맛이 난다"고 했다.
2. 물을 끓여 열매가 푹 잠길 정도로 붓는다. 끓는 물 8ℓ 정도면 완전히 잠길 것이다. 이 항아리를 타월로 덮고 하룻밤 두면 서서히 식으면서 우러난다.
3. 아침이 되면 2의 액체를 1컵 떠서 효모를 1팩 풀어넣고 거품이 일 때까지 몇 분 정도 기다린다. 거품이 나기 시작하면 2에 넣어 나무 주걱으로 잘 섞고 타월을 덮는다.
4. 가끔씩 저어주면서 2～3일 발효시킨다. 하루에 3～5번은 저어주어야 한다. 설탕은 아직 넣지 않는다. 실반은 그 이유를 효모가 따로 넣어준 감미료를 먹기 전에 과일 속에 들어 있는 당분을 먹어야 하기 때문이라고 했다. 설탕을 넣기 전에도 거품이 일지만 설탕을 넣을 때처럼 많은 거품이 일어나지는 않는다.
5. 2～3일 지나면 설탕을 넣는다. 냄비에 설탕 5㎏과 물 5ℓ를 넣고 설탕이 녹도록 저어가면서 가열한다. 설탕이 맑은 시럽 상태가 될 때까지 가열한다. 시럽이 다 만들어졌으면 덮개를 덮고 식힌 후 4에 넣는다.
6. 3～5일 동안 자주 저어주면서 발효시킨다.
7. 거품이 나는 양이 줄어들면 액체를 20ℓ 짜리 카르보이에 옮겨 담는다. 남은 알갱이는 다른 용기에 옮겨 담고 잠길 정도로 물을 붓는다. 물속에 잠긴 상태에서 열매를 으깬 후 다시 여과 장치를 이용해 카르보이에 담는다. 가득 담고 싶겠지만 꽉 찰 정도로 넣으면 안된다. 위에서 5㎝ 정도는 거품이 생길 수 있는 공간으로 남겨두어야 한다. 으깬 즙까지 다 담았으면 에어로크를 설치한다.
8. 1개월 동안은 카르보이를 상온에서 보관한다. 처음에는 거품이 넘쳐흐를 수도 있으니 카르보이 밑에 커다란 냄비를 받쳐두는 게 좋다. 거품이 밖으로 넘쳐흐르면 에어로크를 잠시 치우고 에어로크와 카르보이 입구를 깨끗이 씻는다. 발효 속도는 차츰 늦어질 것이다.

9. 설탕 수용력을 검사한다. 실반은 발효 속도가 늦어지면 독특한 방법으로 설탕의 양을 측정한다. 먼저 에어로크를 치우고 설탕 30㎖를 골고루 뿌린다. 설탕은 밑으로 가라앉으면서 효모의 활동을 촉진할 수도 있고 그렇지 않을 수도 있다. 효모가 더 이상 반응하지 않으면 설탕의 양이 적당하다는 뜻이다. 만약 효모가 반응하면 설탕 250㎖를 더 넣고 며칠 동안 더 발효시킨 후에 다시 한 번 설탕 수용력을 검사한다. 첨가하는 설탕의 양은 한 번에 250㎖이어야 하고 전체 양이 1ℓ를 넘어서도 안 된다.

10. 따뜻한 장소에 2개월 정도 보관한 후에 앙금은 남기고 액체만 다른 카르보이에 옮겨 담는다. 다 옮겨 담았으면 에어로크를 설치하고 차갑고 어두운 장소로 옮겨놓는다. 그 상태로 적어도 9개월 이상 발효시켜야 한다. 에어로크의 물이 증발하지는 않았는지 정기적으로 살펴보고 필요하면 에어로크에 물을 채우거나 깨끗하게 씻어줘야 한다.

11. 9개월 이상이 지나면 와인을 병에 담아 맛있게 먹는다.

플라워 와인

"플라워 와인은 꽃의 강렬한 향미와 꽃잎의 고귀한 특성을 그대로 간직하고 있다. 또 꽃들의 정취를 흠뻑 맛보면서 숲속을, 초원을 혹은 언덕을 거닐면서 한 아름 따 모으던 청명하고 맑은 어느 햇살 가득한 날의 기억을 듬뿍 담고 있다." 이 근사한 문장은 내 친구이자 이웃인 메릴 해리스가 30여 년 전 〈Ms. 매거진〉에 발표한 '꽃봉오리를 홀짝이다:꽃으로 와인 만드는 법' 이라는 글에 실려 있는 것이다.

플라워 와인 가운데 가장 쉽게 만들 수 있는 것은 어디에서나 볼 수 있는 선명한 노란색 잡초인 민들레 와인이다. 잔디 가꾸는 사람들의 말을 너무 믿지는 말아야 한다. 민들레는 그냥 잡초가 아니라 아름답고 맛있을 뿐 아니라 간 해독 능력이 뛰어난 약초다. 장미 꽃잎이나 엘더베리 꽃, 제비꽃, 붉은 토끼풀 꽃송이, 데이릴리를 비롯한 수많은 꽃들이 자신들만의 섬세한 맛과 향기와 독특한 성분을 와인 속에 스며들게 해준다.

메릴은 "꽃을 모으는 과정은 와인을 만드는 과정 가운데 가장 행복한 순간"이라고 했다. 일반적으로 4ℓ의 와인을 만들려면 꽃도 4ℓ를 모아야 한다. 어쩌면 한 번의 외출로는 필요한 꽃을 모두 따지 못할 수도 있다. 그럴 때면 필요한 꽃을 모두 딸 때까지 냉동시켜 놓으면 된다. 꽃을 따 모을 때는 꽃이 만발한 곳을 찾아다녀야 한다는 생각은 버리는 것이 좋다. 길가에 피어 있는 꽃 한 송이도 소중한 재료다.

⁂ 소요시간

- 1년 이상

⁂ 재료(4ℓ 기준)

- 활짝 핀 꽃 4ℓ
- 설탕 1kg
- 레몬 2개(껍질을 사용하기 때문에 유기농이어야 한다)
- 오렌지 2개(껍질을 사용하기 때문에 유기농이어야 한다)
- 건포도 500g(민들레의 선명한 노란색을 살리기 위해서는 검은색보다 노란색 건포도를 준비하는 것이 좋다)
- 물
- 딸기 125㎖(천연 효모를 이용할 경우. 그렇지 않을 경우에는 와인 효모 1팩을 준비한다)

⁂ 만드는 방법

1. 꽃잎을 모두 떼어낸다. 겹꽃인 민들레 꽃잎을 떼어내는 일은 아주 지루한 작업일 것이다.
2. 나중에 쓸 125㎖를 따로 보관하고 나머지 꽃잎은 설탕과 함께 항아리에 넣는다. 그 위에 산성을 만들기 위해 레몬 · 오렌지를 간 즙과 얇게 벗긴 껍질을 집어넣고, 떫은맛이 나는 타닌산을 만들기 위해 건포도를 넣는다.

3. 끓는 물 4l를 붓고 설탕이 녹을 때까지 잘 젓는다. 파리가 들어가지 못하도록 뚜껑을 덮고 차가운 곳에 두어 체온 정도로 식힌다.

4. 내용물이 다 식으면 남겨두었던 꽃잎을 넣고 발효를 위한 준비를 한다. 천연 효모를 이용할 생각이라면 장과류를 집어넣고, 사온 효모를 넣을 생각이라면 식힌 3의 액체를 1컵 떠서 효모 1팩을 녹인 다음 거품이 많이 날 때까지 기다렸다가 항아리 속에 넣는다.

5. 항아리 뚜껑을 덮고 3~4일 보관하되 생각날 때마다 잘 저어주어야 한다.

6. 치즈 천으로 내용물을 걸러내고 꽃잎을 꾹꾹 눌러 즙을 짜낸다. 걸러낸 액체는 깨끗한 카르보이나 병에 담아 에어로크를 설치하고 발효 속도가 더뎌질 때까지 3개월 정도 둔다.

7. 사이펀을 이용해서 깨끗한 용기에 옮겨 담아 6개월 이상 발효시킨다.

8. 발효된 7을 병에 담는다.

9. 병에 담은 후 3개월 정도 더 보관하면 잘 익은 와인을 마실 수 있다. 숙성 기간은 길수록 좋다.

생강 샴페인

컨트리 와인 중에는 발포와인sparkling wine■■도 매우 많다. 1998년, 그러니까 Y2K가 오기 한두 해 전 나와 함께 살 집을 만들어 지금도 함께 살고 있는 네틀은 생강 샴페인 20ℓ를 만들기 시작했다. 많은 사람들이 컴퓨터 시스템이 붕괴되고 그와 함께 인류 문명이 대혼란에 빠질 것이라는 걱정에 사로잡혀 있을 무렵, 우리 공동체에서 생활하는 100명이 넘는 사람들은 우리들의 성소가 인류 최후의 날에도 살아남을 수 있는 좋은 장소라는 사실을 확인하고 있었다. 우리는 Y2K 샴페인을 끝없이 마시면서 다가오는 새 천년을 축하할 준비를 하고 있었다.

네틀이 자신의 와인 제조법과 재료를 우리의 소중한 요리 잡지에 실은 것은 정말 다행스러운 일이 아닐 수 없다. 그는 내가 여러분들을 위해 이 책에 요리법을 실을 때도 친절하게 도와주었다.

■■ 탄산 성분이 들어있는 와인으로 톡쏘는 시원함 때문에 여름에 많이 마신다.

발포와인을 만들 때는 알코올 농도가 높은 곳에서도 살 수 있는 특별한 효모가 필요하다. 이 효모가 바로 샴페인 효모다. 설탕이 알코올로 완전히 변하면 병에 옮겨 담는데, 이때 설탕을 조금 더 넣으면 병 속에서 계속 발효가 진행되기 때문에 이산화탄소가 생겨 기포가 만들어진다. 이 발효 과정은 병속에서 진행되기 때문에 샴페인을 보관할 때 아주 튼튼한 병에 넣어야 한다.

** 소요시간

- 1년

** 재료(20ℓ 기준)

- 날생강 뿌리(250g～1㎏)
- 설탕 6㎏
- 레몬 5개(즙으로 이용)
- 바닐라 추출물 15㎖
- 샴페인 효모 1팩

** 만드는 방법

1. 생강을 잘게 썰거나 빻는다(들어간 생강의 양에 따라 맛이 달라진다). 커다란 냄비에 생강과 설탕, 물 20ℓ를 넣은 후 뚜껑을 닫고 끓인다. 일단 끓어오르면 불을 줄이고, 약한 불에서 1시간 동안 저어가며 끓인다.
2. 1시간이 지나면 불을 끄고 냄비에 레몬 즙과 바닐라 추출물을 넣는다. 파리가 들어가지 않도록 뚜껑을 닫고 체온 정도로 식힌다.
3. 2가 식으면 계량컵에 1컵 정도의 액체만 떠서 효모를 녹인다. 나머지도 액체만 걸러

카르보이에 담는다. 효모를 녹인 컵에서 거품이 많이 올라오면 카르보이에 붓고 에어로크를 설치한다.

4. 상온에서 2~3개월 발효시킨다.

5. 발효 속도가 늦춰지면 사이펀을 이용해 액체를 깨끗한 카르보이에 옮겨 담는다. 앙금은 따라 나오지 않게 해야 한다. 액체를 끓이고 식히는 과정에서 어느 정도 부피가 줄어들었을 것이다.

6. 액체를 옮겨 담은 카르보이에 에어로크를 설치하고 6개월 이상 발효시킨다.

7. 모두 해서 9개월 정도 발효시켰으면 이제는 샴페인을 병에 담을 시간이다. 샴페인은 내부 압력을 견딜 수 있는 아주 튼튼한 병에 담아야 한다. 샴페인을 병에 담기 전 설탕을 조금 더 넣어주어야 병속에서 마지막 발효 과정이 진행된다. 설탕은 샴페인 액체 20ℓ 당 125㎖ 이하로 넣어주어야 한다. 이때 설탕은 병에 직접 넣는다. 네틀은 이미 효모들이 다 죽었을 가능성도 있기 때문에 효모도 조금씩 넣어주어야 한다고 했다.

8. 사이펀으로 샴페인을 병에 담는다. 샴페인 마개와 와이어를 사용해서 완전히 밀봉하고 그 상태로 적어도 1개월 정도는 숙성시킨다. 샴페인은 몇 년 동안 보관할 수 있기 때문에 축하할 일이 생길 때마다 마시면 된다. 샴페인 병을 따기 전에는 차갑게 해야 한다. 그렇지 않으면 병을 따는 순간 샴페인이 지나치게 솟구쳐 오를지도 모른다.

사과주 2

내 책의 편집자인 벤 왓슨은 『독하고 달콤한 사과주Cider, Hard and Sweet』의 저자다. 그는 내가 보내준 천연 사과주 만드는 방법이 조금 잘못됐다고 생각했다. 내 원고를 본 그는 원고지 위에 "알코올 도수가 높은 사과주를 만들려면 병에 담기 전에 6개월 정도 숙성시켜야 합니다"라는 메모지를 붙여서 돌려보냈다. 나도 알코올 도수가 높은 사과주를 좋아하기 때문에 벤이 자신의 책에서 '사과주 101'이라고 소개한 제조법을 여기서 소개하려고 한다.[4]

알코올 도수가 높은 사과주는 식민지 뉴잉글랜드에서 가장 인기를 끈 알코올 음료다. 식민지 정착민들에게 알코올로 발효시킬 과일을 가장 많이 제공한 곳은 바로 사과 재배 농장이다. 1767년 매사추세츠 주에서 소비한 사과주의 양만도 1인당 140ℓ가 넘었다.[5] 미국의 농토가 점차 도시로 변하면서 사라지기 시작한 사과주는 근래에 들어서야 다시 소생할 조짐을 보이고 있다.

이제부터 소개할 내용은 알코올 함량이 높고 이산화탄소가 없어 거품이 생기지 않는, 농장에서 직접 만들어 먹던 전통적인 사과주 만드는 방법이다.

** 소요시간

- 6개월 이상

** 재료(4l 기준)

- 신선한 사과주스 4l (화학 방부제가 들어 있지 않아야 한다)

** 만드는 방법

1. 발효시킬 항아리나 카르보이에 달콤한 사과주스를 10분의 9 정도 채운다. 이 말은 4l 짜리 용기를 사용할 경우 0.5l 정도 되는 공간을 남겨두어야 한다는 뜻이다. 랩으로 입구를 느슨하게 덮은 후 직사광선이 비치지 않는 시원한 곳에 둔다.
2. 며칠 정도 지나면 사과주스 속에서 거품이 끓어오른다. 거품이 나면 랩을 벗기고 계속해서 발효시킨다. 용기 가장자리에 묻은 거품은 깨끗하게 닦아낸다.
3. 발효 속도가 늦춰지는 시기는 온도에 따라 다르지만 대부분 몇 주 정도 걸린다. 격렬하게 진행되던 발효 속도가 늦춰지기 시작하면 용기 가장자리와 입구 부분을 깨끗하게 닦아낸다. 용기를 닦았으면 입구에서 5㎝ 정도 남기고 신선한 사과주스를 용기에 더 따라 넣는다. 용기 입구에 물을 가득 담은 에어로크를 설치한다.
4. 1~2개월 발효시키면 이산화탄소가 다 빠져나가고 거품이 사라지면서 사과주가 맑아지지 시작한다. 이때부터 발효 속도가 느려진다. 사과주가 맑아질 정도가 되면 바닥에 앙금이 많이 가라앉아 있을 것이다.
5. 사이펀을 이용해 빈 용기에 액체를 옮겨 담는다. 앙금이나 건더기는 따라 나오지 않게 해야 한다. 깨끗한 물을 채운 발효전(포도주가 발효될 때 생기는 가스를 밖으로 배출하는 밸브)을 용기 위에 설치한 후 1~2개월 더 숙성시킨다.
6. 사과주를 만들고 4~5개월쯤 지나면 충분히 알코올 함량이 높아져 병에 담아도 될 정도가 된다. 병에 담은 상태로 1~2개월 숙성시키면 맛이 더욱 좋아진다.

감·사과·벌꿀 술

예부터 꿀을 섞은 사과주를 일컬어 사이저cyser라고 했다. 나는 사이저를 만들 때 내가 가장 좋아하는 과일인 감을 넣는다. 원래 나는 커다란 아시아산 감을 먹었는데, 테네시 주로 이사 온 후부터는 이 지역 토산종인 작은 미국산 감Diospyros virginiana에 푹 빠져버렸다.

해마다 9월부터 10월까지는 이 맛난 열매를 줍기 위해 매일같이 감나무 밑을 서성이곤 한다. 달고 끈적끈적한 맛난 감을 먹을 때면 풍부한 땅의 기운이 내 몸과 영혼을 치유해주는 것처럼 느껴진다. 가을이 되면 나는 언제나 감나무를 찾아 거니는 버릇이 있는데, 한 번도 나를 실망시킨 적이 없다. 마치 요가를 할 때처럼 기분이 상쾌해져, 이제는 내 자신을 위해 수행하는 하나의 경건한 의식이 되었다. 달콤한 감 맛은 내 마음의 눈을 뜨게 해주었다. 감의 생명력이 내 몸 구석구석으로 퍼져나감을 느낀다.

치유에 대해서 내가 알게 된 사실 하나는 내 몸에 도움을 주는 것이라면 분명히 몸이 느낀다는 사실이다. 이렇게 좋은 음식인데도 감을 좋아하는 이는 그다지 많지 않다. 아마도 나와 사슴과 염소 외에는 없지 않을까 싶다.

땅에 떨어져 있는 감이 너무 많아서 모두 다 먹지 못할 때가 있다. 하루는 감을 너무 많이 주워서 다 먹지 못하고 사이저를 만들어보았다. 완전히 익지 않은 감은 아주 떫은맛이 나고, 발효가 시작된 감은 메스꺼운 맛이 나기 때문에 사이저를 만들기 전에 감을 모두 맛보는 것이 좋다. 지금부터 내가 소개하는 요리법을 그대로 따라하지 말고 조금씩 응용해 다양한 작품을 만들어보기 바란다.

✻✻ 소요시간

- 몇 주에서 몇 달

✻✻ 재료(4*l*)

- 꿀 500*ml*
- 물 2*l*
- 신선한 사과주스 2*l* (화학 방부제가 들어 있지 않아야 한다)
- 잘 익은 감 1*l* (더 많아도 된다)

✻✻ 만드는 방법

1. 항아리에 꿀과 물, 사과주스를 넣고 섞는다. 꿀이 녹을 때까지 잘 저어준다. 꿀이 다 녹았으면 감을 넣는다. 모든 과일처럼 감도 천연 효모를 끌어들이기 때문에 발효가 빨리 시작된다.
2. 과일을 넣고 5일 정도 발효시킨다. 가끔씩 저어주어야 한다. 5일이 지나면 과일을 걸러내고 액체는 에어로크를 설치한 유리병에 담는다. 병에 담고도 액체가 조금이라도 남는 행운을 누릴 수 있다면 맛을 보아도 좋다.
3. 거품이 사그라질 때까지 몇 주 동안 발효시킨다. 온도가 높거나 따뜻한 방에 두면 발효가 금방 끝나고 온도가 낮으면 더 오래 걸린다. 발효가 끝나면 곧바로 마셔도 되고 병에 옮겨 담아 좀 더 숙성시킨 후에 마셔도 된다.

과실주 앙금 수프

과실주를 발효시킨 용기에서 액체를 빨아올려 병에 담고 나면 앙금이 남는다. 이 앙금은 사실 찌꺼기가 아니라 비타민 B군이 풍부한 영양분이다. 따라서 영양분이 풍부한 효모를 가지고 요리를 하듯 이 앙금도 요리 재료로 충분히 활용할 수 있다.

과실주 앙금은 향이 그윽하고 영양분이 많아 수프 요리에 제격이다. 프랑스 양파 수프를 만들 때 물과 과실주 앙금을 4대 1의 비율로 넣으면 근사한 수프를 만들 수 있다. 단 알코올을 완전히 증발시키기 위해서는 조금 오랫동안 끓여주어야 한다. 과실주 앙금을 넣으면 강한 향기를 풍기는 맛있는 수프를 먹을 수 있다.

진저비어

이 캐리비언 스타일의 부드러운 음료 진저비어ginger beer는 진저 버그bug로 만든다. 이 같은 사실은 샐리 팔론의 책 『전통의 양성』을 읽다가 알게 됐다. 진저 버그는 물에 설탕과 다진 생강을 넣은 것으로, 며칠만 지나면 천연 효모를 끌어들여 발효를 시작한다. 만드는 방법도 간단하고, 다른 알코올 음료를 만들거나 사워도를 만들 때 효모 원종으로 활용할 수도 있다. 진저비어는 알코올 함량이 낮고 이산화탄소 비율이 높은 탄산음료다. 생강 맛만 강하게 나지 않으면 아이들도 좋아한다.

✱✱ 소요시간

- 2~3주

✱✱ 재료(4ℓ 기준)

- 생강 8㎝ 이상
- 설탕 500㎖

- 레몬 2개
- 물

** 만드는 방법

1. 진저 버그를 만든다. 물 250㎖에 껍질을 벗기지 않고 다진 생강 10㎖와 설탕 10㎖를 넣고 잘 저어 따뜻한 장소에 놓아둔다. 파리는 들어가지 못하고 공기는 통할 수 있게 치즈천으로 덮어둔다. 거품이 생길 때까지 1~2일에 한 번씩 생강과 설탕을 첫 날과 같은 분량으로 넣어주고 잘 저어준다. 거품은 2일부터 1주일 사이에 생길 것이다.
2. 진저 버그가 활동을 시작하면 진저비어를 만든다. 먼저 물 2ℓ를 끓인다. 물이 끓으면 약한 생강 맛이 나도록 생강 5㎝를 다져 넣는다. 생강 크기가 15㎝를 넘으면 생강 맛이 너무 강해진다는 사실을 명심해야 한다. 여기에 설탕 375㎖를 더 넣고 15분 동안 끓인 후 식힌다.
3. 2에서 끓인 혼합물이 식으면 생강을 건져내고 레몬주스와 걸러낸 진저 버그를 넣는다(다음에도 진저비어를 또 만들고 싶다면 진저 버그를 다 넣지 말고 조금 남긴 후에 물과 생강, 설탕을 더 넣고 보관하면 된다). 모두 4ℓ가 되도록 물을 넣는다.
4. 뚜껑이 있는 병에 넣고 따뜻한 곳에서 2주 정도 발효시킨다.
5. 병을 열기 전에 차갑게 해야 한다. 진저비어를 먹을 때는 병을 따자마자 이산화탄소가 강하게 빠져나갈 수 있으니 미리 컵을 준비해두는 게 좋다.

** 이 책에 나와 있는 또 다른 소프트드링크 요리법

7장 – 유장으로 발효하기-고구마 플라이

12장 – 슈러브, 스위첼

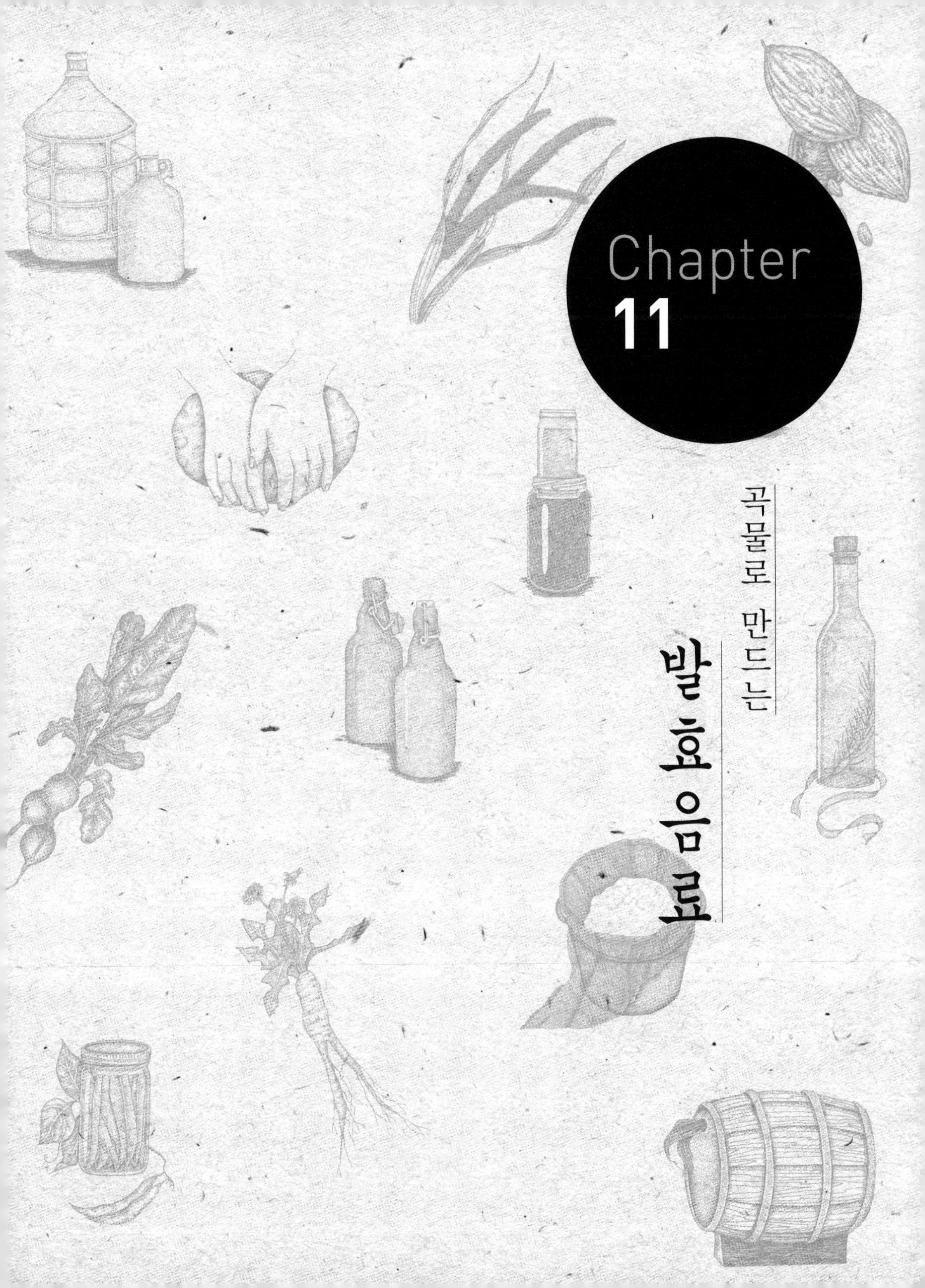

Chapter 11

곡물로 만드는 발효음료

맥주는 유럽의 대표적인 곡물 발효음료이다 ● 오늘날 우리가 즐겨 마시는 맥주에는 다양한 재료들이 첨가되지만 전통적인 맥주는 물, 보리, 홉 그리고 효모만을 넣어 만든다 ● 곡물을 경작하는 곳이라면 어디든지 자신들만의 맥주를 만들어 먹었는데 꿀이나 과일 발효주보다는 훨씬 복잡한 과정을 거친다 ● 맥주는 보리 외에도 밀, 옥수수, 쌀, 기장과 같은 다양한 곡물을 발효시켜 만들 수도 있다

BEER

맥주, 곡물 발효음료의 대명사

1516년 바이에른 맥주 순수령Reinheitsgebot이 제정된 이후로 독일 맥주 제조업자들은 맥주를 만들 때 물과 보리, 홉, 효모만 넣는다는 사실을 매우 자랑스럽게 생각해왔다. 오늘날에는 수많은 맥주 회사들이 다양한 재료를 넣은 맥주를 선보이고 있지만 나는 독일 맥주 제조업자들의 방식을 사랑한다. 맥주가 다른 알코올 음료와 구별되는 것은 무엇보다도 곡물을 발효시켜 만들기 때문이다. 맥주는 보리 외에도 밀, 옥수수, 쌀, 기장 같은 다양한 곡물을 발효시켜 만들 수 있다.

곡물을 경작하고 먹는 곳이라면 어디서든 자신들만의 맥주를 만들어 먹어왔다. 곡물은 꿀물이나 과일 즙처럼 효모가 직접 찾아와 발효되는 것이 아니기 때문에 곡물을 발효시켜 만들어야 하는 맥주는 과실주보다 훨씬 더 복잡한 과정을 거친다. 9장에서 살펴본 새콤한 음료와 달리, 곡물을 발효시켜 알코올로 만들기 위해서는 먼저 다당류인 녹말을 단당류인 당으로 바꾸는 과정이 필요하다.

녹말을 당으로 만드는 가장 기본적인 방법은 곡물을 발아시키는 것이다. 이를 맥아 제조 과정이라고 한다. 곡물이 발아되면 디아스타아제 효소가 나오는데 이 효소가 녹말을 당으로 분해한다. 녹말이 분해되어 만들어진 당은 어린 식물이 자라는 데 써야 하지만, 발효식품을 만들 때는 효모의 성장을 도와 알코올로 바꾸는 역할을 한다. 곡물의 싹을 틔우는 방법은 259쪽에서 설명했다. 이 장에서는 먼저 통 곡물로 맥주를 만들 수 있는 방법을 몇 가지 소개하려 한다. 그러나 집에서 맥주를 만들어 먹더라도 직접 곡물을 발아시키지 않고 시중에서 판매하는 엿기름이나 싹 튼 곡물을 이용해도 된다.

보우자

이집트 사람들은 5천 년 동안 보우자Bouza를 마셔왔다. 그러나 이집트 이슬람 원리주의자들이 알코올 섭취를 법으로 금지하고, 보우자 판매점의 영업 허가를 내주지 않아 이 전통 술도 곧 사라져버릴 위기에 처해 있다. 보우자 제조법은 5천 년의 전통을 가지고 있다. 나는 이 술을 만드는 방법을 인류학 잡지 〈음식과 요리 방법〉에서 배웠다.[1] 케냐에서 살면서 보우자를 먹어본 적이 있는 내 친구 자이가 지금 소개하는 방법으로 만든 것이 케냐에서 먹어본 맛과 같다는 사실을 보증해주었다.

보우자의 재료는 밀과 물 2가지뿐이다. 만드는 방법도 매우 혁신적인데 그 과정을 보면 빵과 맥주의 관계를 알 수 있다. 보우자를 만들려면 먼저 밀을 빵 덩어리로 만들어야 한다. 전통 방법으로 보우자 효모를 보관할 때도 안은 익히지 않고 겉만 익힌 빵 덩어리 형태로 보관해야 한다. 〈고고학Archaeology〉지에도 "빵을 만드는 것은 맥주를 만들 원료를 보관하는 편리한 방법이었다"는 글이 실린 적이 있다.[2]

** 소요시간

- 1주일 정도

** 재료(4l 기준)

- 밀알 1l
- 사워도 원종 250ml
- 물

** 만드는 방법

보우자를 만드는 과정은 크게 3단계로 나뉜다. 첫째는 준비한 밀알의 4분의 1을 발효시키는 과정이고, 둘째는 남은 밀알로 빵 덩어리를 만드는 과정이다. 마지막은 앞에서 만든 재료들로 보우자를 만드는 과정이다. 첫째와 둘째 단계에서 만든 재료는 쉽게 썩지 않고 오랫동안 보관할 수 있기 때문에 한 번에 모두 쓰지 않아도 된다.

** 발아 단계

1. 259쪽 '곡물 싹 틔우기'를 참고해 밀알 250ml를 발아시킨다.
2. 쿠키 시트에 싹이 튼 밀알을 넓게 깔고 적당히 마를 때까지 오븐에서 약한 불로 굽는다. 다 말렸으면 보우자를 만들 때까지 항아리에 넣어 보관한다.

** 빵 덩어리 만드는 단계

1. 남은 밀알 750ml를 입자가 굵게 간다. 분쇄기가 없으면 통 밀가루를 써도 된다.
2. 발효시킨 사워도 250ml를 넣는다.
3. 1과 2를 섞는다. 필요하면 물을 조금씩 넣어가며 섞는다.
4. 둥근 빵 덩어리 형태로 만들어 1~2일 발효시킨다.

5. 150℃에서 15분간 익힌다. 겉은 익어도 속은 익지 않은 상태로, 안에 효모가 살아 있어야 한다.

**** 보우자 만들기**

1. 항아리에 물 4l 를 붓는다.

2. 발아시켜 말린 밀을 갈아 항아리에 넣는다.

3. 겉만 익힌 빵 덩어리를 2에 넣는다.

4. 신선한 사워도를 조금 넣고 잘 저은 후 먼지와 파리가 들어가지 않도록 천을 덮는다.

5. 이틀 정도 발효시키면 보우자가 완성된다. 항아리에서 건더기는 걷어내고 액체를 마신다. 보우자는 냉장고에 넣으면 1~2주일 보관할 수 있다.

창

창chang은 우리가 일반적으로 맥주라고 생각하는 알코올 음료와 달리 따뜻하고 우윳빛이 나는 음료다. 네팔 사람들의 생활과 떼려야 뗄 수 없는 관계를 맺고 있는 이 음료는 손님에게 대접하는 음식이자 신께 바치는 신성한 제물이다. 인류학자 캐스린 S. 마치는 네팔의 고원 지대에 살고 있는 타망족과 세르파족을 관찰하고 "맥주를 제물로 바치는 행위에는 활발하게 번식하고 뜨거워지며 거품이 끓어오르는 성질을 지닌 맥주와 효모처럼 자신들의 자손들도 그렇게 번성했으면 하는 소망이 담겨 있다"고 했다.[3]

네팔에서는 창을 마르카marcha 효모 균체로, 티베트에서는 팝pap 효모 균체로 만드는데 둘 다 미국에서는 쉽게 구할 수 없다. 내 친구 저스틴 블러드는 네팔에서 사온 마르카를 가지고 내게 창 만드는 법을 알려주었다. 마르카가 없을 때는 누룩과 일반적으로 효모 균체로 사용하는 사워도 원종을 섞어서 쓰면 된다.

** 소요시간

• 2일

** 재료(창 2l 기준)

• 누룩 125ml

• 사워도 원종 125ml

• 밥 1 l

** 만드는 방법

1. 누룩과 사워도 원종을 섞는다. 누룩이 사워도 원종의 수분을 완전히 흡수하도록 30분 정도 그대로 둔다.
2. 밥을 미지근한 상태로 식힌 다음 1과 잘 섞어 항아리에 넣는다. 밥에는 소금기가 없어야 한다.
3. 2의 뚜껑을 닫고 따뜻한 곳에서 24~48시간 놓아둔다. 가끔씩 냄새를 맡아보아야 한다. 향기로우면서도 달콤한 알코올 냄새가 나면 다 된 것이다. 이 상태를 룸lum이라 한다. 룸을 더 발효시키면 신맛이 점점 더 강해진다.
4. 룸에서 달콤한 향기가 날 때 다른 항아리나 커다란 그릇에 옮겨 담는다. 여기에 끓인 물 1 l 를 붓고 덮개를 덮어 10~15분 그대로 두었다가 액체를 걸러낸다. 이 우윳빛 액체가 바로 창이다. 뜨거운 물을 1l 더 부어 우려내면 좀 더 묽은 창을 먹을 수 있다.

맥아추출물로 만든 맥주

IDA에 사는 친구 톰 풀러리는 정말 맥주 제조에 푹 빠져 있는 친구다. 우리가 따라한 톰의 맥주 제조법은 6개월 만에 다시 만든 작품이다. 그간 간염 선고를 받고 술을 끊었기 때문이다. 톰은 지금도 특별한 경우에만 한 잔 정도 마신다는 원칙을 지켜나가고 있다. 우리는 간을 튼튼하게 만들기 위해서 민들레로 맥주를 만든다. 맥주는 보통 홉으로 씁쌀한 맛을 내지만 사실 홉이 아니라도 넣고 싶은 식물을 마음껏 넣어도 된다. 그중 민들레로 만든 맥주는 거무스름하며 쓴맛이 적게 난다.

맥아추출물은 시중에서 쉽게 구입할 수 있다. 맥주의 맛은 맥아추출물의 종류, 발효 온도, 쓴맛을 내는 식물의 양에 따라 달라진다. 집에서 맥주를 만드는 사람들 중에는 시판 맥주와 똑같은 맛을 내야 한다는 생각에 사로잡혀 정해진 규칙대로만 만들려는 이들이 있다. 대부분의 요리책도 그런 생각을 부채질한다. 스티븐 해로드 버너어는 자신의 책 『신성한 약효가 있는 맥주들: 고대 발효의 비밀』에서 " '세균을 없애기 위해서는 화학약품을 꼭 써야 한다. 맥주의 맛을 살리기 위해 화학물질을 많이 넣어야 한다. 독일산 특유의 맥주 맛을 살리려면 반드시 온도를 몇 ℃로 조절해야 한다. 곡물은 이것을 써야 하고 엿기름과 홉, 효모는 이것을 써야 한다'는 등의 말들이 너무 많다. 이런 식의 복잡한 규칙은 직접 맥주를 만들어보는 기쁨을 빼앗아갈 뿐이다"라고 했다.[4]

직업 마술사이자 재담꾼인 톰 풀러리는 자신의 마음대로 다양한 맥주를 만들어낸다. 그가 맥주를 만들 때 지키는 원칙은 그저 '깨끗이 하되 살균은 하지 않는다'이다. 그가 가장 많이 참고하는 요리책은 찰리 파파지안이 쓴 『마음껏 즐기는 가정용 양조법The New Complete Joy of Home Brewing』이다. 그는 우리가 맥주를 만드는 동안 이런 구절을 읽어주었다. "마음을 편하게 먹고 걱정을 버려라. 집에서 직접 만드는 과정을 즐겨라. 걱정이란 지지도 않은 빚에 이자를 내는 것과 같은 일임을 명심하라."[5] 정말 맞는 말이다.

**** 소요시간**

- 3~4주

**** 재료(20 *l* 기준)**

- 민들레 1 *l*
- 말린 홉 1 *l*
- 구운 맥아 추출물 1.5kg
- 좋은 맥아가루 500*ml*

** 만드는 방법

1. 민들레를 구한다. 민들레는 어디에나 피어 있다. 그중에서도 길가나 건설 현장, 화재 현장처럼 토지가 한 번 뒤집힌 곳에서 잘 자란다. 민들레를 찾아 나서는 길은 꼭 명상을 하기 위해 나서는 느낌이 든다. 민들레를 발견하면 포크나 삽으로 흙을 파고 뿌리를 드러낸 다음, 뿌리를 잡고 힘껏 잡아당겨야 한다. 뿌리가 잘린 부분에서는 하얀 수액이 흘러나온다. 수액에도 몸에 좋은 영양분이 많이 들어 있다.

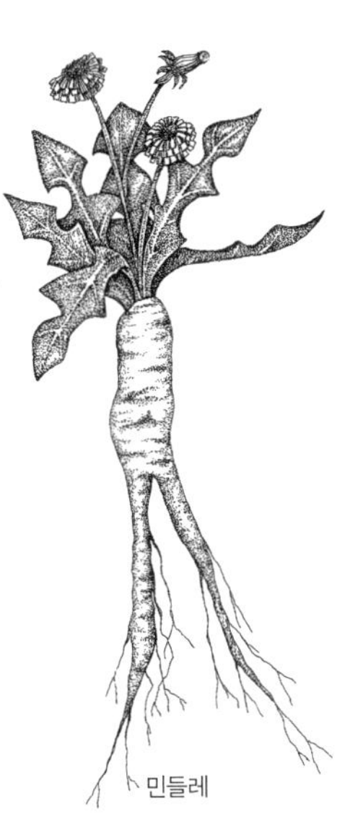
민들레

2. 여러 가지 재료가 모두 들어갈 수 있을 만큼 충분히 큰 냄비에 물 10ℓ 를 끓인다. 톰은 IDA 샘물에서 길어온 신선한 물이 자신이 만든 맥주 맛의 비결이라고 했다. 실제로도 맥주 맛은 물이 좌우한다. 맥주 회사들이 하나같이 자기 회사에서 판매하는 맥주는 아주 좋은 물을 썼다고 자랑하는 이유도 바로 그 때문이다. 주변에 샘물이 있다면 당신은 행운아다. 하지만 예로부터 그다지 좋지 않은 물로도 맛있는 맥주를 만들어왔으니 샘물이 없다고 실망할 필요는 없다.
3. 민들레는 뿌리, 줄기, 잎은 물론이고 꽃이 피었다면 꽃까지 다 넣는다. 뿌리에 묻어 있는 흙을 털고 시든 잎을 떼어낸 후 깨끗하게 씻어 잘게 썬다.
4. 2의 물이 끓으면 민들레, 홉, 맥아추출물을 넣는다. 이 상태를 맥아즙이라고 한다. 다 넣었으면 뚜껑을 닫고 계속 끓인다. 끓는 동안 거품이 생기면서 홉이 수면 위로 떠오를 것이다. 완전히 끓으면 불을 줄이고 1시간 동안 더 끓인다.
5. 4를 걸러 깨끗한 카르보이에 옮겨 담는다. 액체가 카르보이 끝까지 차게 넣지 말고 발효 초기에 거품이 생길 수 있도록 위에서 7.5㎝ 정도 여유 공간을 남겨두어야 한다. 그렇지 않으면 거품이 에어로크를 뚫고 올라와 넘칠 수도 있다.
6. 5를 체온과 비슷할 정도로 식힌 다음 효모를 넣고 상온에서 7~10일 발효시킨다. 맥주를 만들 때 일정한 온도를 유지하

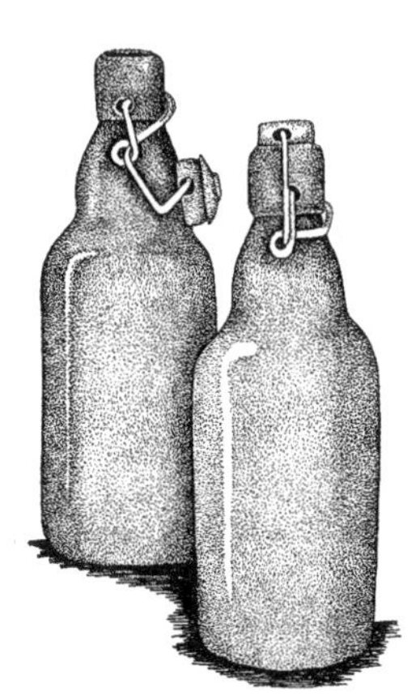
누르는 틀이 달려 있는 병

기 위해 애쓰는 사람들이 많은데 집에서 만들 때 온도를 맞추기란 쉽지 않다. 톰은 굳이 일정한 온도를 유지하기 위해서 애쓰지 않는다.

⁎⁎ 병에 담기

발효 속도가 더뎌지면 맥주를 병에 담을 준비를 한다. 맥주에 가장 잘 어울리는 병은 그롤시 같은 고무마개가 달린 고급 맥주병이다. 물론 병따개로 열 수 있는 병도 함께 모아두는 것이 좋다. 이제 맥주를 담기 전에 미리 해야 할 일과 병에 맥주를 담는 방법에 대해서 알아보자.

1. 병을 깨끗이 씻는다. 요리책에서는 대부분 화학약품으로 소독해야 한다고 권하고 있지만 나는 그저 비누와 뜨거운 물과 세제만 써도 된다고 생각한다. 톰은 맥주 재료 상에서 사온 고압으로 물줄기를 발사하는 기구를 쓴다.
2. 맥주 넣을 준비를 한다. 먼저 이산화탄소가 모두 빠져나가고 발효가 끝난 맥주에 설탕을 조금 넣어 병 속에서 탄산이 만들어지게 한다. 다음으로 깨끗한 20ℓ 짜리 용기를 하나 더 준비해 사이펀으로 액체만 뽑아 옮겨 담는다. 그중에 1컵을 떠서 맥아 시럽 310㎖를 넣거나 옥수수 당이나 엿기름가루 185㎖를 넣어 잘 섞은 다음 나머지 맥주가 들어 있는 용기에 넣고 당이 완전히 녹을 때까지 잘 젓는다. 모든 장비는 언제나 깨끗하게 씻어두어야 한다.
3. 사이펀으로 용기 속에 들어 있는 맥주를 병에 담고 뚜껑을 닫는다.
4. 마시기 전에 2주 정도 더 발효시킨다.

크라운 캡과 병,
뚜껑 닫는 기구

으깬 곤죽-발아시킨 혼합 곡물로 만든 맥주

내 친구 패트릭 아이언우드는 참으로 어마어마한 양의 맥주를 만든다. 할머니 두 분, 부모님, 아내, 처남, 처제, 이제 막 태어난 아이 세이지 인디고 아이언우드(아이 이름이 식물 이름 3개를 나열한 것이다!)와 함께 4대가 생활하는 패트릭의 집 문셰도우에는 친구들과 인턴들, 방문자들로 언제나 북적인다. 게다가 키몬스 아이언우드 패거리의 숲속 집은 앞에서 소개한 세콰치밸리연구소의 환경교육센터이기도 하다. 패트릭은 부모님이 주신 DIY 가정용 맥주 제조 기구를 가지고 처음으로 맥주를 만든 15살 때부터 직접 맥주를 만들어왔다.

현재 35살이 넘은 패트릭은 병보다 노동력이 훨씬 적게 드는 나무 생맥주통에 언제나 120ℓ 정도 되는 맥주를 저장해놓는다. 몇 년 동안 패트릭의 대접만 받던 나는 최근에야 맥주를 만들 때 도와줄 수 있었다. 이제부터 그가 만드는 맥주에 대해서 소개하려 한다.

갈아서 으깬 곤죽으로 맥주를 만들 때는 정확하게 온도를 맞추는 일이 중요하다. 곤죽을 으깰 때는 높은 온도로 가열해야 한다. 으깬 곤죽 속에는 다양한 온도에서 각각 다르게 활동하는 효소들이 많이 들어 있다. 각기 다른 온도에서 활동하는 효소들이 모두 활동할 기회를 주어야만 녹말이 몇 단계를 거쳐 당으로 분해되고, 그래야 맥아즙이 발효되어 풍부한 맛과 향이 나는 맥주가 된다.

**** 소요시간**

- 3～4주

**** 재료(20ℓ)**

- 갓 싹이 튼 보리 1㎏
- 싹 튼 카라뮌헨 보리 500g
- 황색 보리 맥아추출물 1.5㎏
- 황색 보리 맥아가루 1㎏
- 홉 85g
- 식용 해초 4㎖
- 맥주 효모 1팩

**** 만드는 방법**

1. 싹이 튼 보리를 입자가 굵게 간다. 표면적을 넓히기 위한 것이므로 몇 조각으로 쪼개질 만큼만 간다. 자칫 고운 가루로 만들어 반죽이 걸쭉해지면 곤란하다.
2. 커다란 냄비에 물 8ℓ를 붓고 71℃가 되게 데운다. 물이 데워지면 불을 끄고 1을 넣어 잘 섞는다. 그런 후 53℃ 정도가 될 때까지 차가운 물을 조금씩 넣어주면서 온도를 낮춘다. 다 식었으면 덮개를 덮고 20분 정도 같은 온도를 유지한다.

3. 20분이 지나면 다시 불을 켜 물의 온도를 60℃로 올린다. 가열하는 동안 타지 않도록 계속해서 저어주어야 한다. 60℃가 되면 불을 끄고 뚜껑을 닫은 후 40분 동안 같은 온도를 유지해준다(중간에 온도를 재보고 온도가 너무 내려갔으면 다시 가열해준다).

4. 40분이 지나면 다시 불을 켜서 온도를 71℃까지 올린다. 그 온도가 1시간 동안 유지되게 해야 한다(20분마다 온도를 확인하고 필요할 때마다 다시 가열한다).

5. 그 상태로 1시간이 지나면 다시 77℃로 올린다. 가열하는 동안 계속 저어주어야 한다.

6. 끓고 있는 동안 물을 4ℓ 넣어준다.

7. 곤죽이 77℃까지 끓으면 건더기는 건져낸다. 커다란 냄비에 여과기를 설치하고 곤죽을 떠서 여과기에 넣는다. 곤죽이 여과기에 가득 차면 적당한 도구로 꾹꾹 눌러 즙을 짜낸다. 더 이상 즙이 나오지 않으면 끓는 물을 몇 컵 부은 후 다시 짜낸다. 마지막 한 방울까지 짜내기 위해서다. 더 이상 즙이 나오지 않을 때까지 완전히 짜냈으면 남은 건더기는 가축 사료로 쓰거나 거름으로 쓰면 된다. 이렇게 곤죽에서 액체만 짜낸 것이 맥아즙이다.

8. 맥아즙을 다시 냄비에 붓고 끓인다. 이때 맥아추출물을 넣고 잘 저어준다. 걸쭉한 맥아즙은 타기 쉬우니 잘 저어주어야 한다. 끓어오르면 준비한 홉을 반만 넣는다. 45분 동안 잘 저어가면서 끓인다.

9. 45분이 지나면 식용 해초를 넣는다. 식용 해초는 맥주를 맑게 해준다. 해초를 넣고 5분이 지나면 남아 있는 홉 가운데 절반을 넣는다. 8분이 지나면 나머지 홉을 모두 넣는다. 홉 추출물을 끓이면 쓴맛이 나지만 익히는 동안 향긋한 냄새가 번져 나온다. 맥주로 스며드는 향긋한 냄새가 마지막에 넣는 홉에서 흘러나오는 까닭에 이 마지막 홉을 '피니싱 홉 finishing hops'으로 부르기도 한다.

10. 맥아즙을 1시간 정도 끓였으면 불을 끄고 카르보이나 다른 발효 용기에 담는다. 패트릭은 100 대 3으로 희석시킨 과산화수소 용액으로 발효 용기를 닦아낸다. 유리병에 담을 경우에는 뜨거운 맥아즙이 들어갈 때 깨지지 않도록 아주 천천히 따라 넣어야 한다. 카르보이는 발효 초기에 거품이 생길 수 있도록 맥아즙을 끝까지 채우지 않고, 위에서 5㎝ 정도 여유 공간을 남겨 두어야 한다.

11. 일단 맥주가 체온 정도까지 식으면 효모를 뿌리고 에어로크를 설치한다. 거품이 더 이상 나지 않을 때까지 7~10일 발효시킨다. 발효가 끝나면 앞에서 소개한 것처럼 설탕을 더 넣고 병에 담거나 큰 통에 넣어 보관한다.

Chapter 12

식초

살균, 해독작용이 탁월한 최고의 발효식품

식초의 영어 단어 '비네거vinegar'는 프랑스어 '비네그르vinaigre'에서 온 말이다 ● '빈vin'은 '와인'을 뜻하고 '에그르aigre'는 '시다'는 뜻이다 ● 식초는 와인을 제대로 만들지 못한 데서 오는 실망감을 충분히 완화시켜준 멋진 식품이다 ● 식초는 수많은 요리의 맛을 북돋아줄 뿐 아니라 그 자체만으로도 건강에 많은 도움이 된다 ● 식초의 종류는 아주 많지만 결정적인 특성은 식초로 변한 알코올의 원재료가 좌우한다 ● 와인 식초는 와인을 발효시켜 만들고 사과 식초는 사과주를 발효시켜 만든다

식초, 요리맛을 살려주는 최고의 발효음료

내가 만든 식초는 대부분 와인을 잘못 발효시켜서 나온 작품들이다. 어떻게 와인이 식초로 바뀌었는가 하면, 알코올이 발효될 때 눈에 보이지 않는 공기가 알코올과 접촉해 초산균의 일종이자 호기성 세균인 미코데르마 아세티Mycoderma aceti가 번식했기 때문이다. 이 세균은 알코올을 분해하면서 아세트산을 만들어낸다. 식초의 영어 단어 '비네거vinegar'는 프랑스어 '비네그르vinaigre'에서 온 말이다. '빈vin'은 '와인'을 뜻하고 '에그르aigre'는 '시다'는 뜻이다. 식초는 와인을 제대로 만들지 못한 데서 오는 실망감을 충분히 완화시켜준 멋진 식품이다. 식초는 수많은 요리의 맛을 북돋아줄 뿐 아니라 그 자체만으로도 건강에 많은 도움이 된다.

식초의 종류는 아주 많지만 결정적인 특성은 식초로 변한 알코올의 원재료가 좌우한다. 와인 식초는 와인을 발효시켜 만들고 사과 식초는 사과주를 발효시켜 만든다. 쌀 식초는 쌀 술을, 맥아 식초는 맥주 같은 곡물을 발효시켜 만든 알코올로 만든다. 가장 많이 쓰고 값도 싼 흰 식초는 증류해서 불순물을 제거한 곡물로 만든다. 이 식초는 발아시킨 곡물로 만든 식초와 달리 향과 색이 없다. 사실 흰 식초의 가장 큰 장점은 색이 없고 특별한 맛이 없다는 점일 테지만 말이다.

와인 식초

집에서 만든 와인에서 시큼한 맛이 난다면 식초로 바뀐 것이니 요리할 때 쓰거나 샐러드드레싱을 만들어 먹으면 된다. 집에서 만든 와인이나 시장에서 사온 와인을 가지고 식초를 만들고 싶다면 식초를 만드는 세균이 호기성 세균이라는 사실을 명심해야 한다. 따라서 식초를 만들 때는 입구가 넓은 용기를 준비해 공기와 알코올이 접촉하는 면을 최대한 크게 만들어야 한다. 치즈 천이나 망사로 파리나 먼지가 들어가지 못하게 용기 입구를 덮고 직사광선이 들지 않는 곳에서 알코올을 발효시킨다. 맛있는 식초를 만들고 싶다면 호기성 세균에 노출시키기 전에 에어로크를 설치해서 알코올 발효를 완전히 끝내야 한다. 하지만 와인을 발효시킨 용기에서 식초를 발효시켜서는 안 된다.

귀농을 위해 테네시 주의 월귤 농장에 정착한 내 친구 헥터 블랙은 월귤 열매가 너무 많이 열려 무엇을 해야 할지 생각하다가, 오크나무로 만든 커다란 통에 열매를 넣고 와인 식초를 만들어보았다. 그가 만든 월귤 와인 식초는 걸쭉하면서도 과일 맛이 났다. 나는 유리잔에 식초를 담아 마셔보았는데 어찌나 맛있던지 한 번에 여러 잔씩 먹고는 했다. 그는 식초를 발효시킨 오크나무 통을 공기와 많이 접촉할 수 있는 방향으로 눕혀놓았는데, 흔히 벙홀bunghole■■이라고 부르는 통 구멍은 치즈 천으로 막아놓았다. 헥터는 올해 발효 속도를 높이기 위해, 액체 속으로 기체를 불어넣는 작은 전기 에어 펌프로 식초에 공기를 공급하는 새로운 시도를 해볼 작정이다. 식초를 만드는 세균은 호기성 세균이기 때문에 공기가 들어가면 세균의 활동이 활발해져 발효 속도가 분명히 빨라질 것이다.

치즈 천으로 구멍을 막고 옆으로 눕혀 놓은 통

발효가 끝난 식초의 산도는 식초를 만든 알코올의 종류에 따라 달라진다. 또 알코올이 식초로 완전히 바뀌는 시간은 알코올의 종류와 온도, 공기의 양에 따라 달라진다. 여름철에는 2주, 겨울철에는 한 달 정도 걸린다. 자주 저어주고 공기를 주입하는 장치를 했다면 좀 더 빨리 식초로 변한다. 발효시키는 동안 식초의 맛을 자주 봐야 하지만 오랫동안 내버려두어도 걱정할 필요가 없다. 식초는 아주 안정된 식품이기 때문에 쉽게 다른 물질로 변하지 않는다.

식초를 발효시키는 동안 액체 표면에 디스크 판이나 필름 같은 얇은 막이 생기는 경우도 있다. 이 막이 식초의 초모, 간단히 말해서 초모다. 이 초모는 식초를 만드는 세균들이 모인 균체이니 걷어서 다음 식초를 만들 때 원종으로 사용하면 된다. 초모 자체도 영양가가 높고, 먹을 수 있는 식품이다. 식초 표면 아래 단단한 덩어리가 생기는 경우도 있는데 이것은 초모가 죽어 가라앉은 것이다. 이런 덩어리가 생겼다면 걷어내서 버리거나 식초를 먹을 때 함께 먹으면 된다.

■■ 액체를 따를 수 있도록 통에 낸 구멍

사과 식초

10장에서 나는 내가 알고 있는 가장 간단한 알코올 발효식품이라고 하면서 신선한 사과주스를 항아리에 넣고 자연 발효시키면 1주일 안에 강렬한 사과주를 만들 수 있다고 소개했다(321쪽 참고). 이 항아리를 손대지 말고 몇 주 정도 공기와 접촉하는 상태 그대로 두면 분명히 사과 식초로 변해 있을 것이다. 물론 공기와 더 많이 접촉할 수 있는 넓은 용기에 옮겨 놓으면 훨씬 빨리 식초가 만들어진다.

여과기에 거르지 않은 사과 식초를 하루에 한 스푼씩 먹으면 건강에 좋다는 민간요법을 많이 들어봤을 것이다. 에밀리 대커는 『식초 서The Vinegar Book』에서 "인류의 역사가 시작된 그 순간부터 우리 인류는 젊어지는 샘물에서 솟아나온다는 신비한 생명수를 찾아다녔다. 가장 보편적인 치유력을 지닌 이 식초야말로 생명수와 가장 비슷한 물질이 아닐까?"라고 했다.[1] 여러 과학 잡지와 의학 잡지를 조사해본 대커는 식초가 관절염과 골다공증, 암을 막아주고 세균을 없애주며 가려움을 개선해줄 뿐 아니라 화상 치료, 소화 촉진, 체중

조절, 기억력 향상 등에도 도움을 준다는 사실을 알아냈다.[2]

현대 의학도들이 의사가 될 때 그 이름을 들어 선서하는 히포크라테스도 식초를 치료약으로 처방했다고 한다.

비나그레 데 피냐

멕시코 요리에는 파인애플 식초를 쓰는 경우가 많은데 정말 맛있고 산도도 높다. 이 식초를 만들 때는 파인애플 껍질만 있으면 된다. 속살은 그냥 먹어도 된다. 여기서 소개하는 비나그레 데 피냐 vinagre de pina는 다이애나 케네디가 쓴 『멕시코 요리 The Cuisine of Mexico』에서 찾았다.

** 소요시간

- 3~4주

** 재료(1*l*)

- 설탕 60*ml*
- 물
- 파인애플 1개 껍질(유기농을 준비해야 한다. 푹 익은 것도 괜찮다)

✻✻ 만드는 방법

1. 항아리나 그릇에 물 1 l 를 붓고 설탕을 녹인다. 굵게 썬 파인애플 껍질을 넣는다. 파리가 들어가지 않도록 치즈 천으로 덮고 상온에서 발효시킨다.
2. 1주일 정도 지난 후 액체가 진해지면 파인애플 껍질은 건져서 버린다.
3. 자주 섞거나 저어주면서 2~3주 더 발효시키면 파인애플 식초가 완성된다.

과일 찌꺼기 식초

파인애플 껍질로 맛있는 식초를 만들 수 있듯이 과일 찌꺼기로도 식초를 만들 수 있다. 사과 껍질과 속으로도 만들 수 있고 땅에 떨어져 상한 과일로도 만들 수 있다. 너무 익어 먹기 힘든 바나나나 포도, 딸기 찌꺼기, 먹고 남은 과일 등을 가지고도 얼마든지 가능하다. 식초 발효는 음식을 재활용할 수 있는 좋은 기회다. 파인애플 식초를 만들 때처럼 그저 과일 찌꺼기 위에 물 1ℓ당 설탕 60㎖만 녹여 부으면 된다. 설탕 대신 기호에 따라 꿀을 넣어도 된다. 단, 꿀을 넣으면 발효 속도가 조금 늦어진다는 점은 기억하고 있어야 한다.

슈러브

슈러브shrub는 탄산음료가 판매되기 전까지 미국에서 가장 인기를 누렸던 소프트드링크이자 원기 회복제다. 전통적으로 슈러브는 신선한 장과류 과일을 식초에 2주 정도 담가두었다가 과일을 건져내고 설탕이나 꿀을 넣어 만든다. 보통 한 번에 먹지 않고 보관해 두었다가 필요할 때마다 물에 희석시켜 얼음을 넣어 먹는다. 집에 과실주나 사과 식초가 있으면 과일 주스만 섞어 넣으면 된다. 식초와 과일 주스와 물의 비율을 1대 3대 3으로 섞으면 된다. 물 대신 탄산수를 넣으면 소다처럼 마실 수 있다. 재료의 비율은 맛을 보면서 입맛에 맞게 조절하면 된다. 달콤새콤한 맛이 마음에 들 것이다.

스위첼

스위첼switchel도 식초를 이용한 소프트드링크로 당밀과 생강을 넣어 만든다. 지금 소개하는 요리법은 스티븐 그레스웰이 지은 『가정에서 직접 만들어 먹는 루트 비어, 소다, 탄산음료 Homemade Root Beer, Soda, and Pop』에서 발췌했다.

＊＊ 소요시간

- 2시간

＊＊ 재료(2ℓ 기준)

- 사과주나 다른 과일 식초 125㎖
- 설탕 125㎖
- 당밀 125㎖
- 생강 5㎝
- 물

** 만드는 방법

1. 물 1l 에 식초, 설탕, 당밀, 생강을 넣고 10분 정도 끓인 후 생강을 건져낸다.

2. 물이나 탄산수를 더 부어 전체가 2l 가 되게 한다.

3. 차갑게 해서 먹는다.

서양고추냉이 소스

서양고추냉이는 아주 자극적인 뿌리다. 이 식물에서는 먹는 순간 입에서부터 목구멍까지 무어라고 형용할 수 없을 만큼 싸한 맛이 느껴진다. 무교절 축제 때가 되면 억압받던 유대인들을 기억하기 위해 무교병 위에 발라먹곤 했기 때문에 어려서부터 서양고추냉이를 아주 좋아했다. 지금도 여전히 무교병 위에 이 서양고추냉이를 발라먹지만, 지금은 그 폭을 넓혀 샌드위치, 노리 롤, 소스, 드레싱, 김치에도 서양고추냉이를 꼭 넣어 먹는다.

서양고추냉이 소스는 만드는 법이 매우 간단하다. 먼저 서양고추냉이 뿌리를 잘게 다진다. 손으로 직접 다져도 되고 기계를 써도 되지만, 한 가지 주의할 점은 서양고추냉이는 아주 매운 기체를 발산한다는 사실이다. 만능 조리기의 뚜껑을 열고 서양고추냉이를 갈다가는 그 매운맛에 호되게 당할 것이다. 다 다지면 식초와 소금을 조금 넣고 몇 시간부터 몇 주 정도 두어 우러나오게 한다.

꿀물에 서양고추냉이를 섞어도 근사한 소스가 된다. 다진 서양고추냉이 위에 꿀물을 붓고 잘 저은 후 치즈 천이나 망사를 덮고 3~4주 발효시키면 된다. 발효가 진행되는 동안 꿀이 알코올로 바뀌고 알코올은 다시 식초로 바뀐다. 나는 발효를 진행하는 미생물들이 나를 위해서 서양고추냉이를 다양하게 변화시킨다는 생각을 하고는 한다.

우려낸 식초들

산성인 식초는 아주 강한 용매로, 음식과 식물에 들어 있는 향미와 피토화학물질들을 우려내 보존하는 역할을 한다. 식품을 식초에 담그면 그 속에 들어 있는 맛과 향과 약초 성분이 식초 속으로 녹아든다. 따라서 담그는 식품의 종류에 따라 식초는 맛난 드레싱이나 강력한 약제가 되기도 하고 경우에 따라서는 두 가지 모두가 되기도 한다. 그러니 걱정하지 말고 식초 속에 넣고 싶은 식품을 마음껏 넣어보자. 단지 속에 우려내고 싶은 식품을 넣고 식초를 듬뿍 부어도 상관없다.

금속 뚜껑을 사용할 경우 산과 반응할 수 있으니 식초를 넣을 때는 플라스틱으로 만든 뚜껑을 쓰거나 뚜껑과 병 사이에 파라핀 종이를 끼워야 한다. 식초로 성분 물질을 우려낼 때는 몇 주 동안 어두운 장소에서 보관해야 한다. 모두 다 우려냈으면 건더기는 걸러내고 식초만 따로 따라낸다. 식초가 너무 투명해서 많은 성분이 우러나오지 않았다고 느껴지면 식초를 병에 담을 때 원래 우려냈던 것과 같은 재료를 조금 넣고 밀봉한다. 멋진 병에 식물과 식초를 넣고 밀봉하면 선물로 활용할 수도 있다.

식초에 마늘, 로즈마리, 타임, 사철쑥, 고추, 딸기, 박하, 바질, 민들레 뿌리, 민들레 잎, 민들레 꽃 등을 넣어 우려내도 좋다. 그 밖에 넣고 싶은 모든 것이 가능하다.

딜리 빈 식초 절임

식초로 절이면 발효 작용이 더 이상 진행되지 않는다. 5장에서도 말했듯이 소금물에 절이면 유산균이 만든 유산이 채소를 지켜준다. 식초 절임은 발효식품을 이용하지만, 식초의 산성 때문에 미생물이 활동하지 못한다. 따라서 식초 절임 속에는 살아 있는 배양균이 없다.

과거 세계의 식품 보존 기술과 유기농 재배법을 중점적으로 연구하고 있는 프랑스 생태교육센터가 발행한 책에는 이런 글이 적혀 있다. "피클은 언제나 유산균이 활동하는 시기가 지나면 안정적인 식초로 변해 판매할 수 있는 상태가 된다."[3] 유산으로 발효시킨 피클과 달리 식초 피클은 영구적으로 보관이 가능하다는 장점을 가지고 있다. 경우에 따라 소금물에 절인 피클도 몇 년 동안 보관할 수는 있지만 그런

약초 성분을 우려내고 있는 식초를 담은 병

딜리 빈 항아리

경우는 아주 드물고, 대부분 몇 주나 몇 달 동안만 보관할 수 있다.

식초 절임에 대해 소개한 요리책은 아주 많기 때문에 여기서는 딱 한 가지만 소개하기로 한다. 이 요리는 내 아버지가 해마다 직접 길러 가족들과 친구들에게 1년 내내 대접하는 딜리 빈dilly beans 식초 절임이다.

** 소요시간

- 6주

** 필요한 도구

- 뚜껑 달린 병(콩깍지가 꺾이지 않고 모두 들어갈 정도로 긴 750ml짜리 병이 가장 좋다)

** 재료

- 깍지강낭콩
- 마늘
- 소금
- 말린 칠리고추
- 셀러리 씨
- 딜(꽃이 있는 부분이 좋지만 잎도 괜찮다)
- 식초
- 물

**** 만드는 방법**

1. 먼저 깍지강낭콩을 담을 수 있는 병이 집에 몇 개나 있는지 알아본다. 병을 깨끗이 씻어서 일렬로 늘어놓는다.

2. 각 병에 마늘 1쪽, 소금 5㎖, 붉은색 통 칠리고추 1개, 셀러리 씨 1.5㎖, 딜 꽃대나 잎 조금을 담는다. 그 위에 깍지강낭콩을 똑바로 세워 병에 꽉 찰 때까지 집어넣는다.

3. 병 1개당 식초 250㎖와 같은 양의 물을 섞어 끓인 다음 병에 붓는다. 병 입구에서 1㎝ 정도의 여유 공간을 둔다.

4. 병뚜껑을 닫고 열처리를 하기 위해 끓는 물이 담겨 있는 커다란 냄비에 넣고 10분 동안 가열한다. 딜리 빈이 담긴 병을 6주 동안 숙성시킨 후 향과 맛이 골고루 섞이면 먹는다. 아버지는 딜리 빈 식초 절임을 전채 요리로 내놓는다. 열처리를 하기 때문에 냉장고에 넣지 않아도 몇 년 정도는 보관할 수 있다.

비네그레트

비네그레트vinaigrette는 전통적인 샐러드드레싱을 내 마음대로 변형시킨 것이다. 이 요리를 처음 가르쳐준 분은 어머니다. 나는 어렸을 때부터 샐러드를 먹을 때마다 이 드레싱을 만들어야 했다. 어머니는 기름보다는 식초를 쓰고 겨자와 마늘을 많이 넣으라고 하셨다. 샐러드드레싱은 진짜 쉽게 만들 수 있다. 그런데도 대부분 사먹는 쪽을 택하니, 정말 놀라지 않을 수 없다.

✻✻ 소요시간

- 10분

✻✻ 재료(250*ml* 기준)

- 와인 식초 125*ml*
- 엑스트라 버진 올리브유 60*ml*
- 매운 겨자 30*ml*

- 다진 마늘 8쪽
- 겨자가루 5㎖
- 타임 5㎖
- 파슬리 5㎖
- 사철쑥 3㎖
- 참기름 15㎖(없어도 된다)
- 꿀 15㎖(없어도 된다)
- 요구르트나 타히니 소스 30㎖(없어도 된다)
- 소금과 후추

＊＊ 만드는 방법

- 병에 모든 재료를 넣고 뚜껑을 닫은 다음 잘 흔든다.
- 나는 병에 붙어 잘 떨어지지 않는 겨자를 마저 먹기 위해 아예 겨자 통을 이용해서 샐러드 드레싱을 만들기도 한다. 집에 피클 국물이나 자우어크라우트 국물이 있다면 함께 넣어도 된다.
- 샐러드드레싱을 뿌려 우려내서 먹으면 더 맛있다. 나는 미리 샐러드에 드레싱을 뿌려 숨을 죽인 다음 먹는 것을 더 좋아한다. 샐러드를 다 만든 후에도 드레싱이 많이 남으면 병에 담아서 다음에 쓰면 된다.

Chapter 13

배양균의 재생

생명을 순환시키고 토양을 비옥하게 만드는 발효

음식의 발효 과정을 지켜보면서 나는 죽음과 부패를 자연스럽게 받아들일 수 있었다 ● 발효는 단순히 음식을 변화시키는 과정이 아니다
● 발효식품에 빠져 살아온 지난 10년은 내 자신의 부패와 죽음에 대해서 진지하게 생각해볼 수 있는 시간이기도 했다 ● 발효를 통해 나
는 죽음을 평화롭게 맞이할 수 있는 지혜를 갖게 되었다 ● 모든 생명체가 그러하듯 돌고 도는 삶의 일부로서 발효되고 흩어져 다른 형태의
생명체 속에 다시 태어난다는 사실을 받아들일 뿐이다

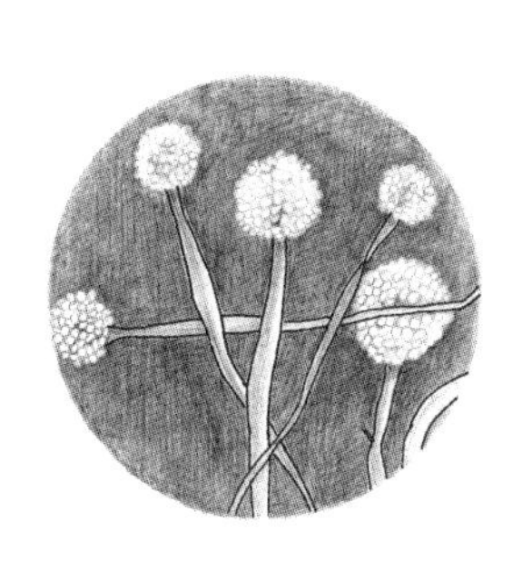

발효를 통해 자연과 생명의 순리를 깨닫다

발효는 단순히 음식을 변화시키는 과정이 아니다. 죽은 동물과 식물의 조직을 흡수한 미생물이 식물을 성장시키는 영양분을 만들어내는 과정이다. 최초의 미생물학자 가운데 한 명인 야콥 리프만은 1908년에 펴낸 감동적인 저서 『전원의 삶에 영향을 미치는 세균』에서 이렇게 말했다.

> 세균은 산 자들의 세계와 죽은 자들의 세계를 연결해주는 고리다. 세균은 죽은 식물과 동물의 주검에 속해 있는 탄소와 질소, 수소, 황 같은 여러 원소들을 다시 쓸 수 있게 만들어주는 위대한 청소부다. 이들이 없다면 사체는 점점 더 쌓여갈 것이며 결국 산 자들의 왕국은 죽은 자들의 왕국으로 바뀌고 말 것이다.[1]

이 글 덕분에 나는 죽음과 부패를 자연스럽게 받아들일 수 있었다. 육체를 가진 생명체에게 삶은 순환의 과정이며 죽음은 피할 수 없는 운명임이 명백하다. 이 같은 사실은 가혹한 삶의 진실을 보다 더 분명하게 이해하고 보다 더 잘 받아들일 수 있게 해준다.

발효식품에 빠져 살아온 지난 10년은 또한 내 자신의 부패와 죽음에 대해서 진지하게 생각해볼 수 있는 멋진 시간이었다. HIV 항체 검사를 사형 선고로 받아들였다면 있을 수 없었던 일이다. 내 감정을 지금은 세상에 없는 오드리 로드의 글보다 더 분명하게 표현할 방법이 있을까?

> 시간의 압력 속에서 자신의 존재를 강하게 인식하며 사는 삶은, 언제나라고는 할 수 없어도 내 모든 결정과 행동에 흔적을 남길 만큼은 내 어깨를 짓누르고 있는 죽음을 인식하며 사는 삶이다. 이는 내 죽음이 다음 주에 찾아오느냐 30년 후에 찾아오느냐의 문제가 아니다. 죽음에 대한 인식은 내 생명에 또 다른 숨을 불어넣는다. 그것은 내가 하는 말의 형태와 내가 사랑하는 방식을 결정하고, 행동에 대한 원칙과 목표를 결정하며, 삶을 바라보는 자세나 생명에 대한 외경 등에 깊은 영향을 미친다.

한 가지 궁금한 점이 있다. 질병과 죽음에 대한 생각에 집착하다 보면 정말로 병에 걸리거나 죽게 될 수도 있지 않을까? HIV 항체 검사 같은 진단 검사들은 정확한 검사를 통해 결과적으로 환자들에게 더 많은 정보를 제공해주기 때문에 환자들이 더 올바른 판단을 내릴 수 있도록 도와준다는 평가를 받고 있다. 그러나 자각 증상이 전혀 없는 상태에서 HIV 양성 판결을 받고, 그 후에 에이즈 증상들이 발병한 나로서는 몸이 자각하지 못하는 질병을 미리 아는 일이 과연 좋은 일인가 하는 의구심이 든다. 때로는 무지가 축복일 수도 있는 것이다.

이 책을 쓰는 동안 나는 40대가 됐다. 나와 비슷한 나이의 친구들은 이제 중년의 삶을 말한다. 나는 언제나 언젠가는 40대가 될 거라고 생각해왔으며 2042년에는 80번째 생일잔치를 할 수 있을 거라고 믿어왔다. 나는 삶을 사랑하며 무한한 가능성을 믿는다. 그러나 나는 끊임없이 관찰당하고 확인받고 가능성을 평가받아야 하는 사람으로, 40이 넘으면 몇 년 못 살 거라는 평가를 받고 있다. 지금 나를 살아 있게 해주는 약들을 몇십 년 동안 복용할 수는 없는 것들이다. 이 약들조차도 사실은 독소물질로, 오래 복용하면 내 몸에 좋지 않은 영향력을 행사할 것이다.

게다가 에이즈에 걸린 채 오래 살아남는다는 사실은 에이즈로 죽어가는 사람들을 끊임없이 바라보아야 한다는 뜻이다. 지금 내 몸은 죽어가고 있으며 지금이 바로 내 인생의 황혼기라는 사실을 알려주는 수많은 정보들도 쏟아져 나오고 있다. 대체 어쩌자는 것일까? 의지를 꺾어버리는 그런 정보들이 과연 삶을 위한 정보가 맞긴 하는 걸까?

나는 나에게 죽음을 평화롭게 맞이할 수 있는 지혜가 있다고 믿는다. 죽음은 결국 찾아오게 마련이다. 내가 할 수 있는 일은 그저 살아 있는 순간에 최선을 다하다가 죽음이 찾아오면, 이제 나도 곧 살아 있는 모든 생명체가 그렇듯이 돌고 도는 삶의 일부로서 발효되고 영양분으로 흩어져 다른 형태의 생명체 속에서 다시 태어난다는 사실을 받아들이면 그뿐이다. 나는 오늘도 이 같은 믿음을 가지고 발효식품을 만들어나간다.

죽음에 대한 인식

우리 사회는 우리를 죽음과 너무 멀리 떨어져 있게 만든다. 우리는 죽음을 통제한다는 미명 아래 너무도 비인간적인 제도를 만들어왔다. 왜 죽음을 두려워해야 하는가? 나는 어머니가 돌아가실 때 집에서 함께 있을 수 있었다는 사실에 정말 감사한다.

자궁경부암으로 오랫동안 고생하신 어머니는 일주일 정도 의식을 회복하지 못하셨다. 다리에서 시작된 부종이 온몸으로 퍼져나가고 있었고, 물이 찬 폐 때문에 버거운 숨을 내쉬고 계셨다. 우리 가족은 모두 어머니 곁에 있었다. 어머니는 마지막 불수의근이 수축을 멈출 때까지 발작에 가까운 얕고 거친 숨을 몰아쉬고 계셨다. 가족들은 모두 울면서도 어머니의 마지막 순간을 최선을 다해 지켜봤다. 자정이 되자 어머니를 실어 나를 사람들이 우리 집에 찾아왔다. 모두 창백하고 표정이 없었다. 그들은 들것 위에 놓인 자루에 어머니를 넣고 비틀거리며 엘리베이터까지 걸어갔다. 엘리베이터를 타려고 들것을 세우자 어머니의 몸이 땅 위로 떨어졌다. 그게 바로 죽음이고 현실이었다.

그 후로 나는 죽음을 두 번 더 경험했다. 그중 한 명은 유방암으로 죽은 내 친구 린다 쿠벡이다. 린다가 죽기 전까지 나는 몇 사람과 함께 린다를 돌봤다. 린다를 돌보는 동안 볼 수 있었던, 겨드랑이에 톡 튀어나와 있던 야구공만 한 종양이 아직도 잊히지 않는다. 암이라는 단어는 눈에 보이지 않는 추상적인 표현이다. 왠지 실감이 나지 않지만 종양이라는 단어는 좀 더 구체적인 느낌으로 와닿는다.

린다가 죽고 가족 묘지에 묻힐 때까지 시신은 24시간 동안 자신의 침대에 놓여 있었다. 린다가 세상을 떠났다는 소식을 듣고 그녀의 집에 도착했을 때 가족과 친구들이 꽃과 향과 사진, 직물 등으로 린다의 주위를 장식해놓은 모습이 보였다. 정말 아름다웠다. 그때 나는 삶이 죽음으로 바뀌는 순간의 경이로움을 느낄 수 있었다. 우리는 잠시 린다 곁에 앉아 있었다. 그 순간이 얼마나 평화로웠는지! 장례식이 끝난 후 우리는 가까운 호수로 수영을 하러 갔다. 물속으로 뛰어드는 순간 수면 위를 헤엄쳐 지나가는 뱀이 한 마리 보였다. 그 순간 내 뇌리에서 '죽음은 삶의 한 과정일 뿐이구나, 전혀 두려워할 필요가 없구나' 하는 생각이 스쳐 지나갔다.

테네시 주는 시신을 집에 묻어도 되는 몇몇 주 가운데 한 곳으로, 린다의 장례식이 끝나자 그녀의 조카가 무덤 위로 올라가 신나게 뛰어놀았다. 그 밑에는 목수 친구가 만든 소박한 관에 린다가 누워 있었다. 해가 저물 무렵이 되자 가족과 친구들이 모두 모여 린다가 무덤에서 편히 쉴 수 있도록 노래를 부르고 북을 치고 기도를 드렸다. 린다의 장례식은 납골당이나 화장터 같은 상업적인 요소가 전혀 없어서 정말 편안한 기분이 들었다. 린다의 장례식은 서로가 서로를 돌봐주는 경건한 의식이었다.

내가 겪은 또 하나의 죽음은 러셀 모건의 죽음이다. 28살의 젊은 나이에 에이즈로 죽은 모건은 내 친구였다. 폐에 생긴 카포시육종 Kaposi's sarcoma이 그의 사인이었다. 그가 죽어갈 때 나는 그의 집에 있었다. 계속해서 병원에 드나들던 러셀은 숨 쉬기가 힘들어지자 병원으로 돌아가려 했다. 내 부축을 받으며 차에 올라 탄 그는 결국 다시는 집에 돌아가지 못했다. 그가 숨을 멈출 때 나는 병원 복도에서 기다리고 있었다. 병실에는 그의 연인 레오파드와 가족들이 있었다. 레오파드가 부르짖는 소리를 듣고 나는 러셀이 세상을 떠났음을 알았다.

병원에 도착한 러셀은 산소마스크를 착용했지만 숨 쉬기는 더욱 더 힘들어져만 갔다. 나중에 러셀이 산소마스크를 벗어 바닥으로 내동댕이치면서 한마디 욕설을 뱉으며 용감하게 죽음을 받아들였다는 사실을 전해 들었다. 나는 그의 용기에 경의를 표한다. 병원에서는 잠시 동안 우리가 러셀의 주검과 함께 있도록 배려해 주었다. 나는 인공적인 환경이 가득한 병원을 떠나 편안한 죽음을 맞이할 수 있도록 레오파드를 도와 병원 침대에 제단을 꾸몄다.

이들의 죽음은 내게 어떤 식으로 죽음을 맞이해야 하는지 알려주었다. 나는 오랫동안 인생을 즐기며 살아갈 것이다. 그러나 언제나 죽음에 대한 생각을 잊지는 않을 것이다. 내 장례식도 린다의 장례식과 같았으면 좋겠다. 내 영혼이 육신을 떠나 땅에 묻히기 전까지 가족들과 친구들이 나와 함께 있으면서 내 몸을 어루만지고 마지막 작별 인사를 하면서 죽음을 좀 더 담담하게 받아들이기를 바란다. 나는 장례식을 상업화하는 어떠한 일도 하지 않고 그저 땅에 묻힐 것이다. 내 몸 위로 장작을 산더미같이 쌓아주면 정말 좋겠지만 도저히 엄두가 나지 않는다면 그저 땅 속에 구멍을 하나 파고 관 없이 묻어 거름이 되어 자연으로 돌아가게 해주면 정말 좋겠다.

토양을 기름지게
식탁을 풍요롭게

거름이 만들어지는 과정을 지켜보는 일은 정말 즐겁다. 거름 속에서 하나가 되는 존재들은 어젯밤 수프에 넣은 양파 껍질과 같이 모두 저마다의 역사를 간직하고 있다. 거름이 만들어지는 과정은 정말 시처럼 아름답다. 월트 휘트먼이 거름에 대한 시를 남긴 이유도 바로 그 때문일 것이다.

> 시큼한 모든 죽음의 맨 위에 서 있는 여름의 성장은
> 악의가 없고 조금은 오만하다.
> 화학이란!
> 이 바람은 진정 감염이 아니다.
> ……………………………………………
> 모든 것이 영원히, 영원히 깨끗하고
> 이제 막 우물에서 길어올린 차가운 음료수는 정말 맛이 좋다.
> 풍부한 즙을 자랑하는 블랙베리의 맛과 향

사과 농장과 오렌지 농장에서 따온 과일들

멜론, 포도, 복숭아, 자두, 그 어느 것 하나

내게 해로운 것이 없으니

풀밭에 누우면 어떠한 질병도 내게 오지 않느니

비록 모든 싹들이 한때는 질병에 걸렸다

났다고 할지라도.

이제 나 조용히 인내하는 땅에 경이로움을 느낀다.

썩어가는 것들 사이에서 그렇게 달콤한 것들이 자라다니

끝없이 공급되는 병든 송장을

해가 없고 흠이 없는 존재로 바꾸나니

거름은 지독한 악취 속에서 향긋한 바람을 만들고

거름은 그 해 풍성하게 세상에 태어난 다양한 작물들로

전혀 생각지도 못했던 새로운 모습으로 거듭난다.

거름은 인류에게 신성한 물질을 나누어주고

결국에는 인류로부터도 신성한 물질을 나누어 받는다.[3]

나는 거름이라는 말을 부엌에서 나온 찌꺼기, 잡초 뽑기와 가지치기로 나온 식물의 잔재, 잠자리로 깔아준 짚까지 같이 나오는 염소의 배설물, 화장실에서 나와 휴지와 한데 뒤섞여 있는 인간의 배설물, 톱밥, 재 같은 다양한 물질을 가리키는 말로 폭넓게 사용한다. 몇 년 정도 지나면 이런 물질들의 모습은 모두 같아진다. 미생물들이 발효라는 과정을 통해 모두 아주 단순한 형태로 분해해

버리기 때문이다. 거름을 만드는 과정은 바로 물질을 발효시키는 과정이다.

가장 좋은 거름을 만드는 방법에 대해서는 의견이 분분하다. 그중에서도 열성적으로 거름을 만드는 농부들은 좋은 거름을 만드는 방법에 대해 자신들만의 비결을 간직하고 있다. 로데일은 『거름 완벽 가이드Complete Book of Composting』에서 "수년 동안 다양한 방법으로 거름을 만드는 농부들은 거름에 들어간 재료를 모두 기록하고, 자신만의 거름 제조 통과 저장소를 만들어 통풍을 시켜주며, 물을 공급할 장비를 만들면서 어떤 거름이 가장 좋은 거름인지를 끊임없이 연구한다"고 했다.[4]

좀 더 빨리, 좀 더 기름지게, 훨씬 더 냄새가 나지 않는 거름을 만들 방법은 분명히 있다. 그러나 그저 부엌에서 나온 찌꺼기를 한곳에 쌓아놓고 방치해도 거름은 만들어진다. 거름이 만들어지지 않게 하는 방법은 없다. 거름은 유기체가 썩는 동안 반드시 생기는 물질이다. 거름은 땅으로 떨어진 잎이, 동물이 배출한 배설물이, 동물의 시체가, 죽은 나무와 다양한 식물들이 발효 과정을 거쳐 토양으로 돌아가는 과정에서 생기는 부산물이다. 발효 작용을 통해 토양은 훨씬 더 기름지고 풍성해진다.

2장에서 나는 발효가 생명체의 작용이라는 생각을 절대로 믿지 않았던 독일 화학자 유스투스 폰 리비히에 대해 이야기했다. 바로 이 사람이 화학 비료로 토양을 비옥하게 만들어야 한다고 주장한 장본인이다. "우리는 식물에 작용하는 동물 퇴비와 식물 퇴비의 역할에 대해 조사했으며, 천연 비료와 같은 성분을 가진 인공 비료를 식물에 주었을 때도 천연 비료와 똑같은 작용을 한다는 분명한 증거를 찾았다."[5] 1845년 리비히가 발표한 논문 〈농업과 생리학에 관한 화학과 그 응용Chemistry and Its Application to Agriculture and Physiology〉은 화학 비료의 탄생에 박차를 가한 논문으로, 화학 비료의 사용은 곧 기본적인 농사법으로 받아들여져 지금은 이를 쓰지 않는 농가가 거의 없을 지경에까지 이르렀다.

발효는 자연에 존재하는 생명체가 스스로의 힘으로 토양을 기름지게 하고, 식물에 영양분을 공급하는 거름을 만드는 과정이다. 화학 비료는 단기간에 많은 작물을 재배하는 데는 도움이 될 수 있지만, 다양한 생명체가 살아가는 생태계인 토양의 자정 능력에는 방해가 된다.

대량으로 생산된 음식을 생각하면 슬프기도 하고 화가 나기도 한다. 화학 물질로 한 가지 작물만 자라게 하는 현실이, 유전공학으로 가장 좋은 종자만 성장하게 하는 현실이, 동물들을 가혹하게 대하는 대규모 농장들의 현실이, 화학 방부제와 산업 부산물과 포장재로 완벽하게 가공되어 나오는 식품들이 슬프고도 화가 난다. 식량의 대량 생산은 일부 기업체들이 지구 전체의 자원과 인류 전체의 이익을 독점하는 수많은 수단 가운데 하나다.

예로부터 음식은 인류와 지구를 직접 연결해주는 매개체였다. 그런 음식이 대량 생산과 시장 판매라는 허울 속에서 점점 더 설 자리를 잃어가고 있다. 사람들은 이를 진보라고 한다. 대량 생산과 시장 판매 덕분에 매일같이 자신이 먹을 음식을 직접 재배하던 고충에서 벗어날 수 있으니까 말이다. 노동을 할 필요도 없이 그저 슈퍼마켓에서 음식을 사와 전자레인지만 돌리면 되는 편리한 시대에 살고 있다고 말이다. 너무도 많은 사람들이 자신들이 먹는 음식이 어떻게 만들어지는지도 모르면서 그저 진보라고만 생각해버린다.

발효, 세상을 변화시키는 희망의 메시지

날카로운 독자라면 지금쯤은 내가 조금 비관적인 견해를 가지고 있음을 눈치 챘을 것이다. 그도 그럴 것이 식량의 대량 생산도 그렇지만 전쟁과 지구 온난화, 다양한 생물들의 멸종, 심화되는 계층 간의 격차, 민족주의, 범죄율 증가, 최첨단 군수 장비들, 사회 통제, 자국 제품에 대한 맹목적인 소비자 중심주의, 아무 의미가 없는 텔레비전 프로그램의 증가 등이 내 비관주의를 부채질하고 있다.

한 가지 희망을 품게 되는 이유는 이런 흐름들이 영원히 지속될 수는 없다는 사실을 알기 때문이다. 나는 이런 현시대의 유행이 끝까지 가지는 않으리라고 생각한다. 그저 한낱 꿈으로 치부해 지금은 활동을 하고 있지 않지만, 언제 어디서든 자유와 희망을 꿈꾸는 개혁가들의 영혼은 살아남아 어딘가에서 숨 쉬고 있는 법이다. 이런 자유로운 영혼들은 배양균들이 그렇듯이 적당한 환경만 조성되면 금방 번성하고 융성해 사회를 변화시켜나간다.

사회 변화는 발효의 또 다른 모습이다. 사상도 널리 퍼져나가고 변화하며 움직임을 일으킨다. 옥스퍼드 영어 사전에 실려 있는 '발효하다 ferment' 의 둘째 정의는 '감정과 열정, 동요, 흥분 등에 의해 자극받은 상태… 보다 더 순수하고 안정적이며 좀 더 건강한 상태로 변하기 쉬운 흥분 상태' 이다. 영어로 '발효하다' 를 뜻하는 'ferment' 는 '끓는다boil' 는 뜻의 라틴어 'fervere' 에서 온 말이다. 열정을 뜻하는 'fervor' 와 '강렬한' 을 뜻하는 'fervent' 도 모두 같은 어원을 지닌 말이다. 발효 중인 액체도 끓고 있는 액체처럼 기포가 생긴다. 흥분한 사람도 내면에 이와 같은 강렬함을 지니고 있어 이 강렬함으로 사회를 변화시킨다.

발효는 일종의 변화 과정이지만, 그 변화는 흔히 부드럽고 완만하며 진행 속도 또한 느리다. 발효는 자연이 선보이는 또 다른 변화 현상인 연소(불에 탐) 과정과는 사뭇 다르다. 이 책을 쓰는 동안 내 정신을 완전히 마비시켜버린 연소 현상을 세 번이나 목격해야 했다.

첫 번째 연소 현상은 전 세계 사람들이 목격자가 되어 남은 일생 동안 자주 떠올릴 사건 때 발생했다. 그 화재는 제트기가 세계무역센터에 충돌하는 순간 강철로 지은 거대한 건물이 흔들리면서 일어났다. 2001년 9월 11일에 벌어진 비극에 대해서는 모두 생각하는 바가 다르겠지만, 현대 건축 기술의 위대한 업적으로 평가받는 건물이 강력한 화력 앞에 참담하게 무릎을 꿇고 무너지는 모습을 모두 지켜보았을 것이다.

두 번째 화재는 그로부터 두 달 후, 문세도우에 사는 친구들에게 가다가 숲 속 한가운데서 목격했다. 문세도우에서 몇 마일 정도 떨어진 곳에서 피어오르는 연기가 보이는 순간 화염 냄새가 났다. 그 불은 할로윈 축제를 즐기던 아이들의 실수로 일어났을 수도 있고, 누군가 고의로 불을 질러 일어났을 수도 있다. 일주일 이상 진화되지 않고 타오른 산불은 삼림을 태우면서 번져나가 문셰도우의 건물들과 밭을 위협했다. 산불은 검게 타버린 나무들과 재를 남겨놓은 채 아래쪽을 향해 아주 느린 속도로 진행하면서 몇백 미터까지 나아갔다. 산불의 방향이 위쪽이었다면 진행 속도는 훨씬 더 빨랐을 것이다. 문셰도우에 사는 친구들은 화재가 진화되기 전까지 밤잠도 자지 못한 채 불길을 차단하기 위해 땅을 파야 했다. 문셰도우에 도착했을 때는 방화대가 다 만들어져 있었지만 불길은 방화대도 거뜬히 건너뛰어 번져나갔다. 그 때문에 방화대를 지켜보면서 불이 방화대를 지날 때마다 더 이상 불길이 번지지 못하도록 막아야 했다.

산 나무들은 대부분 화재가 지나간 후에도 살아남았지만 소나무 딱정벌레 때문에 이미 죽어 있던 소나무들은 대부분 불길에 쓰러지고 말았다. 산불을 진화하는 동안 우리는 모두 헬멧을 쓰고 있었지만 과연 헬멧이 머리 위로 떨어지는 아름드리 나무를 막아줄 수 있을지는 의문이었다. 그날 밤 우리는 방화대 옆에서 밤을 지새우며 불길이 방화대를 넘을 때마다 도와줄 일손을 소리쳐 부르면서 불을 끄기에 바빴다. 나는 밤새 자지 않고 나무가 떨어지는 소리를 들으며 불길이 아래쪽을 향해 뻗어나가는 모습을 지켜보았다. 불길이 방향을 바꿔 방화대로 돌진하지 않은 것이 천만 다행이었다. 아침이 되자 시내를 만나 더 이상 휩쓸 곳이 없게 된 불길은, 자욱한 연기와 재 그리고 변화를 향해 달려가는 불의 힘을 인간의 힘으로는 어찌해 볼 수 없다는 사실을 깨달은 사람들에게 경이로움을 남긴 채 스스로 자취를 감췄다.

그리고 다시 두 달 후 갑작스러운 한파가 불어 닥친 1월의 어느 날, 한밤중에 쇼트 마운틴의 저택 한 곳에서 불이 났다. 아무도 모르게 난로에서 떨어져 나온 불똥은 옆방에서 자고 있던 손님들이 부엌에서 병 깨지는 소리를 듣고 잠에서 깰 무렵에는 이미 큰 불로 변해 있었다. 잠에서 깨어난 손님들은 자욱한 연기에 휩싸였다. 때마침 수도까지 얼어붙어 불을 끌 물도 구할 수 없었다. 다행히 소화기와 담요, 양탄자와 양동이가 있어서 눈을 실어 날라 간신히 불길을 잡을 수는 있었다. 이들이 조금만 더 늦게 깨어났거나 당황해서 제대로 대처하지 못했다면 불길이 집을 집어삼키고 말았을 것이다. 이 불은 다시 한 번 우리를 겸허하게 만들어주었고, 난방을 위해 난로를 켜거나 책을 읽기 위해 촛불을 켤 때는 언제나 조심해야 한다는 사실을 일깨워주었다. 불은 한순간에 모든 것을 바꿀 수 있다.

사회 변화라는 측면에서도 불은 한순간에 모든 것을 뒤엎어버릴 정도로 극단적이다. 이 같은 불의 성질도 사람에 따라 낭만적이라거나 열정적이라고 생각할 수도 있을 것이고, 파괴적이고 무시무시하다고 생각할 수도 있을 것이다. 불은 자신의 길 앞에 놓인 모든 것을 태워버린다. 어디로 나아갈지 예측하기도 어렵다. 발효는 불처럼 강렬하지는 않다. 발효는 태우지 않고 거품을 만들며, 변하는 모습이나 속도도 훨씬 완만하다. 발효는 또한 안정적이다. 그렇지만 발효는 멈추지 않는 힘이다. 생명을 순환시키는 발효는 새로운 희망을 품고 계속해서 앞으로 나아가게 만든다.

내 삶과 죽음도, 당신의 삶과 죽음도 그리고 또한 모든 이들의 삶과 죽음도 끝없이 순환하는 생명체들의 삶과 죽음의 일부이며 발효의 일부다. 천연 발효 현상은 언제 어디서나 끊임없이 일어나고 있다는 사실을 깨달아야 한다.

이제 직접 준비한 재료를 가지고 생명의 작용을 느껴보자. 미생물이 신비한 발효 작용을 진행하는 동안 우리는 발효의 신비를 체험하고 스스로가 변화의 주체임을, 열정적으로 창조에 임하는 주체임을 깨닫게 될 것이다. 이제 사회 속으로 변화의 기포를 마음껏 배출해보자. 직접 만든 영양이 가득한 발효식품으로 가족과 친구, 동료들을 건강하게 만들자. 생명력이 가득 담긴 천연 발효식품은 슈퍼마켓 선반을 가득 채우고 있는 죽은 식품들과는 전적으로 질이 다르다. 세균과 효모가 활동할 수 있도록 힘을 실어주어 자신의 삶을 변화의 바람으로 가득 채워보자.

참고문헌

Chapter 01

1. Sue Shepahrd, *pickled, potted, and canned : How the Art and Science of Food Preserving Change the World* (New York : Simon & Schuster 2000), p210.
2. Claude Aubert, *Les Aliments Fermentes Traditionels*(Mens, France : Association Terre Vivante, 1985), cited in Sally Fallon, *Nourishing Traditions*(Washington, D.C : New Trends Publishing, 1999), p95.
3. Shepahrd, *pickled, potted, and canned,* p129.
4. R. Binita and N. Khetarpaul, "Probiotic Fermentation : Effect on Antinutrients and Digestibility of Starch and Protein of Indigenously Developed Food Mixture," *Nutritional Health* 11, no.3(1997).
5. Chavan et al., United Nations Food and Agriculture Organization, *Fermented Foods: A Global Perspective*, Agriculture Service Bulletin, 1999.
6. Bill Mollison, *The Permaculture Book of Ferment and Human Nutrition* (Tyalgum, Australia : Tagari Publications, 1993), p20.
7. Victor Herbert, "Vitamin B-12 : Plant Sources, RequireMents, and Assay," *American Journal of Clinical Nutrition* 48(1998), p852~858.
8. L.A. Santiago, M. Hiramatsu, and A. Mori, "Japanese Soybean Paste Miso Scavenges Free Radicals and Inhibits Lipid Peroxidation," *Journal of Nutrition Science and Vitaminoiogy* 38, no.3(June 1992).
9. S. Bengmark, "Immunonutrition : Role of Biosurfactants, Fiber, and Probiotic Bacteria," *Nutritions* 14, no. p7~8(1998).
10. "New Chapter Health Report," 2000.
11. Sally Fallon goes on at some length about phytic acid in *Nourishing Traditions*, 452. This idea is confirmed in Paul Pitchford's *Healing with Whole Foods* (Berkeley : North Atlantic Books, 1993), p184.
12. Mollison, *The Permaculture Book of Ferment and Human Nutrition*, p20.
13. Cited in D Gareth Jones, ed., *Exploitation of Microorganisms*(London : Chapman & Hall, 1993).
14. R. Binita and N. Khetarpaul, "Probiotic Fermented Food Mixtures : Possible

Applications in Clinical Anti-Diarrhea Usage," *Nutritional Health* 12, no.2(1998).

15. Bengmark, "Immunonutrition."
16. Cited by BBC News Online, 16 June, 2000.
17. Cited by Jane Brody, "Germ Paranoia May Harm Health", *The London Free Press*, 24 June, 2000.
18. Cited by Siri Carpenter, "Modern Hygiene's Dirty Tricks : The Clean Life May Throw Off a Delicate Balance in the Immune System," *Science News Online*, 14 August 1999.
19. Cited by MSNBC, 23 May 2001.
20. Melanie Marchie, "A New Attitude : Soap Gets Serious," *Household and Personal Products on the Internet*(www.happi.com), 13 December 2001.
21. Stephen Harrod Buhner, *The Lost Language of Plants*(White River Junction, Vt. : Chelsea Green Publishing Co., 2002), p134.
22. Mary Ellen Sanders, "Considerations for Use of Probiotic Bacteria to Modulate Human Health," Paper delivered at Experimental Biology 99 Symposium.
23. Terence McKenna, *Food of the Gods*(New York : Bantam, 1992), p41.
24. Lynn Margulis and Karlene V. Schwartz, *Five Kingdoms*(New York : W. H. Freeman and Co., 1999), 14. See also Lynn Margulis and Reńe Fester, eds., *Symbiogenesis as a Source of Evolutionary Innovation*(Cambridge : MIT Press, 1991).
25. Elie Metchnikoff, *The Prolongation of Life : Optimistic Studies*, Translated by P. Chalmers Mitchell(New York & London : G.P.Putnam's Sons, 1908), p182.

Chapter 02

1. Maguelonne Toussaint-Samat, *A History of Food*, translated by Anthea Bell(Cambridge : Blackwell Publishers, 1992), p34.
2. Claude Levi-Strauss, *From Honey to Ashes*, I translated by John and Doreen Weightman(New York : Harper & Row, 1973), p473.
3. Stephen Horrod Buhner, *Sacred and Herbal Healing Beers*(Boulder : Siris Book, 1998), p141.
4. Stephen Horrod Buhner, *Sacred and Herbal Healing Beers*(Boulder : Siris Book, 1998), p81~82.
5. Friedrich Nietzche, *The Birth of Tragedy*, Translated by W.A.Haussmann(New York: MacMillan, 1923), p26.

6. Solomon H. Katz and Fritz Maytag, "Brewing an Ancient Beer," *Archaeology*(July / August 1991), p30.
7. *The Egyptian Book of the Dead*, translated by E.A. Wallis Budge(New York : Dover Publications, 1967), p23.
8. Sophie D. Coe, *America's First Cuisines*(Austin : University of Texas Press, 1994), p166.
9. *American Heritage Dictionary*, 2000.
10. From Louis Pasteur's *Fermentation et Generations Dites Spontanees, cited in Patrice Debre, Louis Pasteur*, translated by Elborg Forster(Baltimore : Johns Hopkins University Press, 1998).
11. Leeuwenhoek cited in Daniel J. Boorstin, *The Discoverers : A History of Man's Search to Know His World and Himself*(New York : Random House, 1983).
12. Debre, *Louis Pasteur*, p95.
13. Justus Von Liebig's *Traite de Chemie Organique*, 1840, cited in Debre, *Louis Pasteur*, p92.
14. Louis Pasteur, *Oeuvres de Pasteur* 3:13, cited in Debre, *Louis Pasteur*, p101.
15. Jacob G. Lippman, *Bacteria in Relation to Country Life*(New York : The MacMillan Company, 1908), vii–viii.
16. Cited in Madelein Parker Grant, *Microbiology and Human Progress*(New York : Rinehart & Co., 1953), p59.

Chapter 03

1. Cocoa Research Institute.
2. "World's Chocolate Supply *Threatened by Dread Diseases* ; Genetics May Help," *Tennessee Farm Bureau News*(November 2001): p6.
3. Mark Pendergrast, *Uncommon Grounds: The History of Coffee and How It Transformed Our World*(New York: Basic Books, 1999), p6.
4. McKenna, *Food of the Gods*, p186.
5. International Coffee Organization, "Coffee Production 2000."
6. My primary source of historical information about the tea trade is Henry Hobhouse, *Seeds of Change: Five Plants that Transformed Mankind*(New York : Harper & Row, 1985), p95~137.
7. International Tea Commission.
8. McKenna, *Food of the Gods*, p185~186.

9. Hobhouse, *Seeds of Change*, p64.

10. Sidney W. Mintz, *Sweetness and Power : The Place of Lugar in Modern History* (New York : Viking, 1985), p46.

11. Sidney W. Mintz, *Sweetness and Power : The Place of Lugar in Modern History* (New York : Viking, 1985), p95.

12. This and most of my other historical information about sugar is culled from Mintz, *Sweetness and Power.*

13. Medicinally, sugar was mixed with unpleasant-tasting herbs to make them more palatable and applied topically to wounds. As a spice, sugar was grouped with the other varied and much-desired flavorings of the East, and it was used in combination with them in cooking, to spice up the monotonous and bland medieval European diet.

14. Sudarsan Raghavan and Sumana Chatterjee, "Slave Labor Taints Sweetness of World Chocolate," *The Kansas City Star,* 23 June 2001.

15. Mintz, *Sweetness and Power,* p214.

16. José Bové, "Who Really Makes the Decisions about What We Eat?" The Guardian(London), 13 June 2001, excerpted from his book The World Is Not for Sale: *Farmers against Junk Food.*

17. Wendell Berry, *What Are People For?*, 1990, excerpted as "The Pleasures of Eating," *The Sun*(January 2002), p18.

18. Vandana Shiva, *Stolen Harvest : The Hijacking of the Global Food Supply*(Cambridge : South End Press, 2000), p127.

Chapter 04

1. Mikal Assved, "Alcohol, Drinking, and Intoxication in Preindustrial Society : Theoretical, Nutritional, and Religious Considerations," unpublished Ph.D. dissertation, University of California, Santa Barbara, 1988, cited in Buhner, *Sacred and Herbal Healing Beers*, p73.

2. Mollison, *The Permaculture Book of Ferment and Human Nutrition*, p187.

3. Annie Hubert, "A Strong Smell of Fish?" *Slow* 22(Summer 2001), p56.

Chapter 05

1. Cited by Ross Grant, "Fermenting Sauerkraut Foments a Cancer Fighter," *Health Scout News Reporter*(online), 24 October 2002.

2. William Woys weaver, *Sauerkraut Yankees: Pennsylvania-German Foods and*

Foodways(Philadelphia : University of Pennsylvania Press, 1983), p176.

3. Calvin Sims, "Cabbage Is Cabbage? Not to Kimchi Lovers; Koreans Take Issue with a Rendition of Their National Dish Made in Japan, "*The New York Times*, 5 February 2000, C4.
4. Susun S. Weed, *Healing Wise*(Woodstock, N.Y. : Ash Tree Publishing, 1989), p96.

Chapter 06

1. Frances Moore Lappé, *Diet for a small Planet*(New York : Ballantine Books, 1971), p5.
2. Analects of Confucius, Scroll 2, Chapter 10, cited in William Shurtleff and Akiko Aoyagi, *The Book of Miso*(Berkeley : Ten Speed Press, 2001), p214.
3. Shurtleff and Aoyagi, *The Book of Miso*, p218.
4. Shurtleff and Aoyagi, *The Book of Miso*, p25~26.
5. Weed, *Healing Wise*, p224.

Chapter 07

1. Susun S. Weed, *Breast Cancer? Breast Health! The Wise Woman Way*(Woodstock, NY : Ash Tree Publishing, 1996), p45.
2. Irma S. Rombauer and Marion Rombauer Becker, *Joy of Cooking*(New York : Signet, 1964), p486~487.
3. Dominic N. Anfiteatro, *Kefir: A Probiotic Gem Cultured with a Probiotic Jewel*(Adelaide, Astralia : selfpublished, 2001).
4. Burkhard Bilger, "Raw Faith," *The New Yorker*, 19 & 26 August 2002, p157.
5. Cited in Pierre Boisard, "The Future of a Tradition : Two Ways of Making Camembert, the Foremost Cheese of France," in *Food and Foodways* 4(1991), p183~184.
6. Marlene Cimons, "Food Safety Concerns Drive FDA Review of Fine Cheeses," *American Society for Microbiology News*, 13 February 2001.
7. European Alliance for Artisan and Traditional Raw Milk Cheese, "Manifesto in Defense of Raw-Milk Cheese." Available online at www.bestofbridgestone.com/mb/nr/nr00/rmc.html.
8. Jeffrey Steingarten, "Cheese Crisis", *Vogue*, June 2000, p269.
9. Cited in Bilger, *Raw Faith*, p157.

Chapter 08

1. Michael Pollan, *The Botany of Desire : A Plant's Eye View of the World*(New York : Random House, 2001), p204.
2. Bruno Latour, *The Pasteurization of France,* translated by Alan Sheridan and John Law(Cambridge : Harvard University Press, 1988), p82.
3. For an in-depth discussion of the science of bread-baking, see Daniel Wing and Alan Scott, *The Bread Builders : Hearth Loaves and Masonry Ovens*(White River Junction, Vt. : Chelsea Green Publishing Co., 1999).
4. Ruth Allman, *Alaska Sourdough : The Real Stuff by a Real Alaskan*(Anchorage : Alaska Northwest Publishing Co., 1976).

Chapter 09

1. Solomon H. Katz, M. L. Hediger, and L. A.Valleroy, "Traditional Maize Processing Techniques in the New World," *Science* 184(17 May 1974).
2. Coe, America's *First Cuisines*, p14.
3. www.members.tripod.com/~sekituwanation/index/recipes.html
4. Carol Kaesuk Yoon, "Genetic Modification Taints Corn in Mexico," *The New York Times*, 2 Octber, 2001.
5. Shiva, *Stolen Harvest*, p17.
6. Fedco Seeds 2002 catalogue, p7.
7. Fallon, *Nourishing Traditions*, p452.
8. Pitchford, *Healing with Whole Foods*, p184.
9. United Nations Food and Agriculture Organization, *Fermented Foods : A Global Perspective*, Agriculture Services Bulletin, 1999.
10. Elizabeth Meyer-Renschhausen, "The Porridge Debate : Grain, Nutrition, and Forgotten Food Preparation Techniques," *Food and Foodways* 5(1991) : p95~120.

Chapter 10

1. Toussaint-Samat, *A History of Food*, p36.
2. Buhner, *Sacred and Herbal Healing Beers*, p67.
3. From the Web site of the Vegetarian Resource Group, www.vrg.org.
4. Ben Watson, *Cider, Hard and Sweet*(Woodstock, Vt. : The Countryman Press, 1999), p89.

5. Ben Watson, *Cider, Hard and Sweet*(Woodstock, Vt.:The Countryman Press, 1999), p25.

Chapter 11

1. Jeremy Geller, "Bread and Beer in Fourth-Millennium Egypt," *Food and Foodways* 5(1993), p255~267.
2. Solomon H. Hatz and Fritz Maytag, "Brewing an Ancient Beer," *Archaeology* (July/August 1991), p27.
3. Kathryn S. March, "Hospitality, Women, and the Efficacy of Beer," *Food and Foodways* 1(1987), p367.
4. Buhner, *Sacred and Herbal Healing Beers*, p429.
5. Charlie Papazian, *The New Complete Joy of Home Brewing*(New York:Avon Books, 1991), p171.

Chapter 12

1. Emily Thacker, *The Vinegar Book*(Canton, Ohio: Tresco Publishers, 1996), p2.
2. Emily Thacker, *The Vinegar Book*(Canton, Ohio: Tresco Publishers, 1996), p6.
3. Terre Vivante, *Keeping Food Fresh: Old World Techniques and Recipes*(White River Junction, Vt.: Chelsea Green Publishing Co., 1999), p110.

Chapter 13

1. Lippman, *Bacteria in Relation to Country Life*, p136-37.
2. Audre Lorde, *The Cancer Journals*(San Francisco:Aunt Lute Books, 1980), p16.
3. Walt Whitman, excerpt from "This Compost," *Leaves of Grass*, 1881.
4. J. I. Rodale, ed., *The Complete Book of Composting*(Emmaus, Penn.: Rodale Books, 1960), p44.
5. Justus von Liebig, *Chemistry and Its Application to Agriculture and Physiology* (Philadelphia : James M. Campbell, 1845), p69.

찾아보기

■ ㅇ

■ ㅈ

■ ㅊ

■ ㅋ

■ ㅌ

■ ㅍ

■ ㅎ

■ 영문

옮긴이 _김소정

대학에서 생물을 전공했고 과학과 역사책을 즐겨 읽는 번역가이다. 과학과 인문을 접목한, 삶을 고민하고 되돌아볼 수 있는 책을 많이 읽고 소개하고 싶다는 꿈이 있다. 월간 〈스토리문학〉에 단편소설로 등단했고, 《설탕 디톡스》《천연 VS 합성, 똑소리 나는 비타민 선택법》《뉴욕 뒷골목 수프가게》《원더풀 사이언스》 외 40여 권을 번역했다. 현재 새로운 글쓰기를 위해 고민하고 있다.

슬로푸드 건강법 **천연 발효식품**

개정판 1쇄 발행 | 2018년 9월 17일
개정판 2쇄 발행 | 2020년 10월 15일

지은이 | 산도르 엘릭스 카츠
옮긴이 | 김소정
펴낸이 | 강효림

편　집 | 이용주 · 이종무
디자인 | 채지연
마케팅 | 김용우

종　이 | 한서지업(주)
인　쇄 | 한영문화사

펴낸곳 | 도서출판 전나무숲 檜林
출판등록 | 1994년 7월 15일 · 제10-1008호
주　소 | 03961 서울시 마포구 방울내로 75, 2층
전　화 | 02-322-7128
팩　스 | 02-325-0944
홈페이지 | www.firforest.co.kr
메일 | fores@firforest.co.kr

ISBN | 979-11-88544-18-9(13570)

* 이 책은 《내 몸을 살리는 천연 발효 식품》 개정판 입니다.